高等教育安全工程专业规划教材

机电安全技术

孙世梅　主　编

付会龙　刘　辉　副主编

中国建筑工业出版社

图书在版编目（CIP）数据

机电安全技术/孙世梅主编. —北京：中国建筑工业出版社，2016.8（2025.2重印）
高等教育安全工程专业规划教材
ISBN 978-7-112-19311-0

Ⅰ.①机… Ⅱ.①孙… Ⅲ.①机电设备-安全技术-高等学校-教材 Ⅳ.①TM08

中国版本图书馆 CIP 数据核字（2016）第 064013 号

本书重点介绍了机械和电气的安全技术知识、安全生产和安全防护等方面的内容。全书共分为十章，第一～四章是机械安全技术，第五～十章是电气安全技术。第一章介绍机械的定义类别、机械危害的产生原因、危险部位及防护对策；第二章介绍机械安全设计的原则、内容以及防护装置的设计；第三章介绍通用机械设备的安全使用技术；第四章介绍机械制造场所职业危害因素的防护和对机械生产环境的控制与要求；第五章介绍用电安全技术的内容与特点；第六章介绍电气事故、电气设备外壳防护、电气系统故障等基础知识；第七章介绍电气系统中电气设备的运行与管理、电气绝缘、间距与屏护以及低压保护电气的基础知识；第八章介绍触电事故的基本知识与防护对策；第九章介绍对电气火灾、静电、电磁辐射、雷电的防护；第十章介绍临时用电安全要求、电气设备的设置以及电气事故防护措施。

本教材适用于安全工程专业及其他相关专业的本科教学，同时也可作为从事安全相关工作的管理人员、专业技术人员的工具书或者培训教材。

责任编辑：张文胜　田启铭
责任设计：李志立
责任校对：李欣慰　党　蕾

高等教育安全工程专业规划教材
机 电 安 全 技 术
孙世梅　主　编

付会龙　刘　辉　副主编

*

中国建筑工业出版社出版、发行（北京西郊百万庄）
各地新华书店、建筑书店经销
北京红光制版公司制版
建工社（河北）印刷有限公司印刷

*

开本：787×1092 毫米　1/16　印张：12¼　字数：298 千字
2016 年 7 月第一版　2025 年 2 月第六次印刷
定价：30.00 元
ISBN 978-7-112-19311-0
（28565）

前　言

在工农业生产和人们的日常生活中，到处都会用到机械设备、电气设备，它们的种类繁多，应用广泛。随着我国建设小康社会步伐的加快，经济的快速发展，使用的各类电气设备越来越多。高自动化、智能化、机械化的机电设备是农业、工业、人们生活领域不可或缺的。在机电设备的使用过程中，机电设备的安全性成为企业发展、社会和谐的重要影响因素之一。本书立足于教与学的深入结合，从安全工程专业课教学角度出发，系统阐述机械、电气安全原理，依照最新的相应法规和技术规范，给出机电安全技术的基本原理、技术指标。使读者能够很快了解机械、电气安全知识，并掌握实际工程应用能力。

本书共分为十章，第一～四章是机械安全技术，包括机械的基本知识，机械设备在设计、生产，特别是使用过程中的安全技术要求、安全注意事项以及防止机械事故的基本原则和方法、措施。其宗旨是使更多的人在使用机械设备时能注重安全，不发生或少发生事故。第五～十章是电气安全技术，包括影响电气安全的主要因素、电击防护、雷电防护、电气火灾预防及控制、静电防护等。通过系统讲解电气安全理论，使读者能有效地掌握电气安全技术，了解电气危害产生的途径与种类，掌握分析电气危害的基本理论，掌握电击防护、过电压防护和雷击防护的方法，为今后的学习和工作打下良好的基础。

本书由吉林建筑大学孙世梅任主编，吉林建筑大学付会龙、吉林建筑大学刘辉任副主编。第一章、第二章、第三章、第四章由孙世梅编写；第五章、第六章、第七章由付会龙编写；第八章、第九章、第十章由刘辉编写。本书由战乃岩主审。

由于作者水平有限，书中疏漏、谬误之处在所难免，敬请读者给予指正。

目　　录

第一章 机械安全概述

机械是一种古老的装置，人类已经使用了几千年。但是，将机械安全作为一门技术甚至一门学科来对待来研究是 20 世纪 60 年代以后的事情。这主要与科学技术的发展有关。机械安全技术源于机械故障诊断技术，美国是发源地。在真正意识到机械安全的重要性以后，美国于 1967 年 4 月成立了机械故障预防小组（MFPG，Mechanical Fault Prevention Group），开始专门研究机械故障。在其影响下，美国的 ASME、EPRI 等著名组织与机构也开始效仿，成立了专门的机构从事机械故障方面的研究并开展学术交流活动。在欧洲，英国最早开展这项活动，瑞典、丹麦、法国、挪威、葡萄牙等虽然起步较晚，但是进步很快。亚洲的研究相对慢一些。日本于 20 世纪 70 年代初开始研究这项技术，我国于 20 世纪 70 年代末开始接触机械诊断技术，于 20 世纪 80 年代正式研究，真正应用是 20 世纪 90 年代。机械安全技术另外一个重要的组成部分就是机械安全设计。20 世纪 80 年代，由于市场竞争激烈，加上机械事故的日益增多，世界各国通过对传统安全工程设计方法的反思，在常规机械设计的基础上提出了机械安全设计的概念。

机械安全技术法规与标准也是机械安全技术的一个重要组成部分。标准化工作历来是推广应用先进的科学技术的重要保障。为了推动机械安全技术，欧洲共同理事会于 1985 年与欧洲标准化委员会（CEN）达成协议，由 CEN 负责机械安全标准的制定工作。为了完成这一任务，CEN 专门建立了 23 个有关机械安全的标准化委员会，另外还有将近 40 个技术委员会的工作与机械安全工作有关。这些标准化技术委员会先后共制定了 600 多项机械安全方面的标准。此外，欧洲共同体理事会还专门制定了有关机械安全方面的法规，有力地推动了机械安全学科的发展。

国际标准化组织（ISO）与 CEN 先后签订了"技术信息交换协议"，即"里斯本协议"；"技术合作协议"，即维也纳协议，并于 1991 年 1 月成立了"机械安全技术委员会"（即 ISO/TC199）。

机械安全的任务是采取系统措施，在生产和使用机械的全过程中保障工作人员安全和健康，免受各种不安全因素的危害。机械安全包括机械产品制造安全和机械设备使用安全两大方面的内容。

第一节 机械的定义与分类

一、机器与机构

机械是机器和机构的总称。

（一）机构

机构是由构件组成的，各构件之间具有确定的相对运动。机构须同时具备机器的前两个特征：

（1）机器是人工的物体组合。

（2）各部分（实体）之间具有确定的相对运动。

（二）机器

机器是人为实物的组合体，具有确定的机械运动，可以用来转换能量、完成有用功或处理信息，以代替或减轻人的劳动。机器须同时具备以下三个特征：

（1）机器是人工的物体组合。

（2）各部分（实体）之间具有确定的相对运动。

（3）能够转换或传递能量和信息，代替或减轻人类的劳动。

机器按其用途可分为：

（1）发动机：将非机械能转换成机械能的机器。如：摩托车、汽车、飞机——热能转换为机械能。

（2）工作机：用来改变被加工物料的位置、形状、性能、尺寸和状态的机器。如：普通车床、铣床、加工中心——做有用功、传递能量。

（三）机器与机构的区别及联系

机器与机构的区别：机器能完成有用功或转换能量，而机构只是完成传递运动、力或改变运动形式的实体的组合。

机器与机构的联系：机器包含着机构，机构是机器主要的组成部分，一部分机器可以只含有一个机构或多个机构。

所以，机械是由若干相互联系的零部件按一定规律装配起来，能够完成一定功能的装置。机械设备在运行中，至少有一部分按一定的规律做相对运动。

二、机械的组成规律

机械的种类繁多，形状大小差别很大，应用目的也各不相同。从机械最基本的特征入手，把握机械组成的基本规律后可以发现，从最简单的千斤顶到复杂的现代化机床，机械组成的一般规律是：由原动机将各种形式的动力能变为机械能输入，经过传动机构转换为适宜的力或速度后传递给执行机构，通过执行机构与物料直接作用，完成作业或服务任务，而组成机械的各部分借助支撑装置连接成一个整体，其组成结构如图 1-1 所示。

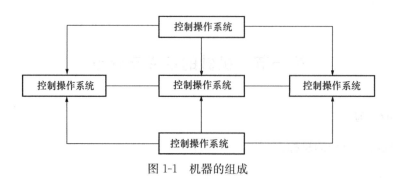

图 1-1 机器的组成

（一）原动机

原动机是提供机械工作运动的动力源。常用的原动机有电动机、内燃机、人力（常用于轻小设备或工具，或作为特殊场合的辅助动力）等。

（二）执行机构

执行机构是通过刀具或其他器具与物料的相对运动或直接作用来改变物料的形状、尺寸、状态或位置的机构。机械的应用目的主要是通过执行机构来实现，机械种类不同，其执行机构的结构和工作原理就不同。执行机构是一台机械区别于另一台机械的最有特征的部分。执行机构及其周围区域是操作者进行作业的主要区域，称为操作区。

（三）传动机构

传动机构是用来将原动机和工作机构联系起来，传递运动和力（力矩）或改变运动形式的机构。一般情况是将原动机的高转速、小扭矩，转化成执行机构需要的较低速度和较大的力（力矩）。常见的传动机构有齿轮传动、带传动、链传动、曲柄连杆机构等。传动机构包括执行机构之外的绝大部分可运动零部件。机械不同，传动机构可以相同或类似，传动机构是各种不同机械具有共性的部分。

（四）控制操纵系统

控制操纵系统是用来操纵机械的启动、制动、换向、调速等运动，控制机械的压力、温度、速度等工作状态的机构系统。它包括各种操纵器和显示器。人通过操纵器来控制机械；显示器可以把机械的运行情况实时反馈给人，以便及时、准确地控制和调整机械的状态，以保证作业任务的顺利进行并防止事故发生。控制操纵系统位于人机接口处，安全人机学的要求在这里得到集中体现。

（五）支承装置

支承装置是用来连接、支承机械的各个组成部分，承受工作外载荷和整个机械质量的装置。它是机械的基础部分，分固定式和移动式两类。固定式与地基相连（如机床的基座、床身、导轨、立柱等）；移动式可带动整个机械相对地面运动（如可移动机械的金属结构、机架等）。支承装置的变形、振动和稳定性不仅影响加工质量，还直接关系到作业的安全。

机械在规定的使用条件下执行其功能的过程中，以及在运输、安装、调整、维修、拆卸和处理时，可能对人员造成损伤或对健康造成危害。这种伤害在机器使用的任何阶段和各种状态下都有可能发生。

机械是现代生产和生活中必不可少的装备。机械在给人们带来高效、快捷和方便的同时，在其制造及运行、使用过程中，也会带来撞击、挤压、切割等机械伤害和触电、噪声、高温等非机械伤害。

三、机械产品的主要类别

机械产品的种类极多，主要包括 12 类，如表 1-1 所示。

机械产品的类别   表 1-1

类　别	机　械　设　备
农业机械	拖拉机、播种机、收割机械等
重型矿山机械	冶金机械、矿山机械、起重机械、装卸机械、工矿车辆、水泥设备等

类　别	机　械　设　备
工程机械	叉车、铲车运输机械、压实机械、混凝土机械等
石油化工通用机械	石油钻采机械、炼油机械、化工机械、泵、风机、阀门、气体压缩机、制冷空调机械、造纸机械、印刷机械、塑料加工机械、制药机械等
电工机械	发电机械、变压器、电动机、高低压开关、电线电缆、蓄电池、电焊机、家用电器等
机床	金属切削割机、锻压机械、铸造机械、木工机械等
汽车	载货汽车、公路客车、轿车、改装汽车、摩托车等
仪器仪表	自动化仪表、电工仪器仪表、光学仪器、成分分析仪、汽车仪器仪表、电料装备、电教设备、照相机等
基础机械	轴承、液压件、密封件、粉末冶金制品、标准紧固件、工业链条、齿轮、模具等
包装机械	包装机、装箱机、输送机等
环保机械	水污染防治设备、大气污染防治设备、固体废物处理设备等
其他机械	其他未列入的机械

非机械行业的主要产品包括铁道机械、建筑机械、纺织机械、轻工机械、船舶机械等。

四、人们对机械安全的认识阶段

安全问题伴随人类的生产活动而产生，是人类生存和生产的基本要求和前提，机械作为人类进行生产活动的主要工具，在人类的发展史上自始至终都占有极其重要的地位。从人类科学技术发展史看，人类对机械安全的认识经历了 4 个阶段。

(一) 安全的自发认识阶段

在自然经济（农业经济）时期，人类的生产活动主要是劳动个体使用手用工具的初级劳动，人们在考虑提高生产力的同时，无形中解决了安全问题。在这个阶段，人类不是专门解决工具的安全问题，而是由于生产技术要求，不自觉地附带解决了安全问题，因而有很大的盲目性。

(二) 安全的局部认识阶段

工业革命以后，特别是动力（例如蒸汽机）的发明和广泛使用，大量的机器代替手用工具。但劳动者在使用机器过程中受到的危害大大增加，为了生产不得不考虑安全问题。这时主要针对某种机器设备的布局、个别安全问题，采取专门技术方法去解决。例如，给锅炉装设安全阀，为机器加一个行程限位开关等，从而形成局部解决安全问题的局部专门技术。

(三) 系统安全的认识阶段

进入工业化时代，特别是经过第二次世界大战，以制造业为主的工业化时代的到来，使生产技术向复杂化、规模化和高速化方向发展，分工的专业化形成了分属不同部门的生产方式和相对稳定的生产结构系统；对安全问题的布局认识已经很难适应要求，需要从机械整体系统的各个方面去考虑安全问题，形成了在某一生产领域应用的、从属于生产系统并为其服务的系统安全。例如，化工机械安全、建筑机械安全等，其特点是以解决机械事故为目的的安全技术。

（四）安全系统的认识阶段

随着知识经济和信息时代的到来，计算机的应用使生产力进一步解放，市场经济的高度发展，出现了在安全问题上纵横交错的复杂局面。机械已经融入人们生产、生活的各个角落，需要解决的安全问题不仅仅限于一台机械设备或一个生产领域，而要在更大范围、更高层次上，在宏观和微观的结合上全面进行安全工程设计，提出安全要求，进行安全决策。这就要求安全工程技术人员不能就事论事，而是要从更高的认识角度，用安全系统的观念和知识结构武装头脑，去解决机械系统的安全问题。也就是说，解决问题的对象还是机械，这里强调的是解决问题的人的认识角度和思维方法的转变。

第二节　机械危害及其产生原因

机械产生的危害是指在使用机械设备过程中，可能对人的身心健康造成损伤或危害的根源或因素，它可分为两类：一类是机械性危害；另一类为非机械性危害。前者包括的主要形式有挤压、碾压、剪切、切割、卷喷、刺伤、摩擦或磨损、飞出物打击、高压流体喷射、碰撞或跌落等；后者包括：电器危害（如电击伤）、灼烫和冷冻危害、噪声危害、振动危害、电离和非电离辐射危害、材料和物质产生的危害、未履行安全人机学原则而产生的危害等。

一、机械危害

（一）静态危害

（1）刀具的刀刃，机械设备突出部分，如表面螺栓、吊钩、手柄的危害等。

（2）毛坯、工具、设备边缘锋利飞边和粗糙表面（如铸造零件表面）的危害等。

（3）引起滑跌、坠落的平台，尤其是平台有水或油时更为危险。

（二）直线运动及旋转运动危险

（1）作直线运动的构件，如龙门刨床的工作台、升降式铣床的工作台。

（2）人体或衣服卷进旋转着的机械部位引起的危险。旋转着的机械部位如搅拌机、卡盘，各种切削互啮合的齿轮副、链杀链轮等。

（三）打击危险

（1）旋转运动加工件，如伸出机床的细长加工件的打击。

（2）旋转运动部件上凸出物，如转轴上键、联轴器螺丝等的打击。

（3）孔洞部分如风扇、叶片、齿轮、飞轮的危险。

（四）振动夹住的危险

机械的一些振动部分结构如振动体的振动引起被振动体部分夹住的危险。

（五）飞出物打击的危险

（1）飞出的刀具或机械部件，如未夹紧的刀片、破碎的砂轮片、齿轮轮齿断裂等。

（2）飞出的铁屑或工件。

二、产生机械危害的各种因素

产生机械危害的因素是非常多的，认识并了解产生机械危害的各种因素，有助于更好的做好安全管理工作，减少和杜绝机械事故的发生。

（一）危险性大的机械设备

在生产中，有一些机械设备的危险性相对较大。根据事故统计，在我国事故率较高、危险性较大的机械设备有：压力机、冲床、压延机、压印机、木工刨床、木工锯床、木工造型机、塑料注射造型机、炼胶机、压砖机、农用脱粒机、纸页压光机、起重设备、锅炉、压力容器、电气设备等。我国于 2009 年 5 月 1 日起施行的《特种设备安全监察条例》中规定的八种涉及生命安全、危险性较大的特种设备是指：锅炉、压力容器（含气瓶，下同）、压力管道、电梯、起重机械、客运索道、大型游乐设施和场（厂）内专用机动车辆。

上述设备在出厂前必须配备好符合要求的安全防护装置。

在其他一些发达国家如美国和日本事故率高、危险性大的机械设备是机械压力机、液压机、锯床、磨床、金属切屑机床、木工机械、运输机械、锻压机械等。

（二）事故率高的作业

把本身具有较大危险性的作业统称为特种作业，它们的危险性和事故率比其他作业要大得多。

在我国，这些作业有：电工作业、压力容器操作、锅炉司炉、高温作业、低温作业、粉尘作业、金属焊接气割作业、起重机械作业、机动车辆驾驶、高空作业等。

（三）易发生事故的机械危险部位

生产操作中，机械设备的运动部分是最危险的部位，尤其是那些操作人员易接触到的运动的零部件；此外，机械加工设备的加工区也是危险部位。

三、造成机械事故的原因

造成伤害事故的原因可归纳为人的不安全行为、设备的不安全状态和环境的不安全因素这三个方面。人的不安全行为是指工作时操作人员注意力不集中，或过于紧张，或操作人员对机器结构及所加工工件性能缺乏了解，或操作不熟练及操作时不遵守安全操作规程，或不正确使用个人防护用品和设备的安全防护装置等。设备的不安全状态是指设备设计和制造存在缺陷，设备部件、附件和安全防护装置的功能退化等能导致伤害事故的状态。环境的不安全因素是工作场所照明不良、温度和适度不适宜、噪声过高、设备布局不合理、备件摆放零乱等。

（一）人的不安全行为

人的不安全行为表现是多方面的，大致可以分为操作失误和误入危区两种情况。

1. 操作失误

机械具有复杂性和自动化程度较高的特点，要求操作者具有良好的素质。但人的素质是有差异的，不同的人在体力、智力、分析判断能力及灵活性、熟练性等方面，有很大不同。特别是人的情绪易受环境因素、社会因素和家庭因素的影响，易导致操作失误。

（1）动机械产生的噪声危害比较严重，操作者的知觉和听觉会发生麻痹，当动机械发出异声时，操作者不易发现或判断错误。

（2）动机械的控制或操纵系统的排列和布置与操作者习惯不一致，动机械的显示器或指示信号标准化不良或识别性差，而使操作者误动作。

（3）操作规程不完善、作业程序不当、监督检查不力都易造成操作者操作失误，导致事故。

（4）操作者本身的因素如技术不熟练、准备不充分、情绪不良等，也易导致失误。

（5）动机械突然发生异常，时间紧迫，造成操作者过度紧张而导致失误。

（6）操作者缺乏对动机械危险性的认识，不知道动机械的危险部位和范围，进行不安全作业而产生失误。

（7）取下安全罩、切断连锁装置等人为的使动机械处于不安全状态，从而导致事故。

2. 误入危区

所谓动机械危区是指动机械在一定的条件下，有可能发生能量逆流或傍流造成人员伤害的部位或区域。如压缩机主轴联结部位、副轴、活塞杆、十字头、填料函、油泵皮带轮或传动轮、风机叶轮、电机转子等；机床的变速箱、轴、轴孔、卡盘、进刀架、固定支架、工件等；冲压机械的模具、传动系统、锤头等；剪切机械的刀口、传动系统等；传送机械的皮带、链条、滚筒、电机等均属危区部位。危区部位一般都有一定的危区范围，如果人的某个部位进入动机械危区范围，就有可能发生人身伤害事故。

误入危区的原因在于人机系统中，人的自由度比动机械大得多，而每个人的素质和心理状态千差万别，所以误入危区的可能性是存在的。

（1）机械操作状况的变化使工人改变已熟练掌握的原来的操作方法，会产生较大的心理负担，如不及时加强培训和教育，就很可能产生误入危区的不安全行为。

（2）"图省事、走捷径"是人们的共同心理。对于已经熟悉了的机械，人们往往会下意识地进行操作，而无需有意思维，也不必选择更安全的操作方法，因而会有意省掉某些操作环节，而且一次成功就会重复照干，这也是误入危区的常见原因。

（3）条件反射是人和动物的本能，但由于一时条件反射会忘记置身于危区。如某工人在机床上全神贯注地工作，这时后面有人与之打招呼，条件反射使其下意识地转身，忘记了身处危区，把手无意中伸入卡盘，发生伤害事故。

（4）疲劳使操作者体力下降、大脑产生麻木感，有可能出现某些不安全行为而误入危区。

（5）由于操作者身体状况不佳或操作条件影响，造成没有看到或看错、没听到或听错信号。产生不安全行为而误入危区。

（6）人们有时会忘记某件事而出现思维错误，而错误的思维和记忆会使人做出不安全的行为，有可能使人体某个部位误入危区。

（7）不熟悉业务的指挥者指挥不当；多人多系统的联络失误；紧急状态下人的紧张慌乱，都有可能产生不安全行为，导致误入危区。

（二）机械的不安全状态

机械的危险可能来自机械本身、机械的作用对象、人对机械的操作以及机械所在的场所等。有些危险是显现的，有些是潜在的；有些是单一的，有些交错在一起，表现为复杂、动态、随机的特点。因此，必须把人、机、环境这个机械加工系统作为一个整体研究对象，用安全系统的观点和方法，识别和描述机械在使用过程中可能产生的各种危险、危险状态以及预测可能发生的危险事件，为机械的安全设计以及制定有关机械安全标准和对机械系统进行安全风险评价提供依据。

1. 危险有害因素的分类

（1）按客体对人体的不利影响，危险有害因素可分为危险因素和有害因素。这是我国劳动安全卫生学领域长期沿用的分类方法。

危险因素，即导致人员伤亡的因素。该因素强调危险事件的突发性和瞬间作用，例如物体打击、切割、电击、爆炸等。

有害因素，即导致人员患病的因素。该因素强调在一定的时间和范围内危险因素的积累作用效应，例如粉尘、振动、有毒物等。

（2）按不利因素的性质分类。按不利因素的性质不同，可分为物理因素、化学因素、生物因素和生理心理因素（见表1-2）。

危险有害因素按不利因素的性质分类 表 1-2

类　　别	不 利 因 素
物理危险和有害的因素	机械的运转、机械设备的可动部分、能移动的零件、毛坯和材料、破裂结构、作业环境中的粉尘、有害气体、噪声、振动、电的危害等
化学危险和有害的因素	按对人的肌体作用特征不同，又可分为有毒的、刺激的、致癌的、器官病变的化学性危险因素；按进入人体的渠道不同，可分为呼吸道、肠胃消化道、皮肤和黏膜等有害因素
生物危险和有害的因素	细菌、病毒、螺旋体、真菌等致病性微生物及其生命活动产物；植物和动物等因素
生理心理危险和有害因素	体力负荷过大（长期静态型或动态型的体力超负荷）；神经心理负荷过重（脑力过度紧张，个别器官过度紧张，劳动单调或情感负担过重）等

（3）按诱发事故的危险源分类。按诱发事故的危险源不同，可分为机械能、化学能、电能、热能、放射能等有害因素。这是根据引发事故的能量形态不同而进行的分类。

（4）根据工业设备自身的特点、能量形式及作用方式分类。这是根据国际标准化组织（ISO）的标准，参考工业发达国家的普遍做法，我国现行国家标准采用的分类方法。由机械产生的危险可分为两大类：一类是机械危险；另一类是非机械危险。其中非机械危险又可分为电气危险、温度危险、噪声危险、振动危险、辐射对机械加工设备及其生产过程中的不利因素，不再细分危险与有害因素，一律称为危险因素。实际上在很多情况下，同一危险因素由于物理量不同，作用的时间和空间不同，有时导致人身伤害，有时引起职业病，有时甚至两者兼有，硬要人为地将同一危险因素时而视为危险因素，时而视为有害因素，反而造成认识混乱，不利于危险因素的识别和风险的分析评价。

2. 由机械产生的危险

由机械产生的危险是指在使用机械过程中，可能对人的身心健康造成损伤或危害的因素。由于危险是引起或增加伤害的条件，所以常称为危险因素。危险通常与其他词组联合使用，或具体限定其起源的特定性质，如机械危险、电气危险、噪声危险等，见表1-3。

危险因素	说　　　明
机械危险	由于机械设备及其附属设施的构件，零件，工具，工件或飞溅的固体和流体物质等的机械能（动能和势能）作用，可能产生伤害的各种物理因素以及与机械设备有关的滑绊，倾倒和跌落危险。
电气危险	主要形式是电击、燃烧和爆炸。其产生条件可以是人体与带电体的直接接触；人体接近高压带电体；带电体绝缘不充分而产生漏电，静电现象；短路或过载引起的融化粒子喷射热辐射和化学效应
温度危险	高温对人体的影响有高温烧伤、烫伤、高温生理反应等。低温可以导致冻伤和低温生理反应。高温可以引起燃烧或爆炸。温度危险产生的条件有：环境温度，热源辐射或接触高温物（材料，火焰或爆炸物）等
噪声危险	根据噪声的强弱和作用时间不同，可造成耳鸣，听力下降，永久性听力损失，甚至耳聋等；对生理、心理影响。通常 90dB（A）以上的噪声对神经系统、心血管系统等都有明显影响；低噪声会使人产生厌烦、精神压抑等不良心理反应；干扰语言通信和听觉信号而引起其他危险
振动危险	振动可造成生理、心理的影响，导致中枢神经、植物神经功能紊乱、血压升高。最严重的振动（或长时间不太严重的振动）可能产生生理严重失调（血脉失调，神经失调，骨关节失调，腰痛和坐骨神经痛）等
辐射危险	辐射的危险是杀死人体细胞和机体内部的组织，轻者会引起各种病变，重者会导致死亡，产生的辐射危险的各种辐射源（离子化或非离子化）包括：电波辐射、广播辐射、射线辐射、粒子辐射、激光辐射等
材料和物质的危险	使用机械加工过程中的所有材料和物质都应该考虑。例如：构成机械设备、设施自身（包括装饰装修）的各种物料；加工使用、处理的物料（包括原料、燃料、辅料、催化剂、半成品和产成品）；剩余和排除物料，即生产过程中产生，排放和废弃的物料（包括气，液，固态物）

机械危险还包括由于机械设计或环境条件不符合安全人机学原则的要求，存在与人的生理或心理特征，能力不协调之处，可能会产生以下危险。如：负荷（体力负荷、视力负荷、其他负荷等）超过人的生理范围，长期静态或动态型操作姿势，劳动强度过大或过分用力所导致的危险；对机械进行操作、监视或维护而造成精神负担过重或准备不足，紧张等而产生的危险；操作偏差或失误而产生的危险等。

（三）环境的不安全因素

生产场地环境不良，包括：照明光线不良，例如照明不足，作业场所烟雾烟尘弥漫、视物不清，光线过强，有眩光等；通风不良，无通风，通风系统效率低等；作业场所狭窄；作业场所杂乱；工具、制品、材料堆放不安全等。

第三节　机械的危险部位与防护措施

机械设备种类繁多。机械设备运行时，其一些部件甚至其本身做不同形式的机械运动。机械设备由驱动装置、变速装置、传动装置、工作装置、制动装置、防护装置、润滑系统和冷却系统等部分组成。

一、机械设备的危险部位

机械设备可造成碰撞、夹击、剪切、卷入等多种伤害，其主要危险部位如表 1-4 所示。

机械设备的危险部位 表 1-4

危险部位	说 明
旋转部件和成切线运动部件间的啮合处	如动力传输皮带和皮带轮、链条和链轮、齿条和齿轮等
旋转的轴	包括连接器、芯轴、卡盘、丝杠、圆形芯轴和杆等
旋转的凸块和孔处	含有凸块或空洞的旋转部件，如风扇叶、凸轮、飞轮等
对向旋转部件的啮合处	如齿轮、轧钢机等
旋转部件和固定部件的啮合处	如辐条手轮或飞轮、机床床身、旋转搅拌机和无防护开口外壳搅拌装置等
接近类型	如锻锤的锤体、动力压力机的滑枕等
通过类型	如金属刨床的工作台及其床身、剪切机的刀刃等
单向滑动	如带锯边缘的齿、砂带磨光机的研磨颗粒、凸式运动带等
旋转部件与滑动之间	如某些平板印刷机面上的机构、纺织机床等

二、机械安全措施

（一）机械安全措施类别

为了保证机械设备的安全运行和操作工人的安全和健康，所采取的安全措施一般可分为直接、间接和指导性 3 类。

（1）直接安全技术措施是在设计机器时，考虑清楚机械本身的不安全因素；

（2）间接安全技术措施是在机械设备上采用和安装各种安全有效的防护装置，克服在使用过程中产生不安全因素；

（3）指导性安全技术措施是制定机械安装、使用、维修的安全规定及设置标志，以提示或指导操作程序从而保证安全作业。

（二）传动装置的防护

机床上常见的传动机构有齿轮啮合机构、胶带传动机构、联轴器等。这些机构高速旋转着，人体某一部位有可能被带进去而造成事故，因而有必要把传动机构危险部位加以防护，以保护操作者的安全。

在齿轮传动机构中，两轮开始啮合的地方最危险，如图 1-2 所示。胶带传动机构中，胶带开始进入胶带轮的部位最危险，如图 1-3 所示。联轴器上裸露的突出部分有可能钩住工人衣服等，使工人造成伤害，如图 1-4 所示。

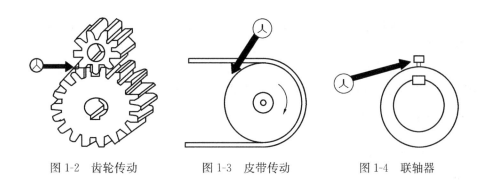

图 1-2 齿轮传动　　　　图 1-3 皮带传动　　　　图 1-4 联轴器

所有上述危险部位都应可靠地加以保护，目的是把它与工人隔开，从而保证安全。

1. 齿轮啮合传动的防护

啮合传动有齿轮（直齿轮、斜齿轮、伞齿轮、齿轮齿条）啮合传动、蜗轮蜗杆传动、链条传动等。这里仅对齿轮啮合传动的防护装置作讨论。

齿轮传动机构必须安装全封闭型的防护装置。应该强调的是：机械外部绝不允许有裸露的啮合齿轮，不管啮合齿轮处在何种位置。因为即使啮合齿轮处在操作工人不常到的地方，但工人在维护保养机械时有可能与其接触而带来不必要的伤害。在设计和制造机械时，应尽量将齿轮装入机座内，而不使其外露。对于老设备，如发现啮合齿轮外露，就必须进行改造，加上防护罩。齿轮传动机构没有防护罩不得使用。

防护装置的材料可用钢板或有金属骨架的钢丝网，必须安装牢靠，并保证在机器运行过程中不发生振动。要求装置合理，防护罩的外壳和传动机构的外形相符，同时要便于开启，便于机器的维护保养，即要求能方便地打开和关闭。为了引起工人的注意，防护罩内壁应涂成红色，最好装电气联锁，使得防护装置在开启的情况下机械永远停止运转。另外，防护罩壳体本身不应有尖角和锐利部分，并尽量使之既不影响机器的美观，又起到安全作用。

2. 胶带传动机械的防护

胶带传动的传动比与精确度较齿轮啮合传动差，但是当过载时，胶带打滑，起到了过载保护作用。胶带传动机构传动平稳、噪声小、结构简单、维护方便。因此，皮带传动机构广泛应用于机械传动中。但是，由于胶带摩擦后易产生静电放电现象，故其不能用于容易发生燃烧或爆炸的场所。

胶带传动机构的危险部位是：胶带接头处和皮带进入胶带轮的地方，如图 1-3 中箭头所指部分，因此要加以防护。

胶带防护罩与皮带的距离不要小于 50mm，设计要合理，不要影响机器的运行。一般传动机构离地面 2m 以下，要设防护罩。但在下列 3 种情况下，即使在 2m 以上也应加以防护：胶带轮之间的距离在 3m 以上；胶带宽度在 15cm 以上；胶带回转的速度在 9m/min 以上。这样万一胶带断裂时，也不至于落下伤人。

胶带的接头一定要牢固可靠。安装胶带时要做到松紧适宜。胶带传动机构的防护可采用将胶带全部遮盖起来的方法，或采用防护栏杆防护。

3. 联轴器等的防护

一切突出轴面而不平滑的东西（键、固定螺钉）均增加了轴的危险因素。联轴器上突出的螺钉、销、键等均可能给工人带来伤害，因此对联轴器的安全要求是没有突出的部分，即采用安全联轴器。但这样还没有彻底排除隐患，根本的办法就是加防护罩，最常见的是 Q 形防护罩。轴上的键及固定螺钉必须加以防护，为了保证安全，螺钉一般应采用沉头螺钉，使之不突出轴面，而增设防护装置则更加安全。

三、动机械的使用安全

(一) 动机械的不安全状态

人的失误是伤害事故的主要因素，但动机械的安全状态不良和防护设施不完善，也会导致事故。

1. 动机械的危险源

动机械是运动的机械，当机械能逸散作用人体时，就会发生伤害事故。机械能逸散作用人体的主要原因是由于机械设计不合理、强度计算误差、安装调试存在问题、安全装置缺陷以及人的不安全行为。动机械伤害事故的危险源常存在于下列部位。

（1）旋转的机件有将人体或物体从外部卷入的危险；旋转轴的突出部分有钩挂衣袖、裤腿、长发等而将人卷入的危险；机床的卡盘、钻头、铣刀等也存在着与旋转轴同样的危险。

（2）传动部件如传动齿轮、传动胶带、传动对轮、传动链条等有钩挂衣袖、裤腿、长发等将人卷入的危险；风扇、叶轮等有绞伤的危险。

（3）相互接触而旋转的滚筒，如轧机、压辊、卷板机、干燥滚筒等都有把人卷入的危险。

（4）作直线往复运动的部位，如往复泵和压缩机的十字头、活塞，龙门刨床、牛头刨床、平面铣床、平面磨床的运动机构等，都存在着撞伤和挤伤的危险。

（5）冲压、剪切、锻压等机械的模具、锤头、刀口等部位存在着撞压、剪切的危险。动机械的摇摆部位存在着撞击的危险。

（6）动机械的操作点、控制点、检查点、取样点及送料过程，都存在不同的潜在危险因素。

2. 动机械不安全状态的原因

动机械的设计、制造、安装、调试、使用、维修甚至报废，都有可能产生不安全状态。

（1）设计阶段的原因。动机械的形式、结构和材质都是在设计阶段决定的，所以设计阶段的有些不安全状态是先天的，将始终伴随机械，难以消除。因此，控制设计时的不安全状态是极为重要的。

动机械设计时产生不安全状态的原因有：设计时对安全装置和设施考虑不周；对使用条件的预想与实际差距太大；选用材质不符合工艺要求；强度或工艺计算有误；机构设计不合理，设计审核失误等，这些大都是设计者缺乏经验或疏忽所致。

（2）制造、安装阶段的原因。制造、安装是动机械的成型阶段，在这个阶段产生不安全状态的原因有：没按设计要求装设安全装置或设施；没按设计要求选材，所用的材料没有按要求严格检查，材料存在的原始缺陷没有被发现；制造工艺、安装工艺不合理；制造、安装技术不熟练，质量不符合标准；随意更改图纸，不按设计要求施工等。

（3）使用、维修阶段的原因。使用、维修阶段是动机械成熟并工作的阶段，这个阶段不安全状态的原因有：使用方法不当；使用条件恶劣；冷却与润滑不良，造成机械磨损和腐蚀，超负荷运行，维护保养差；操作技术不熟练，人为造成机械不安全状态，如取下防护罩、切断联锁、摘除信号指示等；超期不修，检修质量差等。

（二）动机械的安全防护

动机械安全防护的重要环节是防止出现人的不安全行为和动机械的不安全状态。在动机械运行系统中，要有预防人身伤害的防护装置。

1. 防止人的不安全行为

人在操作动机械的整个过程中，从信息输入、储存、分析、判断、处理到操作动作的完成，每个环节都有可能产生不安全行为而造成伤害事故。因此，必须采取各种措施避免人的不安全行为，提高人操作的安全可靠性。

应该建立健全安全操作规程，动机械的安全操作规程应包括下述内容：

（1）动机械的工作原理、结构特点、各项性能指标；

（2）动机械主要零部件的规格材质及使用条件；

（3）工艺流程和工艺指标，开停车方法及注意事项；

（4）安全操作方法及有关规章制度；

（5）安全设施、冷却和润滑方法；

（6）危险及危险范围，事故处理方法；

（7）合理的操作程序和操作动作。

动机械的操作规程应针对不同类型的动机械的特点，详细准确地编制。安全规程一经确立，就是动机械的操作法规，不得随意违反。

应进行经常性的安全教育和安全技术培训，不断提高操作者的安全意识和安全防护技能，教育操作者熟练掌握严格遵守安全操作规程。应结合同类型动机械事故案例进行教育，使操作者对操作过程中可能发生的事故进行预防和检测。

应不断改善操作环境，如室温、尘毒、振动、噪声等的处理和控制；加强劳动纪律，防止操作者过度疲劳；优化人机匹配，防止或减少失误。

2. 提高动机械的安全可靠性

（1）零部件安全。动机械的各种受力零部件及其连接，必须合理选择结构、材料、工艺和安全系数，在规定的使用寿命期内，不得产生断裂和破碎。动机械零部件应选用耐老化和抗疲劳的材料制造，并应规定更换期限，其安全使用期限应小于材料老化和抗疲劳期限。易被腐蚀的零部件，应选用耐腐蚀材料制造或采取防腐蚀措施。

（2）控制系统安全。动机械应配有符合安全要求的控制系统，控制装置必须保证当能源发生异常变化时，也不会造成危险。控制装置应安装在使操作者能看到整个机械动作的位置上，否则应配置开车报警声光信号装置。动机械的调节部分，应采取自动联锁装置，以防止操作和自动调节、自动操纵等失误。

（3）操纵器安全。操纵器应有电气或机械方面的联锁装置，易出现误动作的操纵器，应采取保护措施。操纵器应明晰可辨，必要时可辅以易理解的形象化符号或文字说明。

（4）操作人员安全防护。动机械需要操作人员经常变换工作位置者，应配置安全走板，走板宽度应不小于 0.5m；操作位置高于 2m 以上者，应配置供站立的平台和防护栏杆。走板、梯子、平台均应有良好的防滑功能。

3．预防人身伤害的防护措施和设施

人员易触及的可动零部件，应尽可能密封，以免在运转时与其触及。动机械运行时，操作者需要接近的可动零部件，必须有安全防护装置。为防止动机械运行中运动的零部件超过极限位置，应配置可靠的限位装置。若可动零部件所具有的动能或势能会引起危险时，应配置限速、防坠落或防逆转装置。动机械运行过程中，为避免工具、工件、连接件、紧固件等甩出伤人，应有防松脱措施和配置防护罩或防护网等措施。

第四节　机械危险及对策

一、机械在各种状态的安全问题

（一）正常工作状态

在机械完好的情况下，机械完成预定功能的正常运转过程中，存在着各种不可避免的却是执行预定功能所必须具备的运动要素，有些可能产生危害后果。例如，大量形状各异的零部件的相互运动、刀具锋刃的切削、起吊重物、机械运转的噪声等，在机械正常工作状态下就存在着碰撞、切割、重物坠落、使环境恶化等对人身安全不利的危险因素。对这些在机器正常工作时产生危险的某种功能，人们称为危险的机械功能。

（二）非正常工作状态

在机械运转过程中，由于各种原因（可能是人员的操作失误，也可能是动力突然丧失或来自外界的干扰等）引起的意外状态。例如，意外启动、运动或速度变化失控、外界磁场干扰使信号失灵、瞬时大风造成起重机倾覆倒地等。机械的非正常工作状态往往没有先兆，会直接导致或轻或重的事故危害。

（三）故障状态

故障状态是指机械设备（系统）或零部件丧失了规定功能的状态。设备的故障，哪怕是局部故障，有时都会造成整个设备的停转，甚至整个流水线、整个自动化车间的停产，给企业带来经济损失。而故障对安全的影响可能会有两种结果。有些故障的出现，对所涉及的安全功能影响很小，不会出现大的危险。例如，当机器的动力源或某零部件发生故障时，使机械停止运转，处于故障保护状态。有些故障的出现，会导致某种危险状态。例如，由于电气开关故障，会产生不能停机的危险；砂轮轴的断裂，会导致砂轮飞甩的危险；速度或压力控制系统出现故障，会导致速度或压力失控的危险等。

（四）非工作状态

机器停止运转处于静止状态时，在正常情况下，机械基础是安全的，但不排除由于环境照度不够，导致人员与机械悬凸结构的碰撞；结构垮塌；室外机械在风力作用下的滑移过倾覆；堆放的易燃易爆原材料的燃烧爆炸等。

（五）检修保养状态

检修保养状态是指对机械进行维护和修理作业时（包括保养、修理、改装、翻建、检查、状态监控和防腐润滑等）机械的状态。尽管检修保养一般在停机状态下进行，但其作业的特殊性往往迫使检修人员采用一些超常规的做法。例如，攀高、钻坑、将安全装置短路、进入正常操作不允许进入的危险区等，使维护或修理容易出现在正常操作时不存在的危险。

在机械使用的各个环节，机械的不同状态都有危险因素存在，既可在机械预定试用期间经常存在（危险运动件的运动，焊接时的电弧等），也可能意外地出现，使人员不得不面临受到这样或那样伤害的风险。人们把使人面临损伤或危害健康风险的机械内部或周围的某一区域称为危险区。就大多数机械而言，传动机构和执行机构集中了机械上几乎所有的运动零部件。它们种类繁多，运动方式各异，结构形式复杂，尺寸大小不一，所以即使在机械正常状态下进行正常操作时，在传动机构和执行机构及周围区域，就有可能形成机械的危险区。

由于传动机构在工作中不需要与物料直接作用，也不需要操作者频繁接触，所以常用各种防护装置隔离或封闭起来。而执行机构由于在作业过程中需要操作者根据情况不断地调整其与物料的相互位置和状态，使人体的某些部位不得不经常进入操作区等原因，使操作区成为机械伤害的高发区，这是机械的主要危险区，是安全防护的重点。又由于不同种类机械的工作原理区别很大，表现出来的危险有较大差异，因此又成为安全防护难点。

二、机械危险的主要伤害形式和机理

机械危险的伤害实质是机械能（动能和势能）的非正常做功、流动或转化，导致对人员的接触性伤害。机械危险的主要伤害形式有夹挤、碾压、剪切、切割、缠绕或卷入、戳扎或刺伤、摩擦或磨损飞出物打击、高压流体喷射、碰撞和跌落等。

动能是物体由于做机械运动而具有的能量。势能是物体系统由于相互之间存在作用而具有的能量。动能和势能可以相互转化。无论机械危险以什么形式存在，总是与质量、位置、不同运动形式、速度和力等物理量有关。

（一）机械零件产生机械危险的条件

（1）形状和表面性能：切割处有锐边、利角部分；表面粗糙或过于光滑。

（2）相对位置：相向运动、运动与静止物的相对距离小。

（3）质量与稳定性：在重力的影响下可能运动的零件的位能。

（4）质量和速度（加速度）：可控或不可控运动中的零部件的动能。

（5）机械强度不够：零件、构件的断裂或垮塌。

（6）弹性元件（弹簧）的位能，在压力或真空下的液体或气体的位能。

（二）机械伤害的基本类型

（1）卷绕和绞缠。引起这类伤害的是作回转运动的机械部件（如轴类零件），包括联轴节、主轴、丝杠等；回转件上的凸出物和开口，例如轴上的凸出键、调整螺栓或销、圆轮形状零件（链轮、齿轮、皮带轮）的轮辐、手轮上的手柄等，在运动情况下，将人的头发、饰物（如项链）、肥大衣袖或下摆卷缠引起的伤害。

（2）卷入和碾压。引起这类伤害的主要危险是相互配合的运动副，例如，相互啮合的齿轮之间以及齿轮与齿条之间，皮带与皮带轮、链与链轮进入啮合部位的夹紧点，两个作相对回转运动的辊子之间的夹口引发的卷入；滚动的旋转件引发的碾压，例如，轮子与轨道、车轮与路面等。

（3）挤压、剪切和冲撞。引起这类伤害的是作往复直线运动的零部件，诸如相对运动的两部件之间，运动部件与静止部分之间由于安全距离不够产生的夹挤，作直线运动部件的冲撞等。直线运动有横向运动（例如，大型机床的移动工作台、牛头刨床的滑枕、运转中的带链等部件的运动）和垂直运动（例如，剪切机的压料装置和刀片、压力机的滑块、大型机床的升降台等部件的运动）。

（4）飞出物打击。由于发生断裂、松动、脱落或弹性位能等机械能释放，使失控的物件飞甩或反弹出去，对人造成伤害。例如：轴的破坏引起装配在其上的皮带轮、飞轮、齿轮或其他运动零部件坠落或飞出；螺栓的松动或脱落引起被它紧固的运动零部件脱落或飞出；高速运动的零件破裂碎块甩出；切削废屑的崩甩等。另外，弹性元件的位能引起的弹射，例如：弹簧、皮带等的断裂；在压力、真空下的液体或气体位能引起的高压流体喷射等。

（5）物体坠落打击。处于高位置的物体具有势能，当它们意外坠落时，势能转化为动能，造成伤害。例如，高处掉下的零件、工具或其他物体（哪怕是很小的）；悬挂物体的吊挂零件破坏或夹具夹持不牢引起物体坠落；由于质量分布不均衡，重心不稳，在外力作用下发生倾翻、滚落；运动部件运行超行程脱轨导致的伤害等。

（6）切割和擦伤。切削刀具的锋刃，零件表面的毛刺，工件或废屑的锋利飞边，机械设备的尖棱、利角和锐边；粗糙的表面（如砂轮、毛坯）等，无论物体的状态是运动的还是静止的，这些由于形状产生的危险都会构成伤害。

（7）碰撞和刮蹭。机械结构上的凸出、悬挂部分（例如起重机的支腿、吊杆，机床的手柄等），长、大加工件伸出机床的部分等。这些物件无论是静止的还是运动的，都可能产生危险。

（8）跌倒、坠落。由于地面堆物无序或地面凸凹不平导致的磕绊跌伤，接触面摩擦力过小（光滑、油污、冰雪等）造成打滑、跌倒。假如由于跌倒引起二次伤害，那么后果将会更严重。例如：人从高处失足坠落，误踏入坑井坠落；电梯悬挂装置破坏，轿厢超速下行，撞击坑底对人员造成的伤害。

机械危险大量表现为人员与可运动物件的接触伤害，各种形式的机械危险与其他非机械危险往往交织在一起。在进行危险识别时，应该从机械系统的整体出发，考虑机器的不同状态、同一危险的不同表现方式、不同危险因素之间的联系和作用以及显现或潜在的不同形态等。

三、机械伤害预防的对策

机械危害风险的大小除取决于机器的类型、用途、使用方法、人员的知识、技能、工作态度等因素外，还与人们对危险的了解程度和所采取的避免危险的技能有关。正确判断什么是危险和什么时候会发生危险是十分重要的。

预防机械伤害包括两方面的对策。

（一）实现机械安全

（1）消除产生危险的原因；

（2）减少或消除接触机器的危险部件的次数；

（3）使人们难以接近机器的危险部位（或提供安全装置，使得接近这些部位不会导致伤害）；

　　（4）提供保护装置或者防护服。

　　上述措施是依次序给出的，也可以结合起来使用。

（二）保护操作者和有关人员安全

　　（1）通过培训来提高人们辨别危险的能力；

　　（2）通过对机械的重新设计，使危险更加醒目（或者使用警示标志）；

　　（3）通过培训，提高避免伤害的能力；

　　（4）增强采取必要的行动来避免伤害的自觉性。

复 习 思 考 题

　　1. 什么是机械？其组成结构有哪几部分？各起到什么作用？

　　2. 人类对机械的认识经历了哪几个阶段？

　　3. 产生机械危害的因素有哪些？

　　4. 机械设备的危险部位有哪些？

　　5. 机械伤害预防的对策有哪些？

第二章 机械安全设计与安全装置

机械设计的总体目标是使机械产品达到本质安全，也就是在机械产品的整个寿命周期内，即从制造、运输、安装、调试、设定、示教、编程、过程转换、运行、清理、查找故障、停止使用、拆卸及处理各个阶段内都是充分安全的。一般来说，凡是能够通过设计解决的安全措施绝不能留给用户解决；当确实是设计无力解决时，也要通过其他方式将风险告知并警告用户。除了对机器正常使用采取的安全措施外，还要考虑能合理预见到的各种误操作情况下的安全性。另外，应该知道的是，无论采取何种安全措施，均以不影响机械正常的使用功能为前提。

第一节 机械安全设计的基本原则

机械设备的设计要尽可能达到设备的本质安全，使机械设备具有高度的可靠性和安全性，杜绝和尽量减少安全事故，减少设备故障，从根本上实现安全生产的目的。

一、机械安全的风险评价

在进行机械安全设计时首先要对所设计的机械进行全面的风险评价（包括危险分析和危险评定），从而采取适当有效的针对性措施来消除或减少这些危险和风险。并根据现实的各种约束，提出合理可行的消除危险或减小风险的安全措施，帮助工程技术人员设计、制造出安全的机器产品提供给市场，在机器的使用阶段最大限度地保护操作者，使机械系统达到可接受的最高安全水平。风险评价对减少事故的发生，特别是防止重大恶性事故的发生，有着非常重要的意义。

这里所说的现实各种约束，是指现有科技和工艺水平决定的与机器有关的实际结构、材料和与使用有关的各种客观约束（例如，自动化程度、安全防护装置的结构等），与机器使用者有关的人的生理—心理和安全素质等条件限制的各种主观约束，以及从经济角度考虑的成本约束等。所谓最高安全水平是指在考虑现有客观和主观约束前提下，安全目标能够实现的水平。

（一）基本概念

我国国家标准《生产设备安全卫生设计总则》GB 5083—1999 中规定，当安全技术措施与经济效益发生矛盾时，"应优先考虑安全卫生技术上的要求"。新设计的以及准备再次投产的机械设备，必须进行安全评价（即风险评价），确认潜在的或已发现的危险性，以便采取有效的安全措施。首先应该了解以下几个概念：

风险：是指在危险状态下，可能损伤或危害健康的概率和程度的综合。

风险评价：是指为了选择适当的安全措施，对在危险状态下可能损伤或危害健康的概率和程度进行全面评价的过程。

风险识别：是对尚未发生的潜在的各种风险进行系统的归类和实施全面的识别。

风险分析：包括确定机械限制范围、危险识别和风险要素认定（判断）三个步骤。风险分析提供风险评定所需要的信息。

风险评定：是根据风险分析提供的信息，通过风险比较，对机械安全作出判断，确定机器是否需要减小风险或是否达到了安全目标。

风险要素：与机械的特定状态或技术过程有关的风险由以下两个要素组合得出：

（1）发生损伤或危害健康的概率。这种概率与人员暴露于危险中的频次和面临危险的持续时间有关，与危险事件出现的概率有关。

（2）损伤或危害健康的可预见的最严重程度。这种严重程度有一定的随机性，与多种因素的综合影响和作用有关，这些因素如何影响和怎样作用具有很大的偶然性，难以预见。

在进行风险评价时，应考虑出自每种可鉴别危险的损伤或对健康危害的最严重程度，即使这种损伤或对健康的危害出现概率不高，也必须考虑。

机械风险评价：机械风险评价是指以机械或机械系统为研究对象，用系统方式分析机器使用阶段可能产生的各种危险、一切可能的危险状态，以及在危险状态下可能发生损伤或危害健康的危险事件，并对危险事件的概率和程度进行全面评价的一系列逻辑步骤和迭代过程。

（二）机械风险评价收集的信息

利用定性及定量的方法进行风险评价的分析和判断时，要收集足够的信息，这些信息包括以下内容：

（1）有关的法规、标准和规程；

（2）机器的各种限制规范；

（3）产品图样和说明机器特性的其他有关资料；

（4）所有可能与操作者有关的操作模式和机器的使用的详细说明；

（5）有关的材料，包括机械组成材料、加工材料、燃料等的详细说明；

（6）机器的运输、安装、试验、生产、拆卸和处置的说明；

（7）机器可能的故障数据、易损零部件；

（8）定量评价数据，包括零部件、系统和人的介入可靠性数据；

（9）关于机器预定运行环境的信息（如温度、污染情况、电磁场等）。

（三）机械风险评价的程序

风险评价的程序是根据机械使用的工艺过程、使用和产出的物质、操作条件等信息，与有关机械的设计、使用、伤害事故的知识和经验汇集到一起，对机器寿命周期内的各种风险进行评价的过程。

风险评价程序可用图 2-1 所示的流程加以说明。

机械风险评价的程序是根据机械使用的工艺过程、使用和产出的物质、操作条件等信息，与有关机械的设计、使用、伤害事故的知识和经验汇集到一起，对机器寿命周期内的各种风险进行评价的过程。

1. 机械限制的确定

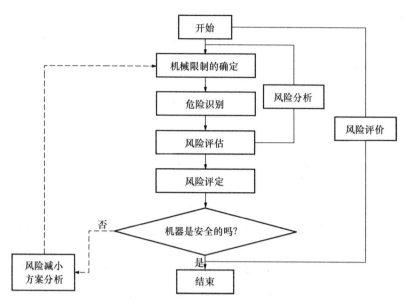

图 2-1 机械风险评价的流程图

  在进行评价之前，评价小组应非常清楚项目有关参数。风险评价小组为管理者提供项目参数信息，这些限制与设备或产品设计、设施或位置、环境、正常使用和可合理预见的错误使用、暴露时间、特定的使用者等有关。限制可能包括具体任务、位置、操作状态或空间限制。其他的限制包括受危害对象，如人员、财产、设备、生产效率或环境，评价小组应记录分析参数，以便于全面理解和交流评价的本质。这一步的关键在于建立可接受的风险等级。

  2. 危险识别

  危险识别是风险评价的关键信息环节。不论机械规模大小和结构差异，针对机器和人员的不同状态，都可能存在这样或那样不同程度的危险。有危险就有风险，风险与危险的关系是：危险产生风险；风险寓于危险之中。正确识别全部危险，需要运用科学方法进行多角度、多层次的分析。危险识别是否全面、准确、真实，任何一种危险尤其是对安全有重大影响的危险在识别阶段是否被忽略，都将直接影响风险评价和安全决策的质量，甚至影响整个安全管理工作的最终结果。应该识别所有可能产生的危险的种类、产生的原因、危险所在机器的部位、危险状态和可能发生的危险事件。

  危险识别分为两大类：机械类危险与非机械类危险。

  （1）机械类危险：是指由于机械零件、刀具、工件或飞溅的固态、液态、气态物质的机械作用可能产生伤害的各种物理因素的总称。

  （2）非机械类危险：包括电器危险、热危险、噪声危险、振动危险、辐射危险、材料或物质产生的危害、机械设计时忽视人机工程学原则产生的危险等。

  3. 风险评估

  风险评估是在识别机械危险的基础上进行的评估与预测。通过危险识别后识别出的每一种危险都应通过测定风险要素进行风险评估，所以在进行评估时要考虑在机械的危险状态下，可能造成人员伤亡或财产损失的概率和伤害程度。

风险要素是与机械的特定状态或技术过程有关的风险（见图2-2），由以下两个要素组合得出：

（1）损伤或危害健康的可预见的最严重程度。这种严重程度有一定的随机性，与多种因素的综合影响和作用有关，这些因素如何影响和怎样作用具有很大的偶然性，难以预见。

（2）发生损伤或危害健康的概率。这种概率与人员暴露于危险中的频次和面临危险的持续时间有关，与危险事件出现的概率有关。

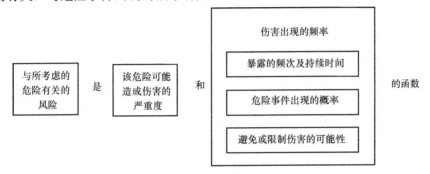

图2-2　风险与风险要素之间的关系

影响伤害严重度的因素有：防护对象的性质；损伤的严重度；对人伤害的范围和限度；对机器伤害的范围和限度。

影响伤害出现概率的因素有：暴露于危险区的频次和持续时间；危险事件出现的概率；避免或限制伤害的可能性。

确定风险要素应考虑以下几个方面：操作者、维修人员和可预见到的可能暴露于危险区而可能受到机器影响的所有人员；暴露的类型、频次和持续时间；评估时应考虑到机器的各种操作模式和操作方法，尤其要考虑到在调整、示教、过程转换和清理、查找故障和维修期间人进入危险区的情况；人的因素（如因人与机械相互作用、人与人相互关联而产生的心理学与人机工程学方面的影响，人对给定条件下的风险的认知能力等）；安全功能可靠性（如与安全有关的零件、部件和系统的可靠性，尤其要注意作为主要安全功能部分的元件和系统的可靠性）；安全措施被毁坏或避开的可能性；使用信息。

4. 风险评定

风险评估后，要进行机械风险的评定，经过机械风险的评定，以确定机器是否需要减小风险或是否达到了安全要求。如果该机械的风险需要减小，则应选择和应用相应的安全措施，并重复这一过程，即实现安全的迭代过程。在实现安全的迭代过程中，当应用新的安全措施时，设计者应该识别是否又产生的附加危险。如果附加危险出现了，则这些危险应列入危险识别清单，在参与第二次的评定中加以解决，使该机械达到更加安全的结果。风险评定可以采用下述两种方法进行。

（1）对照所见到的可能导致损伤和危害健康的各种危险状态逐一核对所采取的安全措施，评定是否达到了风险减小的目标。

（2）在具有可比性的条件下，与经过风险评价并被认为是安全的类似机械进行对比。在采用这种方法时，其可对比的条件如下：

1）两种机械具有可比性。两种机械预定使用和采用的工艺水平是可比的，技术目标是可比的，使用条件是可比的，危险和风险要素是可比的。

2）被比较机械的资料可靠。这是指有确凿的数据资料表明，参照比较的类似机械按照现有工艺水平，其安全性是可信的或风险水平是可接受的。

3）两种机械的差异性。是指风险比较不能忽视两种机械的差异，诸如特定使用的条件、生产对象的不同、操作方式的差异等。进行比较时，应对差异有关的风险给予特别关注，并需要遵循风险评价程序予以确认。

5. 风险减小方案分析

减小风险需要考虑优先原则、使用危险控制等级、确定减小风险措施和检查新风险。根据初始风险评价的结果，减小重大风险，不是所有的风险等级都相同，首先考虑高风险，然后考虑较低风险，这样有利于重大风险的有效减小。风险减小的五项措施依照由高到低递减顺序分别为安全设计、采取防护装置、警告信息、培训及个体防护装置。

风险评价是一个系统工程，参加评价的单位必须具有指定主管部门批准的资格，需要有资质人员参与的一定组织形式，经过确立项目、信息搜集、最终评价报告等一系列的运作过程。风险评价的质量直接关系到机械产品的安全性，关系到机器使用者的劳动条件和生命安全。

（四）风险评价的方法

（1）安全检查表（SCL）。这是事先以机械设备和作业情况为分析对象，经过熟悉并富有安全技术和管理经验的人员的详尽分析和充分讨论，编制的一个表格（清单）。它列出检查部位、检查项目、检查要求、各项赋分标准、安全等级分值标准等内容。对系统进行评价时，对照安全检查表逐项检查、赋分，从而评价出机械系统的安全等级。

（2）事故树分析（FTA）。事故的树形演绎分析法，是围绕一个特定的事故开始，层层分析其发生的原因，把特定的事故和所有的各层原因（危险因素）之间用逻辑符号连接成树状图形，再通过对事故树简化、计算达到分析、评价的目的。

（3）作业条件（岗位）危险性评价法（格雷厄姆—金尼法）。将影响作业条件危险性的因素分为事故发生的可能性（L）、人员暴露于危险的频繁程度（E）和事故发生可能造成的后果（C）三个因素，由专家组成员按规定标准给这三个因素分别打分并取平均值，将三因素平均值的乘积 $D=L\times E\times C$ 作为危险性分值（D），来评价作业条件（岗位）的危险性等级。D 值越大，作业条件的危险性也越大，这是一种半定量的评价方法。

（4）劳动卫生分级评价。目前已采用的劳动卫生分级评价方法有：职业性接触毒物危害程度分级、有毒作业分级、生产性粉尘作业危害程度分级、噪声作业分级、高温作业分级、低温作业分级、冷水作业分级、体力劳动强度分级及体力搬运重量限值等。

目前开发的风险评价方法很多，在此不一一列举，各种评价工具的原理、适用对象各有特点，可根据实际需要合理选用。

（五）机械风险评价时应注意的问题

目前风险评价所依据的信息除少量定量数据外，大部分都是定性的。因此，一般只能进行定性评价，较难进行定量评价。在这种情况下，评价水平的高低在很大程度上取决于评价者的明智判断。而要作出明智判断，就必须掌握足够的信息，必须进行仔细的研究分析，绝不能根据少量不严重的事故历史资料而简单地作出低风险的推测并从而采取不严格的安全措施。

由于各种作业危险性的客观存在，人们对作业产生一定的畏惧心理是必然的。然而这些危险不一定会转化为伤害事故。一般来说，危险只是生产作业系统中潜在的事故源，它们并不可能都转化为事故，只有在一定的条件下危险才会变为事故。而危险向事故转化的可能性与系统的安全性（安全措施）有关。这种可能性叫做系统的事故风险，它与系统潜在危险成正比，但与系统所采取的安全措施成反比，即

$$事故风险＝潜在危险/安全措施$$

在一定条件下，事故风险可以进行量化计算：

$$事故风险＝事故损失/单位时间＝事故概率×损害大小$$

式中，事故概率＝事故起数/单位时间；损害大小＝损害量/单位事故。

从上述公式可以看出，当事故概率为零或没有损害时，系统的事故风险为零。

由此可以认为，系统的高危险性并不一定意味着事故的必然性。当客观条件使得系统的危险性具有转变为事故的可能时，就说明这个系统具有一定的风险。就同一冲压作业系统而言，其本身所具有的风险，对有的人来说可能永远不会转化为事故；而对另一些人而言，危险则会使他们付出血的代价。这是因为前者对系统有着充分的了解，能识别并能有效地控制住系统的危险性，且始终遵循安全第一的作业原则，可以保持长时期的安全生产而不出事故。

二、优先采用本质安全措施

本质安全技术是指在机械的功能设计中采用的、不需要额外的安全防护装置而直接把安全问题解决的措施，因此也称为直接安全技术措施。本质安全技术是机械实际优先考虑的措施。

尽量采用各种有效、先进的技术手段，从根本上消除危险的存在；使机器具有自动防止误操作的能力；使机器具有完善的自我保护能力。

(一) 机械零部件形状和相对位置的设计 (合理的结构形式)

在不影响正常使用的前提下，人体易接近的机械外形结构应平整、光滑，不应有易引起损伤的锐角、尖角、突出物、粗糙表面等。

直线运动部件之间或直线运动部件与静止部件（包括墙、柱）之间的距离，必须符合有关安全距离的规定，机械设计应保证不该通过的身体部位不能通过。

(二) 限制有关物理量

限制操纵力、运动件的质量和速度、往复运动件的运动距离和加速度、机器的噪声和振动、机器的表面温度等。

(三) 采用本质安全的技术、工艺和动力源

(四) 合理规定和计算零件的应力和强度

(五) 合理选用材料

用以制造机器的材料、机器使用的燃料以及被加工材料不得危及面临人员的安全或健康，尽量避免使用危险材料。

材料的承载能力、对环境的适应性、均匀性。

（六）机器控制系统的安全原则

控制系统的设计应考虑各种作业的操作模式或采用故障显示装置，使操作者可以安全进行干预的措施。

（七）防止气动和液压系统的危险

（八）预防电的危险

三、符合人机工程学的原则

安全人机工程学是从安全角度出发，讨论人、机和人机相互关系的规律，运用系统工程的方法研究各要素之间的相互作用、相互影响以及它们之间的协调方式，通过设计使人—机系统的总体性能达到安全、准确、高效、舒适的目的。

（一）设计时需要考虑人机匹配

机械系统过程的任何阶段都必须有人参与，人始终起着主导作用，是最活跃、最难把握，同时也最容易受到伤害的。由于机械设计违反安全人机学原则导致的事故时有发生。据国外资料统计，生产中有 58%～70% 的事故与忽视人的因素有关。因此，机械设计应考虑与人体有关的人体测量参数、人的感知特性、反应特性及人在劳动中的心理特征，以减少人为差错，最大限度地减轻体力、脑力消耗及精神紧张感。

（二）设置、设计安全设施、安全装置考虑的因素

设计安全装置时，要把人的因素考虑在内。疲劳是导致事故的一个重要因素，设计者要考虑以下几个因素，使人的疲劳降低到最小的程度：

（1）正确地布置各种控制操作装置；

（2）正确地选择工作平台的位置及高度；

（3）提供座椅；

（4）出入作业地点要方便。

四、符合安全卫生要求

机器设备的材料，在规定使用寿命内，必须能承受可能出现的各种物理的、化学的和生物的作用。

（1）对人有危害的材料不宜用来制造生产设备。在必须使用时，则须采取可靠的安全技术措施，以保障人员的安全。

（2）生产设备的零、部件，如因材料老化或疲劳可能引起危险时，则应选用耐老化或抗疲劳材料制造，并应规定更换期限。其安全使用期限，应小于材料老化或疲劳期限。

（3）生产设备易被腐蚀或空蚀的零、部件，应选用耐腐蚀或耐空蚀材料制造，或采取某种方法加以防护。

（4）禁止使用能与工作介质发生反应而造成危险（爆炸、生成有害物质等）的材料。

五、机械安全措施的原则和安全设计内容

（一）机械安全措施原则

（1）消除产生危险的原因；

（2）减少或消除接触机器的危险部件的需求；

（3）使人难以接近机器的危险部位；

（4）提供保护装置或者防护服。

（二）安全设计内容

1. 本质安全

本质安全是通过机械的设计者，在设计阶段采取措施来消除机械危险的一种机械安全方法。

本质安全技术是指利用该技术进行机械预定功能的设计和制造，不需要采用其他安全防护措施就可以在预定条件下执行机械的预定功能时满足机械自身的安全要求。

2. 控制装置

要注意位置、类型、方向、识别特性等要求。

3. 考虑机器的实效安全

设计者应该保证当机器发生故障时不出现危险。相关装置包括操作限制开关、限制不应该发生的冲击及运动的预设制动装置、设置把手和预防下落的装置、失效安全的限电开关等。

4. 考虑维护及隔离方法

5. 定位安全

把机器的部件安置到不可能触及的地点，通过定位达到安全。但设计者必须考虑到在正常情况下不会触及的危险部件，而在某些情况下可能会接触到，例如登着梯子对机器进行维修等情况。

6. 机器布置

车间合理的机器安全布局，可以使事故明显减少。安全布局时要考虑如下因素：

（1）空间：便于操作、管理、维护、调试和清洁。

（2）照明：包括工作场所的通用照明（自然光及人工照明，但要防止眩光）、为操作机器而特需的照明。

（3）管、线布置：不要妨碍在机器附近的安全出入，避免磕绊，有足够的上部空间。

（4）维护时的出入安全。

第二节　机械安全设计

机械产品的质量、性能和成本，在很大程度上是由设计阶段的工作决定的。通过设计减小风险，是指在机器的设计阶段，从零件材料到零部件的合理形状和相对位置，从限制操纵力、运动件的质量与速度到减少噪声和振动，采用本质安全技术与动力源，应用零部件间的强制机械作用原理，履行安全人机工程学原则等多项措施，通过选用适当的设计结构，尽可能避免或减小危险；也可以通过提高设备的可靠性、操作机械化或自动化。

一、机械安全设计的特点

机械安全设计的思想是在设计时尽量采用当代最先进的机械安全技术，事先对机械系统内部可能发生的安全隐患及危险进行识别、分析和评价，然后再根据其评价结果来进行具体的结构设计。这种设计是力图保证所设计的机械能安全地度过整个生命周期，机械安全技术与传统的机械设计及安全工程设计方法相比，主要特点体现在以下几个方面：

（一）系统性

它自始至终运用了系统工程的思想，将机械作为一个系统来考虑。

（二）综合性

机械安全设计综合运用了心理学、控制论、可靠性工程、环境科学、工业工程、计算机及信息科学等方面的知识。

（三）科学性

机械安全设计包括了机械安全分析、安全评价与安全设计。机械安全技术既全面又综合地考虑了各种影响因素，通过定性、定量的分析和评价，最大限度地降低了机械在安全方面的风险。

二、机械的安全设计

机械的安全设计需要综合考虑零件安全、整机安全、工作安全和环境安全四个方面。

（一）零件安全

在规定载荷和规定时间内，零件不发生断裂、过度变形、过度磨损、过度腐蚀以及不丧失稳定性。为了保证零件安全，设计时必须使其具有足够的强度、足够的刚度、必要的耐磨性和抗腐蚀性及受压时的稳定性。

机器零件产生机械危险的条件：

（1）形状和表面性能：切割要素、锐边、利角部分，粗糙或过于光滑。

（2）相对位置：相向运动、运动与静止物的相对距离小。

（3）质量和稳定性：在重力的影响下可能运动的零部件的位能。

（4）质量和速度（加速度）：可控或不可控运动中的零部件的动能。

（5）机械强度不够：零件、构件的断裂或垮塌。

（6）弹性元件（弹簧）的位能，在压力或真空下的液体或气体的位能。

（二）整机安全

保证整个技术系统在规定条件下实现总的功能。机械产品总功能的实现主要是由功能原理设计决定的，同时还与零件安全等因素密切相关。往往因为零件的破坏或失效，而使整个技术系统的总功能难以实现，影响整机安全。

（三）工作安全

对操作人员的防护，保证人身安全和身心健康。要真正做到工作安全，必须把人机工程学的理论和知识运用到机械产品的设计中，使人和产品之间的关系合理协调，体现以人为本的设计理念。

（四）环境安全

对整个系统的周围环境和人不造成危害和污染，同时也保证机器对环境的适应性。在产品设计中，为了降低成本，提高经济效益，容易忽视环境安全。这样有可能造成机器工作时对大气的污染、对水资源的污染、对人的健康甚至生命带来危害。

机械产品安全设计的四个方面是一个整体，它们相互联系，相互影响。安全设计在很大程度上反映了产品设计的质量。因此，设计者必须对它引起足够的重视。

三、安全设计方法及应用

为了保证机械设备的安全运行和操作工人的安全和健康，所采取的安全设计方法一般可分为直接、间接和提示性 3 类。

(一) 直接安全设计法

直接安全设计法是在设计机器时，考虑消除机器本身的不安全因素。遵循三个原理：

1. 安全存在原理

要使组成技术系统的各零件和零件之间的连接在规定的载荷和时间内完全处于安全状态。

基于安全存在原理的设计在机械设计中被普遍应用。例如，在零件或构件的设计时，运用材料力学、弹性力学和有限元分析等理论和方法，对其强度、刚度和稳定性进行计算，并选择它的材料等。

2. 有限损坏原理

当出现功能干扰或破坏无法避免时，不会使主要部件或整机遭到破坏。这就要求将破坏引导到特定的次要部位，比如采用特定的功能零件。当出现危险时，该功能零件首先破坏，从而避免整机或其他重要部位的损坏，更不至于造成人身事故。

基于有限破坏原理的安全设计常为设计者运用，如采用安全销、安全阀和易损件等。

3. 冗余配置原理

当技术系统发生故障或失效时，会造成人身安全或重大设备事故。为了提高可靠性，常采用重复的备用系统。就是除了必要的零件、部件或机构外，还额外附加一套备用的零件、部件或备用机构。当个别零件、部件或机构发生故障时，能立即启用备用部分，整个系统仍能正常工作，避免事故的发生，这就是冗余配置原理。

基于冗余配置原理的安全设计如飞机的多驱动和副油箱；压力容器中的两个安全阀；井下矿山排水的水泵系统采用三套配置（一套运转，一套维修，一套备用）等。

(二) 间接安全设计法

间接安全设计法是指通过防护系统和保护装置来实现机械系统安全可靠的设计方法。

防护系统和保护装置应能够在设备出现危险或超负荷工作时，自动脱离危险状态。如：液压回路中设置的安全阀就是间接安全设计法的具体体现。为了避免液压系统和其控制的机器因过载而引起事故，正常情况下，安全阀是关闭的，只有负载超过规定的极限时才开启，将过载的压力泄放，从而起到安全保护作用。因此，安全阀调定压力应该比系统最高工作压力高一些。

(三) 提示性安全设计法

提示性安全设计法是制定机器安装、使用、维修的安全规定及设置标志，以提示或指导操作程序，从而保证安全作业。

提示性安全设计法一般只是在由于技术或经济上的原因，不能采用前述两种安全设计法而又可能出现不安全情况时才可以采用。在运用此方法时，可以根据机器可能发生事故的危险程度给出一级提示（如指示灯闪烁）和二级提示（如警铃蜂鸣）等。例如，行驶机械在邮箱里的燃油所剩不多时，指示灯闪亮，提示驾驶者注意，就是提示性安全设计法应用的实例。

当进行机械安全设计时，应根据产生不安全情况的危险性大小、技术的难易程度和成本等因素按直接安全设计、间接安全设计和提示性安全设计的顺序来对机械进行安全设计。

四、机械安全设计的主要内容

机械安全设计的内容主要包括机器结构的安全设计、消除和减少机械和非机械危险或风险的设计、机械控制系统安全部件的设计、机械安全装置的设计、机械的安全使用信息及机械的附加预防措施的设计等几部分。

(一) 机器结构的安全设计

(1) 机械零件、部件形状和相对位置的设计。在不影响正常使用的前提下，凡人体易接近的机械外形结构应平整、光滑，不应有易引起损伤的锐角、尖角、突出物、粗糙表面等；直线运动部件之间或直线运动部件与静止部件（包括墙、柱）之间的距离，必须符合有关安全距离的规定，机械设计应保证不该通过的身体部位不能通过。

(2) 限制运动件的质量和速度。这样可减少因其动能和惯性作用导致的危险。

(3) 限制往返运动的机械零部件的运动距离和加速度，避免产生撞击危险和冲击危险。

(4) 限制弹性元件的位能（包括在压力、真空条件下气体或液体的位能）。这样可以使其不产生相应的机械危险。

(5) 限制操纵器的操纵力。在不影响操作机构使用功能的情况下，应将其操作力限制到最低值。

(6) 限制机器的噪声与振动

(7) 限制机器的表面温度。对于人体经常接触的各种机器表面，应将其表面温度限制在临界值以下，以避免对人体造成灼伤或烫伤的危险。

(8) 合理规定和计算零件的强度和应力。为了防止零件的断裂和破碎引起的危险，机器的主要受力零件和高速旋转件的强度以及所承受的应力必须进行仔细的分析和计算，以确保其具有足够的强度和安全系数。

(9) 合理选用材料。用以制造机械的材料、燃料和加工材料在使用期间不得危及人员的安全或健康。

1) 材料的力学特性，如抗拉强度、抗剪强度、冲击韧性、屈服极限等，应能满足执行预定功能的载荷作用要求；

2) 材料应能适应预定的环境条件，如有抗腐蚀、耐老化、耐磨损的能力；

3) 材料应具有均匀性，防止由于工艺设计不合理，使材料的金相组织不均匀而产生残余应力；

4) 应避免采用有毒的材料或物质，应能避免机械本身或由于使用某种材料而产生的气体、液体、粉尘、蒸气或其他物质造成的火灾和爆炸危险。

(10) 采用本质安全技术、工艺和动力源。有些机械产品在特殊条件下工作，为了使其适应特定环境的安全需要，需采用与环境相适应的某些本质安全技术、工艺和动力源。如在易爆环境中工作的机械，应采用全液压或全气动的控制系统和操作机构，并在液压系统中采用阻燃液体，或者采用本质安全电气装置，以防止电火花或高温引起爆炸。另外，有些情况下需要采用低于"功能特低电压"的电源，以防止产生电击危险。

（11）应用强制机械作用原则。所谓强制机械作用，是指一个零件的运动不可避免地使另一个与其直接接触或通过刚性连接的零件随其一起运动，而无延时和偏移。如机器的急停操作装置等必须应用这种强制机械作用以实现快速停机。为此，可通过采用无弹性元件的开关装置，使其能立即实现接触或分离，而无延时情况发生。

（12）遵循人机工程学原则。通过合理分配人机功能、适应人体特性、人机界面设计、作业空间的布置等方面履行人机工程学原则，提高机器的操作性能和可靠性，使操作者的体力消耗和心理压力尽量降到最低，从而减小操作差错。

（13）提高机器及其零、部件的可靠性（见表2-1）。可靠性是指机器或其零部件在规定的使用条件下和规定期限内执行规定的功能而不出现故障的能力。

可靠性应作为安全功能完备性的基础，适用于机器的零部件及机械各组成部分。提高机械的可靠性可以降低危险故障率，减少需要查找故障和检修的次数，不因为失效使机器产生危险的误动作，从而可以减少操作者面临危险的概率。

提高机器及其零、部件的可靠性的原则　　　　　　　　　　　　　表 2-1

原　则	说　明
简单化原则	在保证产品和零部件功能的前提下，尽量简化结构和零部件的数量
成组化、模块化、标准化原则	在设计时尽量采用经过验证的标准件、组件和通用模块及其相应技术
降额设计原则	使零部件的工件应力小于额定值，提高其安全裕度和可靠性。对于机械产品来说，设法减小内应力和减缓应力集中，这相当于减少各种应力；提高零件表面质量和加强防腐措施，这相当于提高其疲劳强度额定值
合理选材原则	严格材料管理，稳定工艺控制和注意高功能新材料的开发应用
冗余设计原则	设计时可用若干个可靠性不太高的零部件组代替一个高可靠性的零部件，以使当一个零部件出现故障或失效时，另一个或几个零部件可以继续执行其功能
耐环境设计原则	应用这一原则设计有两种途径：一是对产品或零部件本身进行诸如防振、耐热、抗湿、抗干扰等耐环境设计；另一个是设计产品在极端环境下的保护装置
失效—安全设计原则	依靠产品自身结构确保其安全性。如压力表的防爆室、飞机机翼的多重设计等
防误设计原则	使产品在使用者误操作情况下也不致发生故障
维修性设计原则	易于检查、维护和修理；便于观察；有良好的可接近性；易于搬动；备有适当的维修工位；零部件有较高的标准化程度和可互换性；尽量减少维修所需的专用工具和设备

（14）提高装、卸和送、取料工作的机械化和自动化程度。在生产过程中，用机械设备来补充、扩大、减轻或代替人的劳动，该过程便称为机械化过程。自动化则更进了一步，即机械具有自动处理数据的功能。机械化和自动化技术可以使人的操作岗位远离危险或有害现场，从而减少工伤事故，防止职业病；同时，也对操作人员提出了较全面的素质要求。

（15）尽量使维修、润滑和调整点位于危险区外，以减少操作者进入危险区的必要。

（二）危险或风险的措施

1. 消除或减小机械性危险的主要途径与常用措施

（1）消除或减小挤压危险。尽量减小相对运动件间的最大距离，使人体的任何部位都不能进入该间距；增大相对运动件间的最小间距，使人体的有关部位能安全地进入此间距而不会产生挤压。

（2）消除或减小剪切危险。消除相对运动件的最大间隙；减小相对运动件的最大间隙，使人体的有关部位可以安全地进入该间隙；增大两剪切部分间的最小间距，使人体的有关部位可以安全地进入该间隙。

（3）消除或减小切割危险。消除零件的锐边、尖角和粗糙的表面等；减小运动件的运动速度或距离；减小力、力矩和运动件的惯性。

（4）消除或减小缠绕危险。降低运动件的运动速度或距离；限制力、力矩和运动件的惯性；使旋转件上的固定螺钉、螺栓、销、键等凸出物埋入或被覆盖。

（5）消除或减小拉入危险。拉入是产生缠绕、剪切或挤压的前导和诱因，消除或减小此类危险的途径与消除或减小缠绕危险的途径相同。

（6）消除或减小撞击危险。冲击或撞击危险可通过限制往复运动件的速度、加速度、距离和惯性等予以防范。

（7）消除或减小磨损危险。摩擦磨损危险可通过减小运动件的速度、距离、力、力矩、惯性及使用尽可能光滑的表面等予以防范。

2. 消除或减小非机械性危险的主要途径与常用措施

（1）消除或减小电的危险。消除或减小电击的危险；消除或减小短路的危险；消除或减小过载的危险；消除或减小静电的危害。

（2）消除或减小热的危险。尽可能降低运动件的运动速度；减小运动件的摩擦；加强冷却降温措施；防止高温流体的喷射等。

（3）消除或减小噪声危险。提高运动件的配合精度；减小运动件之间的摩擦；减小振动；尽可能降低运动速度。

（4）消除或减小振动危险。做好回转件的静平衡和动平衡；采取合适的减振措施；合理控制转速。

（5）消除或减小辐射危险。尽量不用或少用具有放射性的材料或物质；若使用了放射性物质，应严格密封或隔离。

（6）消除或减小材料或物料危险。尽量不要或少用有毒、有害和易燃、易爆等危险材料或物质；如果使用了有危险性的材料或物质，应采取密封或隔离措施；严格控制或妥善处理机器排放的各种有毒有害物质。

（三）机器控制系统安全部件的设计

机器控制系统安全部件是指那些对应来自受控设备和（或）来自操作者的输入信号而产生有关安全输出信号的控制系统的一个部件或部分部件。

1. 危险工况的典型机器情景

机械在使用过程中，典型的危险工况有：意外启动；速度变化失控；运动不能停止；运动机器零件或工件掉下飞出；安全装置的功能受阻等。

控制系统的设计应考虑各种作业的操作模式或采用故障显示装置，使操作者可以安全进行干预的措施。

2. 由机器控制系统有关安全部件提供的安全功能

由机器控制系统有关安全部件提供的安全功能是指由输入信号触发的并通过控制系统有关安全部件处理的能使机器达到安全状态的一种功能。

（1）停机功能

有关安全的停止功能（例如：由安全防护装置触发）制动后，一旦有必要，应使机器进入安全状态。这种停止功能应优先于由操作原因引起的停止。

当一组机器按照协同方式一起工作时，应规定监督控制和（或）其他存在停止条件的机器的信号发射。有关安全的停止功能可导致操作问题和重启困难，如：应用在电弧焊中。为了减小这种停止功能失效的可能性，可使这种停止功能优先于正常操作的停止。从而决定实际的操作并准备快速、容易地从停止位置重启（例如：产品没有任何损坏）。一种解决办法是当循环达到可能容易重启的规定位置时，防护装置的闭锁松开的地方使用带防护装置的联锁装置。

（2）急停功能

即当一组机器以协同方式工作时，有关安全部件应将急停功能信号传给协同系统的各个部分。

（3）手动重调功能

防护装置发出停止指令后，停止状态应保持到有安全重启状态为止。

通过手动重调装置，解除停止指令，再重新恢复安全功能。如果风险评价显示可行，这种停止指令的解除应由手动、独立而慎重的操作（手动复位）来确认。

提供手动重调功能的有关安全部件性能等级的选择，应使得手动复位功能不削弱相关安全功能的安全要求。

重调致动器应安装在危险区以外，并具有最好可见度的安全位置，以便检查是否有人处在危险区内。当危险区不完全可见时，需要专门的复位程序。

（4）启动和重新启动功能

只有危险状态不可能存在的情况下，重启功能才能自动发生，特别是对于具有启动功能的联锁防护装置。启动和重启的这些要求也应适用于能够遥控的机器。

（5）响应时间

当对控制系统有关安全部件的风险评价表明需要时，设计者或供应方应说明响应时间。控制系统的响应时间是机器全部响应时间的一部分。

（6）有关安全参数

当有关安全参数，例如：位置、速度、温度或压力等偏离了当前的限制时，则控制系统应启动相应的措施（例如：启动停止功能、警告信号、警报等）。

如果可编程电子系统中有关安全数据手动输入错误能够导致危险状态，那么应在控制系统有关安全部件中提供数据检查系统，例如：极限值、格式化和（或）逻辑输入值的检查。

（7）局部控制功能

当机器通过诸如便携式控制装置或悬吊式操纵装置进行局部控制时，应满足以下要求：

1）选用的局部控制应位于危险区之外；

2）局部控制应只有在风险评价定义的区域才有可能触发危险状态；

3）局部控制和主要控制之间的切换不应产生危险状态。

（8）动力源的波动、丧失和恢复

当动力源的波动超出了设计工作范围时（包括能量供应损失），控制系统有关安全部件应保持机器系统其他部件安全状态的信号输出。

（9）抑制功能

抑制不应导致任何人暴露于危险状况下。抑制期间安全环境应由其他方式提供。抑制结束时，控制系统有关安全部件的所有安全功能都应恢复。提供抑制功能的有关安全部件的性能等级的选择，应使得抑制功能不会削弱有关安全功能必需的安全水平。

（10）安全功能的手动暂停

当有必要手动暂停安全功能（如设定、调整、维护、修理）时，应做到在那些不允许手动暂停的运动模式中，提供有效而可靠的措施防止手动暂停；在机器可能继续正常运行之前，应恢复控制系统有关安全部件的安全功能；担负手动暂停的控制系统有关安全部件应选择得使其遗留风险是可接受的。

3. 在故障情况下控制系统有关安全部件的设计

安全部件根据其承受故障的能力和随后在故障条件下的工况分为五类，详见表 2-2。

控制系统中的安全部件的类别（基本类 B） 表 2-2

类别	要　　　求	系统工况	实现安全的主要原则
B	控制系统有关安全部件和（或）其防护装置以及它们的元件都应根据有关标准设计、选择、装配和组合，以使其能承受预期的影响	出现故障时可能导致安全功能的丧失	通过选用元件提高耐故障能力
1	应采用 B 类的要求，使用经过验证的安全元件和安全原则	像 B 类那样，但安全功能具有更高的与安全相关的可靠性	
2	应采用 B 类的要求和经过验证的安全原则，应通过机器控制系统以适当的时间间隔检查安全功能（适当的时间间隔取决于机器的类型和应用场合）	两次检查期间出现故障会导致安全功能的丧失；安全功能丧失通过检查判明	通过结构设计提高特定安全功能
3	应采取 B 类的要求和使用经过验证的安全原则，控制系统的设计要求如下：控制系统中的单向故障应不导致安全功能的丧失；只要合理可行，查明单向故障	出现单向故障时安全功能始终执行；有些（但不是全部）故障将被查明；未查明的故障积累可能导致安全功能丧失	
4	应采取 B 类的要求和使用经过验证的安全原则，控制系统的设计要求如下：控制中的单向故障不应导致安全功能丧失；在下一个有关安全功能指令发出时或发出之前查明单向故障。如果不可能查明，那么，故障的积累不应导致安全功能的丧失	故障出现时安全功能始终执行；故障要及时查明，以防止安全功能丧失	

B 类是基本类，当出现故障时，不能执行安全功能。其中的 1 类主要是通过选择和应用合适的元件提高耐故障的能力。2、3、4 类对特定安全功能方面性能的提高主要是通过改进控制系统有关安全部件结构实现的。在 2 类中，是通过定期检查正在被执行的特定安全功能达到的；在 3 类和 4 类中，是通过保证单向故障不会导致安全功能丧失达到的；在 3 类中，只要合理可行，且查明单向故障，而在 4 类中，除要查明单向故障外，还要规定承受故障积累的能力。

各类别之间耐故障工况的直接比较只有在一次仅有一个参加变化时才能进行。较高的类别只有在可比较的条件下，例如使用类似的制造技术可靠性可比较的元件、类似的维修规范和在可比较的应用场合，才能提供更大的耐故障性。

4. 类别的选择

由机器控制系统有关安全部件提供的安全功能是根据对安全措施的选择与设计程序来确定的。执行各种安全功能的控制系统所有有关的安全部件都应选择故障工况类别，以达到减小预期的风险的目的。

安全部件类别主要取决于：能达到的安全功能；风险减小情况；故障出现的概率；在故障情况下产生的风险；避免故障的可能性。

5. 必须考虑到的故障

所谓故障，是指产品无能力执行其所需功能的一种特征状态。故障通常是产品自身失效的结果，但它可以存在于没有失效之前。所谓失效，是产品执行所需功能能力的终止。"失效"与"故障"的区别是，"失效"是一个事件，而"故障"是一种状态。各种机械中一些常见的重大故障和失效：电气/电子元件的一些故障和失效；液压和气动元件的一些故障和失效；机械元件的故障和失效。

根据选择所需的类别，控制系统各有关安全部件应按其承受故障的能力加以选择。为了评价其承受故障的能力，应考虑失效的各种模式。

第三节　机械安全防护装置的设计

机械设备大多是由电驱动和控制的，运动形式和危险部位较多。一旦机械或电子控制发生故障造成失控或人的行为失误，设备上的安全防护装置就至关重要，这是除设备本身具有安全性能以外实现设备本质安全的重要措施。其目的是在操作人员发生误操作或误判断的情况下，也可因设备系统安全而避免设备和人身伤害事故的发生。

在生产过程中，用机械设备来补充、扩大、减轻或代替人的劳动，该过程便称为机械化过程。自动化则更进了一步，即机械具有自动处理数据的功能。机械化和自动化技术可以使人的操作岗位远离危险或有害现场，从而减少工伤事故，防止职业病；同时，也对操作人员提出了较全面的素质要求。

设备的危险形式、危险零部件、危险部位对人身安全产生威胁时，就应在这些地方配设一种或多种不同类型的、可靠的安全防护装置。如果设备本身无安全防护装置，则在使用阶段应该增设安全防护装置。

一、安全防护装置

(一) 安全防护

安全防护常常采用防护装置、安全装置及其他安全措施。安全防护是指采用特定的技术手段，防止人们遭受不能由设计适当避免或充分限制的各种危险的安全措施。通过采用安全装置、防护装置或其他手段，对一些机械危险进行预防的安全技术措施，其目的是防止机械在运行时各种对人员的接触伤害。

(1) 防护装置。这是通过设置物体障碍方式将人与危险隔离的专门用于安全防护的装置。

(2) 安全装置。这是用于消除或减小机械伤害风险的单一装置或与防护装置联用的保护装置。

防护装置和安全装置有时也统称为安全防护装置。安全防护的重点是机械的传动部分、操作区、高处作业区、机械的其他运动部分、移动机械的移动区域以及某些机器由于特殊危险形式需要采取的特殊防护等。

(二) 安全防护装置的一般要求

安全功能是安全防护装置的基本功能，也就是说，安全防护装置出现故障会增加损伤或危害健康的风险。安全防护装置在人和危险之间构成安全保护屏障，在减轻操作者精神压力的同时，也使操作者形成心理依赖。安全防护装置达不到相应的安全技术要求，就不可能安全，即使配备了安全防护装置也不过是形同虚设，比不设置安全防护装置更危险。为此，安全防护装置必须满足与其保护功能相适应的安全技术要求，其基本安全要求如下。

(1) 结构形式和布局设计合理，具有切实的保护功能，以确保人体不受到伤害。

(2) 结构要坚固耐用，不易损坏；安装可靠，不易拆卸。

(3) 装置表面应光滑、无尖棱利角，不增加任何附加危险，不应成为新的危险源。

(4) 装置不容易被绕过或避开，不应出现漏保护区。

(5) 满足安全距离的要求，使人体各部位（特别是手和脚）无法接触危险。

(6) 不影响正常操作，不得与机械的任何可动零部件接触；对人的视线障碍最小。

(7) 便于检查和修理。需要说明的是，采取的安全措施必须不影响机械的预定使用，而且使用方便；否则，就可能为了追求达到机械的最大效用而导致避开安全措施的行为。

(三) 安全防护装置可能的附加危险

在设计防护装置时，应注意以下因素带来的附加危险并采取措施予以避免。

(1) 安全防护装置的自身结构，如尖角、锐边、凸出部分、材料等的危险。

(2) 由动力驱动的安全防护装置的运动零部件产生的危险。

(3) 由于安全防护装置与机械运动部分安全距离不符合要求导致的危险。

在设计安全防护装置时必须保证装置的可靠性，其功能除了防止机械危险外，还能防止由机械产生的其他各种非机械危险。安全防护装置应与机械的工作环境相适应而不易损坏，并对机械使用期间各种模式的操作（如设定、查找故障、维修、清理等）产生的干扰最小。

（四）安全防护装置的设置原则

（1）以操作人员所站立的平面为基准，凡高度在 2m 以内的各种运动零部件应设防护。

（2）以操作人员所站立的平面为基准，凡高度在 2m 以上的，在物料传输装置、皮带传动装置以及在施工机械施工处的下方，应设置防护。

（3）凡在坠落高度基准面 2m 以上的作业位置，应设置防护。

（4）为避免挤压伤害，直线运动部件之间或直线运动部件与静止部件之间的间距应符合安全距离的要求。

（5）运动部件有行程距离要求的，应设置可靠的限位装置，防止因超行程运动而造成伤害。

（6）对可能因超负荷发生部件损坏而造成伤害的，应设置负荷限制装置。

（7）有惯性冲撞运动部件必须采取可靠的缓冲装置，防止因惯性而造成伤害事故。

（8）运动中可能松脱的零部件必须采取有效措施加以紧固，防止由于启动、制动、冲击、振动而引起松动。

（9）每台机械都应设置紧急停机装置，使已有的或即将发生的危险得以避开。紧急停机装置的标识必须清晰、易识别，并可迅速接近其装置，使危险过程立即停止并不产生附加风险。

二、防护装置

通常采用壳、罩、屏、门、盖、栅栏、封闭式装置等作为物体障碍，将人与危险隔离。例如，用金属铸造或金属板焊接的防护箱罩，一般用于齿轮传动或传输距离不大的传动装置的防护；金属骨架和金属网制成防护网，常用于皮带传动装置的防护；栅栏式防护适用于防护范围比较大的场合或作为移动机械临时作业的现场防护。

（一）防护装置的功能

（1）防止人体任何部位进入机械的危险区触及各种运动零部件；

（2）防止飞出物的打击、高压液体的意外喷射或防止人体灼烫、腐蚀伤害等；

（3）容纳接收可能由机械抛出、掉下、发射的零件及其破坏后的碎片等。

在有特殊要求的场合，防护装置还应对电、高温、火、爆炸物、振动、放射物、粉尘、烟雾、噪声等具有特别阻挡、隔绝、密封、吸收或屏蔽作用。

（二）防护装置的类型

防护装置有单独使用的防护装置（只有当防护装置处于关闭状态才能起防护作用）和与连锁装置联合使用的防护装置（无论防护装置处于任何状态都能起到防护作用）。按使用方式可分为固定式和活动式两种。

1. 固定式防护装置

它是保持在所需位置固定不动的防护装置，不用工具不可能将其打开或拆除。常见形式有封闭式、固定间距式和固定距离式。

封闭式：将危险区全部封闭，人员从任何地方都无法进入危险区。

固定间距式和固定距离式：不完全封闭危险区，凭借其物理尺寸和离危险区的安全距离来防止人员进入危险区。

2. 活动式防护装置

它是通过机械方法（如铁链、滑道等）与机械的构架或邻近的固定元件相连接，不用工具就可以打开的防护装置。常见的有可调式和联锁式防护装置。

3. 可调式防护装置

整个装置可调或装置的某组成部分可调，在特定操作期间调整件保持固定不动。

4. 联锁防护装置

防护装置的开闭状态直接与防护的危险状态相联锁，只要防护装置不关闭，被其"抑制"的危险机械功能就不能执行；只有当防护装置关闭时，被其"抑制"的危险机械功能才有可能执行。在危险机械功能过程中，只要防护装置被打开，就给出停机指令。

（三）防护装置的安全技术要求

（1）固定防护装置应该用永久固定（通过焊接等）方式或借助紧固件（螺钉、螺栓、螺母等）固定方式，将其固定在所需的地方，若不用工具就不能使其移动或打开。

（2）进出料的开口部分尽可能地小，应满足安全距离的要求，使人不可能从开口处接触危险。

（3）活动防护装置或防护装置的活动体打开时，尽可能与防护的机械借助铰链或导链保持连接，防止挪开的防护装置或活动体丢失或难以复原。

（4）活动防护装置出现丧失安全功能的故障时，被其"抑制"的危险机械功能不可能执行或停止执行；联锁装置失效不得导致意外启动。

（5）防护装置应是进入危险区的唯一通道。

（6）防护装置应能有效地防止飞出物的危险。

（四）防护罩与防护屏

1. 防护罩

防护罩是机械设备最常用且安装在设备上的安全装置，用于高速运转的传动机构和加工区的保护，一般采用金属网状结构，个别危险部位采用金属板结构的防护罩（见图2-3）。

图 2-3　防护罩

对机械设备安全防护罩的技术要求：

（1）只要操作工可能触及的活动部件，在防护罩闭合前，活动部件就不能运转。

（2）采用固定防护罩时，操作工触及不到运转中的活动部件。

（3）防护罩与活动部件间有足够的间隙，避免防护罩和活动部件之间的任何接触。

（4）防护罩应牢固地固定在设备或基础上，拆卸、调节时必须使用工具。

（5）开启式防护罩打开时或一部分失灵时，应使活动部件不能运转或运转中的部件停止运动。

（6）使用的防护罩不允许给生产场所带来新的危险。

（7）不影响操作。在正常操作或维护保养时不需拆卸防护罩。

（8）防护罩必须坚固可靠，以避免与活动部件接触造成损坏和工件飞脱造成伤害。

（9）一般防护罩不准脚踏和站立；必须作平台或阶梯时，应能承受 1500N 的垂直力，并采取防滑措施。

2. 防护屏

防护屏主要用于防止人体任何部位进入危险区而设置的隔离装置。在生产场所防止人体受到机械伤害、灼烫、触电等危险，不适于对电磁辐射、微波、噪声等有害因素的防护。防护屏安装要求有：

（1）一般用金属材料制成，应有足够的强度，若满足防护要求，可用其他替代材料。

（2）最小安全距离应按照有关规定。

（3）表面不可有易伤害人体的毛刺和尖角。

（4）布局、结构应合理，便于检维修，必要时开设出入口配置联锁装置。

三、安全装置

安全装置通过自身的结构功能限制或防止机械的某种危险，或限制运动速度、压力等危险因素。常见的安全装置有联锁装置、双手操作式装置、自动停机装置、限位装置等。

（一）安全装置的类别

根据安全装置的功能不同，分为安全保护装置和安全控制装置两种。

1. 安全保护装置

防止机械危险部位引起伤害，一旦操作者进入危险工作状态，能直接对其进行人身安全保护。配备在生产设备上保障人员和设备安全的附属装置。

2. 安全控制装置

本身并不直接参与人身保护动作，一旦人员进入危险区，控制装置对制动器进行控制，使机械停止运转。控制装置本身创造人手不可进入危险区的条件。如：双手操纵装置。

（二）安全装置的技术特征

（1）安全装置零部件的可靠性应作为其安全功能的基础，在一定使用期限内不会因零部件失效而使安全装置丧失主要安全功能。

（2）安全装置应能在危险事件即将发生时停止危险过程。

（3）安全装置具有重新启动的功能，即当安全装置动作第一次停机后，只有再次启动，机器才能开始工作。

（4）光电式、感应式安全装置应具有自检功能，当安全装置出现故障时，应使危险的机械功能不能执行或停止执行，并触发报警器。

（5）安全装置必须与控制系统一起操作并与其形成一个整体。安全装置的性能水平应与之相适应。

（6）安全装置的部件或系统的设计应采用"定向失效模式"，考虑关键件的加倍或冗余，必要时还应采用自动监控。

（三）安全装置的种类

1. 连续检查和自动控制装置

连续检查和自动控制装置是监测器和控制系统相结合的装置，用来保持预定的安全水平。监测与控制系统相结合保持预定的安全水平，当检测参数超过设定时，自控装置的执行机构动作以降低系统的危险水平，一般设有报警系统。

2. 连锁安全装置

连锁安全装置的基本原理：只有当安全装置关合时，机器才能运转；而只有当机器的危险部件停止运动时，安全装置才能开启。连锁安全装置可采取机械的、电气的、液压的、气动的或组合的形式。在设计连锁装置时，必须使其在发生任何故障时，都不使人员暴露在危险之中。联锁安全装置的种类如图2-4所示。

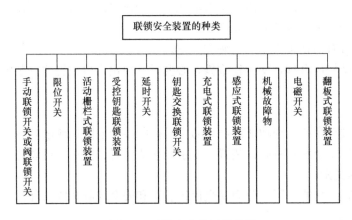

图 2-4　联锁安全装置的种类

连锁装置要求运行时人体不能进入危险区，电气部分应有自检自保、指示或报警功能。

3. 故障保险装置

设备出现故障时能自动作出反应，防止故障扩大为事故。主要采用限位、限速、限载、限温、限压、限强度薄弱节等形式。为了防止设备损坏、人员伤亡或生产损失的事故，应采用能自动防止故障的保险装置。

当设备发生故障时能自动停止运行，有三种类型：

（1）发生故障时工作可靠但性能下降；

（2）多重保险系统；

（3）在故障下仍能继续安全运行。

4. 双手控制安全装置

这种装置迫使操纵者要用两只手来操纵控制器。但是，它仅能对操作者而不能对其他有可能靠近危险区域的人提供保护。因此，还要设置能为所有的人提供保护的安全装置。当使用这类装置时，其两个控制之间应有适当的距离，而机器也应当在两个控制开关都开启后才能运转，而且控制系统需要在机器的每次停止运转后重新启动。

5. 固定安全装置

在可能的情况下，应该通过设计设置防止接触机器危险部件的固定安全装置。装置应能自动地满足机器运行的环境及过程条件。固定安全装置的有效性取决于其固定的方法和开口的尺寸，以及在其开启后距危险点应有的距离。固定安全装置应设计成只有用诸如改锥、扳手等专用工具才能拆卸的装置。

6. 控制安全装置

若要求机器能迅速地停止运动，可以使用控制安全装置。控制安全装置的原理：只有当控制安全装置完全闭合时，机器才能开动。当操作者接通控制安全装置后，机器的运行程序才开始工作；如果控制安全装置断开，机器的运动就会迅速停止或者反转。通常，在一个控制系统中，控制安全装置在机器运转时不会锁定在闭合的状态。

7. 自动安全装置

自动安全装置的机制是把暴露在危险中的人体从危险区域中移开。它仅能使用在有足够的时间来完成这样的动作而不会导致伤害的环境下，因此，仅限于在低速运动的机器上采用。

8. 隔离安全装置

隔离安全装置是一种阻止身体的任何部分靠近危险区域的设施，例如固定的栅栏等。

9. 可调安全装置

在无法实现对危险区域进行隔离的情况下，可以使用部分可调的固定安全装置。这些安全装置可能起到的保护作用在很大程度上依赖于操作者的使用和对安全装置正确的调节以及合理的维护。

四、安全防护装置的选择与设置

选择安全防护装置的形式应考虑所涉及的机械危险和其他非机械危险，根据运动件的性质和人员进入危险区的需要决定。对特定机械安全防护措施应根据对该机械的风险评价结果进行选择。

（一）机械正常运行期间操作员不需要进入危险区的场合

操作者不需要进入危险区的场合，应优先考虑选用固定式防护装置，包括进料、取料装置、辅助工作台、适当高度的栅栏及通道防护装置等。

（二）机械正常运转时需要进入危险区的场合

当操作者需要进入危险区的次数较多、经常开启固定防护装置会带来不便时，可考虑采用联锁装置、自动停机装置、可调防护装置、自动关闭防护装置、双手操纵装置、可控防护装置等。

（三）对非运行状态等其他作业期间需进入危险区的场合

对于机器的设定、过程转换、查找故障、清理或维修等作业，防护装置必须移开或拆除，或安全装置功能受到抑制，可采用手动控制模式、止—动操纵装置、双手操纵装置、点动—有限运动操纵装置等。

有些情况下，可能需要几个安全防护装置联合使用。

防止由运动件产生危险的安全防护装置的选择如图 2-5 所示。

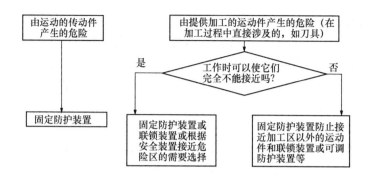

图 2-5　安全防护装置的选用

五、安全防护装置的设计与制造要求

（一）安全防护装置的一般要求

（1）结构形式和布局设计合理，具有切实的保护功能，以确保人体不受到伤害。

（2）结构要坚固耐用，不易损坏；安装可靠，不易拆卸。

（3）装置表面应光滑、无尖棱利角，不增加任何附加危险，不应成为新的危险源。

（4）装置不容易被绕过或避开，不应出现漏保护区。

（5）满足安全距离的要求，使人体各部位（特别是手或脚）无法接触危险。

（6）不影响正常操作，不得与机械的任何可动零部件接触；对人的视线障碍最小。

（7）便于检查和修理。

（二）安全防护装置的一般功能要求

（1）防止进入被防护装置包围的空间。

（2）对抛出、掉下的材料、灰尘等有容纳、接收或遮挡的作用。

（3）对电、温度、火、振动等具有特别防护作用。

（三）安全防护装置的类型

（1）固定式防护装置。

（2）活动式防护装置。

（3）可调式防护装置。

（4）可控防护装置。

（四）采用安全防护装置可能带来的附加危险

在设计防护装置时，应注意以下因素带来的附加危险并采取措施予以避免：

（1）安全防护装置的自身结构，如尖角、锐边、凸出部分、材料等的危险。

（2）由动力驱动的安全防护装置的运动零部件产生的危险。

（3）由于安全防护装置与机器运动部分安全距离不符合要求导致的危险。

（五）安全装置的技术特征

（1）安全装置零部件的可靠性应作为其安全功能的基础，在一定使用期限内不会因零部件失效而使安全装置丧失主要安全功能。

（2）安全装置应能在危险事件即将发生时停止危险过程。

（3）安全装置具有重新启动的功能，即当安全装置动作第一次停机后，只有再次启动，机器才能开始工作。

（4）光电式、感应式安全装置应具有自检功能，当安全装置出现故障时，应使危险的机器功能不能执行或停止执行，并触发报警器。

（5）安全装置必须与控制系统一起操作并与其形成一个整体。安全装置的性能水平应与之相适应。

（6）安全装置的部件或系统的设计应采用"定向失效模式"，考虑关键件的加倍或冗余，必要时还应采用自动监控。

（六）更换安全防护装置类型的措施

机器上应有便于安装所更换类型的安全防护装置的措施。

第四节　机械安全使用信息及附加预防措施

一、机械的安全使用信息

机械的安全使用信息是机械安全不可分割的组成部分，是机械制造厂向用户提供其产品时必须提供的主要文件之一，是产品的一个重要组成部分，也是机械安全设计中的一个主要内容。它用来规定机械的预定用途，包括保证安全和正确使用机器所需的各种说明。

（一）一般要求

（1）机械的安全使用信息应通知和警告使用者有关无法通过设计来消除或充分减小的而且安全防护装置也对其无效的或不完全有效的遗留风险。

机械的安全使用信息中应要求使用者按其规定或说明合理地使用机器，也应对不按使用信息中的要求而采用其他方式使用机器的潜在风险提出适当的警告。

（2）机械的安全使用信息不应用于弥补设计缺陷。

（3）机械的安全使用信息必须包括运输、交付试验运转（装配、安装和调整）、使用（设定、示教或过程转换、运转、清理、查找故障和维修）的信息，如果需要的话还应包括解除指令、拆卸和报废处理的信息。这些使用信息可以是分述的，也可以是综合的。

（二）机械的安全使用信息的类别与配置

这种使用信息的类别与配置应根据以下因素确定：

（1）风险。

（2）使用者需要使用信息的时间。

（3）机器的结构。

（4）这种使用信息或其中部分信息的给出应在：

1）机器本体上；

2）随机文件中（尤其是在操作手册中）。

（三）信号和警告装置要求

视觉信号（如闪亮灯）、听觉信号（如报警器）可用于危险事件即将发生时（如机器启动或超速的报警）。

（1）上述两种信号必须符合以下要求：

1）在危险事件出现前发出；

2）含义确切；

3）能被明确地察觉到，并能与所用的其他信号相区别；

4）容易被使用者识别。

（2）设计者应注意到由于视觉和（或）听觉信号发射太频繁而导致"敏感度"降低的风险，以免警告装置失去作用。

（四）标志、符号（象形图示）、文字警告的内容

机械必须具备以下各种标志内容：

（1）识别性内容。如制造厂的名称与地址、系列或型号说明。

（2）表明对某些指令的符合性内容。如以文字表明是否可在潜在爆炸气氛中使用的各种符合性说明。

（3）安全使用条件的内容。如旋转件的最高转速、工具的最大直径、可移动部分的最大质量、穿着个人防护装备的必要性、防护装置的调整数据、检验频次等。

符号或文字警告不能简单地只写"危险"二字。易理解的形象化图形符号应优先于文字警告。文字警告应采用使用该机器的国家语言，并符合公认的标准。

有关电气装置的标志应符合相应电气标志标准的规定。

（五）操作手册（或随机文件）的内容

操作手册或其他文字说明应包括以下内容：

（1）关于机器的运输、搬运和贮存的信息。例如：机器的贮存条件；尺寸、质量（指重量）、重心位置；搬运说明（如起吊设备施力点）。

（2）关于机器交付试运转的信息。例如：固定和振动缓冲要求；装配和安装条件；使用和维修需要的空间；允许的环境条件（温度、湿度、振动、电磁辐射等）；机器与动力源的连接说明（尤其是对于防止电的过载）；关于废弃物的清除或处理建议。如果需要，对用户必须采取的防护措施（特殊安全装置、安全距离、安全符号和信号等）提出建议。

（3）关于机器本身的信息。例如：对机器及其附件、防护装置和（或）安全装置的详细说明；机器预定的全部应用范围，包括禁用范围，如果可能，还应考虑原有机器的形态；图表（尤其是安全功能的图解表示）；由机器产生的噪声、振动数据和由机器发出的射线、气体、蒸气及粉尘等数据；电气装置的有关数据；证明机器符合有关强制性要求的正式文件等。

（4）有关机器的使用信息。例如：手动操纵器的说明；设定与调整的说明；停机的模式和方法（尤其是紧急停机）；关于无法由通过采用安全措施消除的风险信息；关于由某种应用或使用某些附件可能产生的特殊风险信息，以及关于这些应用所需的特定安全防护装置的信息；有关禁用信息；对故障的识别与位置确定、修理和协调后再启动的说明。如果需要，应对有关使用个人防护装置所需培训作出说明。

（5）维修信息。例如：检查的性质和频次；关于需要具有特定技术知识或特殊技能的熟练人员执行维修的说明；关于便于执行维修任务（尤其是查找故障）的图样和图表。

（6）关于停止使用、拆卸和由于安全原因而报废的信息。

（7）紧急状态信息。例如：所用的消防装置形式；关于可能发射或泄漏有害物质的警告。如果可能，应指明防止其影响的措施。

二、附加预防措施

附加预防措施主要包括与紧急状态有关的措施和为改善机器安全而采用的一些辅助性预防手段。

(一) 紧急状态的预防措施

(1) 急停装置。每台机器都应装备有一个或多个急停装置,以使已有或即将发生的危险状态能得到避开。但有些情况除外,例如:

1) 用急停装置无法减小其风险的机器。因它既不能减少停机时间,也不能对所涉及的风险采用所需的专用措施。

2) 手持式机器和手导式机器。

急停装置必须显眼,便于识别,并可使操作者能迅速接近手动操纵器;能尽快抑制危险过程,同时不产生附加危险;需要时,允许触发某类安全装置动作。急停装置操纵器被驱动后必须保持结合状态,只有通过适当操作,才能使其脱开,脱开操纵器不应使机器重新启动,而只有允许启动时才能启动。电动急停装置设计的具体要求应符合相应电气装置标准的规定。

(2) 人陷入危险时的躲避和援救保护措施。可构成这种保护措施的例子如:在可能使操作者陷入各种危险的设施中,应备有逃走路径和屏障;当机器紧急停机后,可用手动安排某些元件运动;某些零件能做反向运动。

(二) 有助于安全的手段、装备、系统和布局

1. 保证机器的可维修性

进行机器设计时,应考虑一些可维修性因素。例如:内部零件的可接近性;容易搬动并有可能用人力搬动;工作位置适当;限制专用工具或装备的数量;便于查看等。

2. 断开动力源和能量泄放措施

机器装备应有能与动力源断开的技术措施以及泄放残存能量的措施。这些措施应能达到以下要求:

(1) 使机器与所有动力源或其他供给系统断开。这种断开必须做到既可见(动力源连续性明显终端),又能通过允许检查断开装置上的操纵器位置而得到确认,还必须明确表示出机器的那些部分已被断开。

(2) 如果需要(如在大型机器或设施中),应将所有切断装置锁定在"断开"位置。

(3) 保证在断开点的"下游"不再有位能(如电能、可以释放的液压或机械能)和动能(如通过惯性可以继续运动的部件)。切断机器电源的措施应符合相应电气安全标准的规定。

3. 机器及其重型零件、部件容易安全搬运的措施

不能移动或不能通过人力搬动的机器及其零件、部件应装有适当的附属装置,以供借助起吊设备来搬动这些零件、部件。这些附属装置或措施如下:

(1) 具有吊环、吊钩、吊环螺栓或起重用螺孔的标准起吊装置。

(2) 当不可能安装附件时,应采用具有起重吊钩的自动抓取装置。

(3) 有为叉车搬运用的导向槽。

(4) 在机器上和其某些可拆卸的零件、部件上标明以千克(kg)为单位的质量。

（5）使起吊装置与机器成为一体。

4. 安全进入机器的措施

机器应设计得使执行操作和日常调整、维修等所有工作都尽可能地在地面上进行。不能这样做的场合，机器应具有机内平台、阶梯或其他设施，以及执行这些任务的安全通道。应注意保证这些平台或阶梯不能导致操作者接近机器的危险区。

在工作条件下使用的步行区应用防滑材料制造，并应根据其距地面的高度提供适当的扶手、栏杆、踏板、把手等。

在大型自动化设备中应特别注意给出如通道、跨越桥等安全进入的措施。

5. 机器及其零部件稳定性措施

机器及其零件、部件应设计得稳固，不能由于振动、风力、冲击或其他可预见的外力或因内部运动力（惯性力、电动力等）作用而翻倒和产生不可预测的运动。如果不能做到这些，则应通过采用专门的安全措施达到稳定性，如限制机器零、部件的运动量，一旦危及机器稳定性时，用指示器、报警器发出警告或提供联锁装置防止倾倒，或将机器牢固地紧固到基础上。同时应考虑静态稳定性和动态稳定性两个方面。

6. 提供有助于发现和纠正故障的诊断系统

有可能时，在设计阶段应考虑有助于发现故障的诊断系统。这种系统不仅可以改善机械的有效性和可维修性，同时还可以减少维修人员面临的危险。

复 习 思 考 题

1. 机械安全设计的基本原则有哪些？
2. 简述机械安全的风险评价程序和内容。
3. 简述机械安全设计的主要内容。
4. 如何选择适当的机械设计结构尽可能避免或减少风险？
5. 机械设计的本质安全措施有哪些？
6. 机械的安全防护措施有哪些？
7. 机械安全使用信息有哪些？

第三章　通用机械安全技术

通用机械是各行业机械加工的基础设备，主要有金属切削机床、砂轮机、锻压机械、冲剪压机械、铸造机械、木工机械、农业机械等。

第一节　金属切削机床及砂轮机安全技术

一、金属切削机床安全技术

金属切削机床是用切削方法将毛坯加工成机器零件的装备。金属切削机床上装卡被加工工件和切削刀具，带动工件和刀具进行相对运动，在相对运动中，刀具从工件表面切去多余的金属层，使工件成为符合预定技术要求的机器零件。

（一）金属切削机床的危险因素和常见事故

1. 金属切削机床的危害因素

机床的危害因素是指机床部件的相对运动对人体造成碰撞、夹击、剪切、卷人等伤害形式的灾害性因素。

（1）静止部件的危害因素

切削刀具与刀刃；突出较长的机械部分；毛坯、工具和设备边缘锋利飞边及表面粗糙部分；引起滑跌坠落的工作台。

（2）旋转部件的危害因素

单旋转部分：轴；凸块和孔；研磨工具和切削刀具。

（3）内旋转咬合

对向旋转部件的咬合；旋转部件和成切线运动部件面的咬合；旋转部件和固定部件的咬合。

（4）往复运动或滑动的危害

单向运动；往复运动或滑动相对固定部分：接近类型，通过类型；旋转部件与滑动之间；振动；其他危害因素：飞出的装夹具或机械部件，飞出的切屑或工件，运转着的工件打击或绞轧的伤害。

2. 常见事故

（1）设备接地不良、漏电，照明没采用安全电压，发生触电事故。

（2）旋转部位楔子、销子突出，没加防护罩，易绞缠人体。

（3）清除铁屑无专用工具，操作者未戴护目镜，发生刺割事故及崩伤眼球。

（4）加工细长杆轴料时尾部无防弯装置或托架，导致长料甩击伤人。

（5）零部件装卡不牢，可飞出击伤人体。

（6）防护保险装置、防护栏、保护盖不全或维修不及时，造成绞伤、碾伤。

（7）砂轮有裂纹或装卡不合规定，发生砂轮碎片伤人事故。

（8）操作旋转机床戴手套，易发生绞手事故。

（二）机床运转异常状态

机床正常运转时，各项参数均稳定在允许范围；当各项参数偏离了正常范围，就预示系统或机床本身或设备某一零件、部位出现故障，必须立即查明变化原因，防止事态发展引起事故。常见的异常现象有：

1. 温升异常

常见于各种机床所使用的电动机及轴承齿轮箱。温升超过允许值时，说明机床超负荷或零件出现故障，严重时能闻到润滑油的恶臭和看到白烟。

2. 机床转速异常

机床运转速度突然超过或低于正常转速，可能是由于负荷突然变化或机床出现机械故障。

3. 机床在运转时出现振动和噪声

机床由于振动而产生的故障率占整个故障的$60\%\sim70\%$。其原因是多方面的，包括：机床设计不良；机床制造缺陷；安装缺陷；零部件动作不平衡；零部件磨损；缺乏润滑；机床中进入异物等。

4. 出现撞击声

机床出现撞击声：零部件松动脱落；进入异物；转子不平衡。

5. 机床的输入输出参数异常

表现在加工精度变化；机床效率变化（如泵效率）；机床消耗的功率异常；加工产品的质量异常如球磨机粉碎物的粒度变化；加料量突然降低，说明生产系统有泄漏或堵塞；机床带病运转时输出改变等方面。

6. 机床内部缺陷

出现裂纹；绝缘质量下降；由于腐蚀而引起的缺陷。

以上种种现象，都是事故的前兆和隐患。事故预兆除利用人的听觉、视觉和感觉可以检测到一些明显的现象（如冒烟、噪声、振动、温度变化等）外，主要应使用安装在生产线上的控制仪器和测量仪表或专用测量仪器。

（三）金属切削机床易损件的故障检测

机床设备本体出现的故障较少。容易损坏的零件成为易损件。运动机械的故障往往都是指易损件的故障。提高易损件的质量和使用寿命是预防事故的重要任务。

（1）零部件故障检测的重点：传动轴；轴承；齿轮；叶轮，其中滚动轴承和齿轮的损坏更为普遍。

（2）滚动轴承的损伤现象及故障：损伤现象：滚珠砸碎、断裂、压坏、磨损、化学腐蚀、电腐蚀、润滑油结垢、烧结、生锈、保持架损坏、裂纹等；检测的参数：振动、噪声、温度、磨损残余物分析、间隙。

现已有专门用于检查轴承异常的轴承监测器。

（3）齿轮装置故障：齿轮的损伤（包括齿和齿面损伤）：齿轮本体损伤，轴、键、接头、联轴器的损伤，轴承的损伤；检测的参数：噪声、振动增大、齿轮箱漏油、发热。

（四）金属切削机床常见危险因素的控制措施

（1）设备可靠接地，照明采用安全电压。

（2）楔子、销子不能突出表面。

（3）用专用工具，带护目镜。

（4）尾部安装防弯装置及设料架。

（5）零部件装卡牢固。

（6）及时维修安全防护、保护装置。

（7）选用合格砂轮，装卡合理。

（8）加强检查，杜绝违章现象，穿戴好劳动保护用品。

二、砂轮机安全技术

砂轮机是机械工厂最常用的机器设备之一，各个工种都可能用到它。砂轮质脆易碎、转速高、使用频繁，极易伤人。它的安装位置是否合理，是否符合安全要求；它的使用方法是否正确，是否符合安全操作规程，这些问题都直接关系到每一位职工的人身安全，因此在实际使用中必须引起足够的重视。

（一）砂轮机安装过程中的注意事项

1. 安装位置的选择

砂轮机禁止安装在正对着附近设备及操作人员或经常有人过往的地方，较大的车间应设置专用的砂轮机房。如果因厂房地形的限制不能设置专用的砂轮机房，则应在砂轮机正面装设不低于1.8m高度的防护挡板，并且挡板要求牢固有效。

2. 砂轮的静平衡

砂轮的不平衡造成的危害主要表现在两个方面：一方面在砂轮高速旋转时，引起振动；另一方面，不平衡加速了主轴轴承的磨损，严重时会造成砂轮的破裂，造成事故。因此，要求直径大于或等于200mm的砂轮装上法兰盘后应先进行静平衡调试，砂轮在经过整形修整后或在工作中发现不平衡时，应重复进行静平衡。

3. 砂轮与卡盘的匹配

匹配问题主要是指卡盘与砂轮的安装配套问题。按标准要求，砂轮法兰盘直径不得小于被安装砂轮直径的1/3，且规定砂轮磨损到直径比法兰盘直径大10mm时应更换新砂轮。此外，在砂轮与法兰盘之间还应加装直径大于卡盘直径2mm，厚度为1~2mm的软垫。

4. 砂轮机的防护罩

防护罩是砂轮机最主要的防护装置，其作用是：当砂轮在工作中因故破坏时，能够有效地罩住砂轮碎片，保证人员的安全。砂轮防护罩的开口角度在主轴水平面以上不允许超过90°；防护罩的安装要牢固可靠，不得随意拆卸或丢弃不用。

防护罩在主轴水平面以上开口大于或等于30°时必须设挡屑屏板，以遮挡磨削飞屑伤及操作人员。它安装于防护罩开口正端，宽度应大于砂轮防护罩宽度，并且应牢固地固定在防护罩上。此外，砂轮圆周表面与挡板的间隙应小于6mm。

5. 砂轮机的工件托架

托架是砂轮机常用的附件之一。砂轮直径在150mm以上的砂轮机必须设置可调托架。砂轮与托架之间的距离应小于被磨工件最小外形尺寸的 1/2，但最大不应超过 3mm。

6. 砂轮机的接地保护。砂轮机的外壳必须有良好的接地保护装置。

（二）使用砂轮机的安全要求

1. 禁止侧面磨削

按规定用圆周表面做工作面的砂轮不宜使用侧面进行磨削，砂轮的径向强度较大，而轴向强度很小，操作者用力过大会造成砂轮破碎，甚至伤人。

2. 不准正面操作

使用砂轮机磨削工件时，操作者应站在砂轮的侧面，不得在砂轮的正面进行操作，以免砂轮出故障时，砂轮破碎飞出伤人。

3. 不准共同操作

2 人共用 1 台砂轮机同时操作，是一种严重的违章操作行为，应严格禁止。

第二节　锻压与冲剪机械安全技术

一、锻压机械安全技术

（一）锻压机械的危险因素

锻造是金属压力加工的方法之一，它是机械制造中的一个重要环节。根据锻造加工时金属材料所处温度状态的不同，锻造又可分为热锻、温锻和冷锻。本书是指热锻，即被加工的金属材料处在红热状态（锻造温度范围内），通过锻造设备对金属施加的冲击力或静压力，使金属产生塑性变形而获得预想的外形尺寸和组织结构的锻件。

在锻造车间里的主要设备有锻锤、压力机（水压机或曲柄压力机）、加热炉等。生产工人经常处在振动、噪声、高温灼热、烟尘以及料头、毛坯堆放等不利的工作环境中，因此，对操作这些设备的工人的安全卫生应特别加以注意，否则，在生产过程中将容易发生各种安全事故，尤其是人身伤害事故。

在锻造生产中，易发生的外伤事故，按其原因可分为 3 种：

（1）机械伤害由机器、工具或工件直接造成的刮伤、碰伤；

（2）烫伤；

（3）电气伤害。

（二）锻造车间的特点

从安全技术劳动保护的角度来看，锻造车间的特点是：

（1）锻造生产是在金属灼热的状态下进行的（如低碳钢锻造温度范围在 1250～750℃之间），由于有大量的手工劳动，稍不小心就可能发生灼伤。

（2）锻造车间里的加热炉和灼热的钢锭、毛坯及锻件不断地发散出大量的辐射热（锻件在锻压终了时，仍然具有相当高的温度），工人经常受到热辐射的侵害。

（3）锻造车间的加热炉在燃烧过程中产生的烟尘排入车间的空气中，不但影响卫生，还降低了车间内的能见度（对于燃烧固体燃料的加热炉，情况就更为严重），因而也可能会引起工伤事故。

（4）锻造生产所使用的设备如空气锤、蒸汽锤、摩擦压力机等，工作时发出的都是冲击力。设备在承受这种冲击载荷时，本身容易突然损坏（如锻锤活塞杆的突然折断）而造成严重的伤害事故。

压力机（如水压机、曲柄热模锻压力机、平锻机、精压机）、剪床等，在工作时，冲击性虽然较小，但设备的突然损坏等情况也时有发生，操作者往往猝不及防，也有可能导致工伤事故。

（5）锻造设备在工作中的作用力是很大的，如曲柄压力机、拉伸锻压机和水压机这类锻压设备，它们的工作条件虽较平稳，但其工作部件所发生的力量却是很大的，如我国已制造和使用了 12000t 的锻造水压机，就是常见的 $100\sim150t$ 的压力机，所发出的力量已是够大的了。如果模子安装或操作时稍不正确，大部分的作用力就不是作用在工件上，而是作用在模子、工具或设备本身的部件上了。这样，某种安装调整上的错误或工具操作的不当，就可能引起机件的损坏以及其他严重的设备或人身事故。

（6）锻工的工具和辅助工具，特别是手锻和自由锻的工具、夹钳等名目繁多，该些工具都是一起放在工作地点的。在工作中，工具的更换非常频繁，存放往往又是杂乱的，这就必然增加对这些工具检查的困难，当锻造中需用某一工具而时常又不能迅速找到时，有时会"凑合"使用类似的工具，为此往往会造成工伤事故。

（7）由于锻造车间设备在运行中发生的噪声和振动，使工作地点嘈杂，影响人的听觉和神经系统，分散了注意力，因而增加了发生事故的可能性。

（三）锻压机械的安全技术要求

锻压机械的结构不但要保证设备运行中的安全，而且能保证安装、拆卸和检修等各项工作的安全；此外，还必须便于调整和更换易损件，便于对在运行中要取下检查的零件进行检查。

（1）锻压机械的机架和突出部分不得有棱角或毛刺。

（2）外露的传动装置（齿轮传动、摩擦传动、曲柄传动或皮带传动等）必须要有防护罩。防护罩需用铰链安装在锻压设备的不动部件上。

（3）锻压机械的起动装置必须能保证对设备进行迅速开关，并保证设备运行和停车状态的连续可靠。

（4）起动装置的结构应能防止锻压设备意外的开动或自动开动。

较大型的空气锤或蒸汽—空气自由锤一般是用手柄操纵的，应该设置简易的操作室或屏蔽装置。

模锻锤的脚踏板也应置于某种挡板之下。它是一种用角架做成的架子，上面覆以钢板。脚踏板就藏在这种架子下面，操作者应便于将脚伸入进行操纵。

设备上使用的模具都必须严格按照图纸上提出的材料和热处理要求进行制造。紧固模具用的斜楔应选用适当材料并经退火处理。为了避免受撞击的一端卷曲，端部允许进行局部淬火。但端部一旦卷曲（"开花"），则要停止使用，或经过修正后才能使用。

（5）电动启动装置的按钮盒，其按钮上需标有"启动"、"停车"等字样。停车按钮为红色，其位置比启动按钮高 $10\sim12mm$。

（6）在高压蒸汽管道上必须装有安全阀和凝结罐，以消除水击现象，降低突然升高的压力。

（7）蓄力器通往水压机的主管上必须装有当水耗量突然增高时能自动关闭水管的装置。

（8）任何类型的蓄力器都应有安全阀。安全阀必须由技术检查员加铅封，并定期进行检查。

（9）安全阀的重锤必须封在带锁的锤盒内。

（10）安设在独立室内的重力式蓄力器必须装有荷重位置指示器，使运行人员能在水压机的工作地点观察到荷重的位置。

（11）新安装和经过大修理的锻压设备应该根据设备图纸和技术说明书进行验收和试验。

（12）操作工人应认真学习锻压设备安全技术操作规程，加强设备的维护、保养、保证设备的正常运行。

二、冲压机械安全技术

（一）冲压作业的危险因素

根据发生事故的原因分析，冲压作业中的危险主要有以下几个方面：

（1）设备结构具有的危险。相当一部分冲压设备采用的是刚性离合器。这是利用凸轮机构使离合器接合或脱开，一旦接合运行，就一定要完成一个循环，才会停止。假如在此循环中手不能及时从模具中抽出，就必然会发生伤手事故。

（2）动作失控。设备在运行中还会受到经常性的强烈冲击和振动，使一些零部件变形、磨损以至碎裂，引起设备动作失控而发生危险的连冲或事故。

（3）开关失灵。设备的开关控制系统由于人为或外界因素引起的误动作。

（4）模具的危险。模具担负着使工件加工成型的主要功能，是整个系统能量的集中释放部位。由于模具设计不合理，或有缺陷，没有考虑到作业人员在使用时的安全，在操作时手就要直接或经常性地伸进模具才能完成作业，因而增加了受伤的可能。有缺陷的模具则可能因磨损、变形或损坏等原因在正常运行条件下发生意外而导致事故。

（二）冲压事故原因

冲压事故有可能发生在冲压设备的各个危险部位，但以发生在模具行程间为绝大多数，且伤害部位主要是作业者的手部。即当操作者的手处于模具行程之间时模块下落，就会造成冲手事故。这是设备缺陷和人的行为错误所造成的事故。

在冲压作业中，冲压机械设备、模具、作业方式对安全影响很大。下面分别对这三个方面的不安全因素进行分析和评价。

（1）冲压机械设备对安全的影响

冲压机械设备包括：剪板机、曲柄压力机和液压机等。本节重点讨论曲柄压力机的安全问题。

曲柄压力机是一种将旋转运动转变为直线往复运动的机器。压力机的工作原理是由电动机通过皮带轮及齿轮驱动曲轴转动，曲轴的轴心线与其上的曲柄轴心线偏移一个偏心距，从而便可通过连杆（连接曲柄和滑块的零件）带动滑块做上下往复运动。压力机的组成：工作机构、传动系统、操纵系统、能源系统、支承系统及多种辅助系统。

压力机的受力系统：冲压件的变形阻力全部传递到设备的机身上，形成一个封闭的受力系统。压力机运行时，除本身重量对地基产生压力外，无其他压力作用（不考虑传动系统的不平衡对地基的振动造成的压力）。

压力机运动分析：曲柄滑块机构的滑块运动速度随曲柄转角的位置变化而变化，其加速也随着做周期性变化。

（2）冲压作业中的危险性识别。冲压作业具有较大危险性和事故多发性的特点，且事故所造成的伤害一般都较为严重。目前防止冲压伤害事故的安全技术措施有多种形式，但就单机人工作业而言，尚不可能确认任何一种防护措施绝对安全。要减少或避免事故，作业人员必须具有一定的技术水平以及对作业中各种危险的识别能力。

（三）冲压作业安全技术措施

冲压作业的安全技术措施范围很广，它包括改进冲压作业方式，改革冲模结构，实现机械化自动化，设置模具和设备的防护装置等。

实践证明，采用复合模、多工位连续模代替单工序的模具，或者在模具上设置机械进出料机构，实现机械化、自动化等都能达到提高产品质量和生产效率、减轻劳动强度、方便操作、保证安全的目的，这是冲压技术的发展方向，也是实现冲压安全保护的根本途径。

在冲压设备和模具上设置安全防护装置或采用劳动强度小、使用方便灵活的手工工具，也是当前条件下实现冲压作业大面积安全保护的有效措施。

由于冲压作业程序多，有送料、定料、出料、清理废料、润滑、调整模具等操作，所以冲压作业的防护范围也很广，要实现不同程序上的防护是比较困难的。

（四）防止冲压伤害的防护技术与应用

1. 手用安全工具

使用安全工具操作时，将单件毛坯放入凹模内或将冲制后的零件、废料取出，实现模外作业，避免用手直接伸入上下模口之间装拆制件，保证人体安全。

目前，使用的安全工具一般根据本企业的作业特点自行设计制造。按其不同特点大致归纳为以下五类：弹性夹钳；专用夹钳（卡钳）；磁性吸盘；真空吸盘；气动夹盘。

2. 模具防护措施

在模具周围设置防护板（罩）；通过改进模具减少其危险面积，扩大安全空间；设置机械进出料装置，以此代替手工进出料方式，将操作者的双手隔离在冲模危险区之外，实现作业保护。

（1）模具防护罩（板）。设置模具防护罩（板）是实行安全区操作的一种措施。

1）固定在下模的防护板。坯料从正面防护板下方的条缝中送入，防止送料不当时将手伸入模内。

2）固定在凹模上的防护栅栏。它由开缝的金属板制成，可从正面和侧面将危险区封闭起来，在两侧或前侧开有供进退料用的间隙。使用栅栏时，其横缝必须竖直开设，以增加操作者的可见度和减轻视力疲劳。

3）折叠式凸模防护罩。在滑块处于上死点时，环形叠片与下模之间仅留出可供坯料进出的间隙，滑块下行时，防护罩轻压在坯料上面，并使环片依次折叠起来。

4）锥形弹簧构成的模具防护罩。在自由状态下弹簧相邻两圈的间隙不大于 8mm，这样既封闭了危险区，又避免了弹簧压伤手指的危险。

（2）模具结构的改进。在不影响模具强度和制件质量的情况下，可将原有的各种手工送料的单工序模具加以改进，以提高安全性。具体措施如下：将模具上模板的正面改成斜面；在卸料板与凸模之间做成凹槽或斜面；导板在刚性卸料板与凸模固定板之间保持足够的间隙，一般不小于15~20mm；在不影响定位要求时，将挡料销布置在模具的一侧；单面冲裁时，尽量将凸模的凸起部分和平衡挡块安排在模具的后面或侧面；在装有活动挡料销和固定卸料板的大型模具上，用凸轮或斜面机械控制挡料销的位置。

3. 冲压设备的防护装置

冲压设备的防护装置形式较多，按结构分为机械式、按钮式、光电式、感应式等。

（1）机械式防护装置

1）推手式保护装置，它是一种与滑块联动的挡板的摆动将手推离模口的机械式保护装置。

2）摆杆护手装置，又称拨手保护装置。运用杠杆原理将手拨开。一般用于1600kN左右、行程次数少的设备上。

3）拉手安全装置，它是一种用滑轮、杠杆、绳索将操作者的手动作与滑块运动联动的装置。冲压机滑块下行时，固定在滑块上的拉杆将杠杆拉下，杠杆的另一端同时将软绳往上拉动，软绳的另一端套在操作者的手臂上。因此，软绳能自动将手拉出模口危险区。

机械式防护装置结构简单、制造方便，但对作业干扰影响较大，操作工人不喜欢使用，应用比较局限。

（2）双手按钮式保护装置

它是一种用电气开关控制的保护装置。起动滑块时，将人手限制在模外，实现隔离保护。只有操作者的双手同时按下两个按钮时，中间继电器才有电，电磁铁动作，滑块启动。凸轮中开关在下死点前处于开路状态，若中途放开任何一个开关时，电磁铁就会失电，使滑块停止运动，直到滑块到达下死点后，凸轮开关才闭合，这时放开按钮，滑块仍能自动回程。

（3）光电式保护装置

光电式保护装置是由一套光电开关与机械装置组合而成的。它是在冲模前设置各种发光源，形成光束并封闭操作者前侧、上下模具处的危险区。当操作者手停留或误入该区域时，使光束受阻，发出电信号，经放大后由控制线路作用使继电器动作，最后使滑块自动停止或不能下行，从而保证操作者人体安全。

光电式保护装置按光源不同可分为红外光电保护装置和白炽光电保护装置。

（五）冲压作业的机械化和自动化

冲压作业机械化是指用各种机械装置的动作来代替人工操作的动作；自动化是指冲压的操作过程全部自动进行，并且能自动调节和保护，发生故障时能自动停机。

冲压作业的机械化和自动化非常必要，因为冲压生产的产品批量一般都较大，操作动作比较单调，工人容易疲劳，特别是容易发生人身伤害事故，所以，冲压作业机械化和自动化是减轻工人劳动强度、保证人身安全的根本措施。

（六）条（卷）料自动送进装置

条（卷）料自动送进装置和与其配套的供料装置以及废料处理装置的结构都已基本定型，形式比较单一，但结构和动作都比较复杂，其主要结构有拉钩式和推钩式两种。

拉钩式自动送进装置，料钩做往复直线摆动，当滑块上行时，料钩做与送进方向相反的运动，自动越过搭边进入下一个废料孔，将料拉入加工位置。使用这种装置时，开始冲压要先用手送进，当条料冲出首件或头几件时，料钩进入废料孔后便可开始自动送进。

推钩式结构是在条料的一端利用推钩推动条料。推钩通常装在梭架上，将在梭架上的条料推到加工位。梭架在滑道上与冲压设备做同步往复直线运动。推钩式结构的送进步距较大，并且不需要像拉钩那样钩住条料上的废料孔，所以冲制初始时也不必用人工送进。

三、剪板机

剪板机是机加工工业生产中应用比较广泛的一种剪切设备，它能剪切各种厚度的钢板材料。常用的剪板机分为平剪、滚剪及震动剪 3 种类型。平剪床是使用最多的。剪切厚度小于 10mm 的剪板机多为机械传动，大于 10mm 的为液压传动。一般用脚踏或按钮操纵进行单次或连续剪切金属。操作剪板机时应注意：

（1）工作前要认真检查剪板机各部位是否正常，电气设备是否完好，润滑系统是否畅通，清除台面及周围是否放置的工具、量具等杂物以及边角废料。

（2）不要独自一人操作剪板机，应由 2～3 人协调进行送料、控制尺寸精度及取料等，并确定一个人统一指挥。

（3）剪板机要根据规定的剪板厚度，调整剪刀间隙。不准同时剪切两种不同规格、不同材质的板料；不得叠料剪切。剪切的板料要求表面平整，不准剪切无法压紧的较窄板料。

（4）剪板机的皮带、飞轮、齿轮以及轴等运动部件必须安装防护罩。

（5）剪板机操作者送料的手指离剪刀口应保持最少 200mm 以外的距离，并且离开压紧装置。在剪板机上安置的防护栅栏不能挡住操作者眼睛看不到裁切的部位。作业后产生的废料有棱有角，操作者应及时清除，防止被刺伤、割伤。

第三节 木 工 机 械 安 全

木工机械安全设备属于危险性较大的机械设备。为了完成对木材的加工，木工机械都比一般金属切削机床具有更高的切削速度和更锋利的刃口，因而木工机械较一般金属切削机床更容易引起伤害事故。

木工机械有跑车带锯机、轻型带锯机、纵锯圆锯机、横截锯机、平刨机、压刨机、木铣床、木磨床。

一、木工机械危险有害因素

由于具有刀轴转速高、多刀多刃、手工进料、自动化水平低，加之木工机械切削过程中噪声大、振动大、粉尘大、作业环境差，工人的劳动强度大、易疲劳，操作人员不熟悉木工机械性能和安全操作技术或不按安全操作规程操纵机械，没有安全防护装置或安全防护装置失灵等种种原因，导致木工机械伤害事故多发。

（一）机械危险

机械伤害主要包括刀具的切割伤害、木料的冲击伤害、飞出物的打击伤害，这些是木材加工中常见的伤害类型。

（二）火灾和爆炸

火灾危险存在于木材加工全过程的各个环节，木工作业场所是防火的重点。悬浮在空间的木粉尘在一定情况下还会发生爆炸。

（三）木材的生物、化学危害

木材的生物效应可分有毒性、过敏性、生物活性等，可引起许多不同发病症状和过程，例如皮肤症状、视力失调、对呼吸道黏膜的刺激和病变、过敏病状，以及各种混合症状。化学危害是因为木材防腐和粘接时采用了多种化学物质，其中很多会引起中毒、皮炎或损害呼吸道黏膜，甚至诱发癌症。

（四）木粉尘危害

木材加工产生的大量木粉尘可导致呼吸道疾病，严重的可表现为肺叶纤维化症状，家具加工行业鼻癌和鼻窦腺癌比例较高，据分析可能与木粉尘中可溶性有害物有关。国家标准规定，空气中植物性粉尘浓度不得高于 $10\mathrm{mg/m^3}$。因此，木材加工场所应保持良好的通风，采用吸尘设施控制粉尘浓度不超标。

（五）噪声和振动危害

木工机械是高噪声和高振动机械，加工过程中噪声大、振动大，使作业环境恶化，影响职工身心健康。

（六）化学危害

化学防腐和粘接是木材处理必不可少的工序，在木材的存储、加工和成品的表面修饰都需要。广泛采用的方法是将木材用杀虫油剂、金属盐或有机化合物浸泡或喷涂，可用的化合物范围很广，其中很多会引起中毒、皮炎或损害呼吸道黏膜，甚至诱发癌症。

在木材加工诸多危险因素中，机械伤害的危险性大，发生概率高，其中尤其以刀具的切割伤害后果最为严重。其他危险因素对人体健康的损害作用是长期累积的效果。这些问题以及防火防爆问题，应在木材加工行业的综合治理中统筹考虑。

二、木工机械事故原因及安全技术要求

（一）发生木工机械事故的原因

（1）木工机械的工作刀轴转速很高，刀轴转速一般都要达到 $2500\sim4000\mathrm{r/min}$，转动惯性大，难于制动。操作者为了使其在电机停止后尽快停转，往往习惯于用手或木棒去制动，常因不慎使手与转动的刀具相接触，造成手伤。

（2）木工机械多采用手工送料，这是潜伏着的伤手的原因。当手推压木料送进时，由于遇到节疤、弯曲或其他缺陷不自觉的发生手与刀口接触，造成割伤甚至断指。

（3）木工机械转速高，加之被加工的木质不均匀，切削过程中噪声大，振动大，工人劳动强度大，易疲劳。这些因素都容易使操纵者产生失误造成伤害。

（4）操作者不熟悉木工机械性能和安全操作技术，或不按照安全操作规程作业，加之木工机械设备没有安装安全防护装置或防护装置失灵，都极易造成伤害事故。

（二）木工机械安全技术要求

在设计上就应使木工机械具有完整的安全装置，包括安全防护装置、安全控制装置和安全报警信号装置等。其安全技术要求有以下几点：

（1）按照有轮必有罩、有轴必有套和锯片有罩、锯条有罩、刨（剪）切有挡、安全器送料要求，对各种木工机械配置相应的安全防护装置。徒手操作者必须有安全防护措施。

（2）对产生噪声、木粉尘或挥发性有害气体的机械设备，应配置与其机械运转相连接的消声、吸尘或通风装置，以消除或减轻职业危害，维护职工的安全和健康。

（3）木工机械的刀轴与电器应有安全联控装置，在装卸或更换刀具及维修时，能切断电源并保持断开位置，以防止误触电源开关或突然供电启动机械，造成人身伤害事故。

（4）针对木材加工作业中的木料反弹危险，应采用安全送料装置或设置分离刀、防反弹安全屏护装置，以保障人身安全。

（5）在装设正常启动和停机操纵装置的同时，还应专门设置遇事故紧急停机的安全控制装置。按要求，对各种木工机械应制定与其配套的安全装置技术标准。国产定型的木工机械，在供货的同时，必须带有完整的安全装置，并供应维修时所需的安全配件，在安全防护装置失效后予以更新；对早期进口货自制、非定型、缺少安全装置的木工机械，使用单位应组织力量研制和配置相应的安全装置，使所用的木工机械都有安全装置，特别是对操作者有伤害危险的木工机械。对缺少安全装置或失效的木工机械，应禁止或限制使用。

三、木工机械的安全装置

（一）带锯条安全装置

带锯条的各个部分，除了锯卡、导向辊的底面到工作台之间的工作部分外，都应用防护罩封闭。锯轮应完全封闭，锯轮罩的外圆面应该是整体的。锯卡与锯轮罩之间的防护应罩住锯条装置的正面和两侧面，并能自动调整，随锯卡升降。锯卡应轻轻附着锯条，而不是紧卡着锯条，用手溜转锯条时应无卡塞现象。

带锯机主要采用液压可调式封闭防护罩遮挡高速运转锯条，使裸露部分与锯割木料的尺寸相适应，既能有效地进行锯割，又能在锯条短条、掉锯时，控制锯条蹦出、乱扎，避免对操作者造成伤害，同时可以防止工人在操作过程中手指误触锯条造成伤害事故。对锯条裸露的切割加工部位，为便于操作者观察和控制，还应设置相应的网状防护罩，防止加工锯屑等崩弹造成人身伤害事故。

带锯机停机时，由于受惯性力的作用继续转动，此时手不小心触及锯条，就要造成误伤。为使其迅速停机，应装设锯盘制动控制器。带锯机破损时，也可使用锯盘制动器，使其停机。

（二）圆锯机安全装置

为了防止木料反弹的危险，圆锯机上应装设分离刀（松口刀）和活动防护罩。分离刀的作用是使木料连续分离，使锯材不会紧贴转动的刀片，从而不会产生木料反弹。活动罩的作用是遮住圆锯片，防止手过于靠近圆锯片，同时也有效防止木料反弹。

圆锯机安全装置通常由防护罩、导板、分离刀和防木料反弹挡架组成。弹性可调式安全防护罩可随其锯割木料尺寸大小而升降，既便于推料进锯，又能控制锯屑飞溅和木料反弹；过锯木料有分离刀扩张锯口防止因夹锯造成木材反弹，并有助于提高锯割效率。

圆锯机超限的噪声也是严重的职业危害，直接损害操作者的健康，并安装消声装置。

（三）木工刨床安全装置

各种刨床对操作者的人身危害，一是徒手推木料容易伤害手指，平刨伤手为多发性事故，一直未能很好解决。较先进的方法是采用光电技术保护操作者，但当前国内应用效果不理想。较有效的方法是刨切危险区域设置安全挡护设置，并限定与台面的间距，可阻挡手指进入危险区域，实际应用效果较好。降低刨床噪声减轻职业危害，如采用开有小孔的定位垫片，可降低 $10\sim15$dB。

总之，大多数木工机械都有不同程度的危险或危害。有针对性地增设安全装置，是保护操作者身心健康与安全、促进和实现安全生产的重要技术措施。

木工机械事故中，手压平刨上发生的事故占多数，因此在手压平刨上必须有安全防护装置。为了安全，手压平刨刀轴的设计与安装须符合下列要求：

（1）必须使用圆柱形刀轴，绝对禁止使用方刀轴；

（2）压刀片的外缘应与刀轴外圆相合，当手触及刀轴时，只会碰伤手指皮，不会被切断；

（3）刨刀刃口伸出量不能超过刀轴外径 1.1mm；

（4）刨刀开口量应符合规定。

四、预防木工机械事故措施

预防木工机械事故措施主要有以下 5 方面：

（1）各种木工机械设备均应设置有效的制动装置、安全防护装置和吸尘排泄装置。

（2）木工机械设备在使用过程中，必须保证在任何切削速度下使用任何刀具时都不会产生有危害性的振动，装在刀轴和心轴上的轴承高速转动，其轴向游隙不应过大，以免操作时发生危险。

（3）凡是外露的皮带盘、转盘、转轴等都应有防护罩壳。

（4）刀轴和电器应有联锁装置，以免装拆和更换刀具时，误触电源按钮而使刀具旋转，造成危害。

（5）凡有条件的地方，对所有的木工机械均应安装自动给进装置。

第四节　金属热加工安全技术

金属铸造、热轧、锻造、焊接和金属热处理等工艺的总称叫热加工，有时也将热切割、热喷涂等工艺包括在内。热加工能使金属零件在成形的同时改善它的组织，或者使已成形的零件改变结晶状态以改善零件的机械性能。

一、热加工中的危险和有害因素

（1）火灾与爆炸。红热的铸件、飞溅铁水等一旦遇到易燃易爆物品，极易引发火灾和爆炸事故。

（2）灼烫。浇注时稍有不慎，就可能被熔融金属烫伤；经过熔炼炉时，可能被飞溅的铁水烫伤；经过高温铸件时，也可能被烫伤。

（3）机械伤害。铸造作业过程中，机械设备、工具或工件的非正常选择和使用，人的违章操作等，都可导致机械伤害。如造型机压伤，设备修理时误启动导致砸伤、碰伤。

（4）高处坠落。由于工作环境恶劣、照明不良，加上车间设备立体交叉，维护、检修和使用时，易从高处坠落。

（5）尘毒危害。在型砂、芯砂运输、加工过程中，打箱、落砂及铸件清理中，都会使作业区产生大量的粉尘，因接触粉尘、有害物质等因素易引起职业病。冲天炉、电炉产生的烟气中含有大量对人体有害的一氧化碳，在烘烤砂型或砂芯时也有二氧化碳气体排出；利用焦炭熔化金属，以及铸型、浇包、砂芯干燥和浇铸过程中都会产生二氧化硫气体，如果处理不当，将引起呼吸道疾病。

（6）噪声振动。在铸造车间使用的震实造型机、铸件打箱时使用的震动器，以及在铸件清理工序中，利用风动工具清铲毛刺，利用滚筒清理铸件等都会产生大量噪声和强烈的振动。

（7）高温和热辐射。铸造生产在熔化、浇铸、落砂工序中都会散发出大量的热量，在夏季车间温度会达到40℃或更高，铸件和熔炼炉对工作人员健康或工作极为不利。

金属冶炼、铸造、锻造和热处理等生产过程中伴随着高温，并散发着各种有害气体、粉尘和烟雾，同时还产生噪声，从而严重地恶化了作业环境和劳动条件。这些作业工序多，体力劳动繁重，起重运输工作量大，因而容易发生各类伤害事故，需要采取针对性的安全技术措施。

二、金属冶炼安全技术

（一）高温与中暑

金属冶炼操作，如炼钢、炼铁是在千度以上的高温下进行的。高温作业时，人体受高温的影响，出现一系列生理功能改变，如体温调节功能下降。当生产环境温度超过34℃时，很容易发生中暑。如果劳动强度过大，持续劳动时间过长，则更容易发生中暑。严重时可导致休克。

防止中暑的措施是合理地设计工艺流程，改进生产设备和操作方法，消除或减少高温、热辐射对人体的影响。这是改善高温作业劳动条件的根本措施，用水或导热系数小的材料进行隔热，也是防暑降温的重要措施。采用机械通风和自然通风，则是经济有效的散热方式。

（二）爆炸与灼烫

钢铁工厂为了提高效益，降低消耗，常采用强化冶炼的措施，如喷煤粉和吹氧等，这就使得炼钢、炼铁生产中容易发生钢水、铁水喷溅和爆炸事故。

造成钢水、铁水喷溅、爆炸的原因很多，从原料开始，生产出钢、铁的全部生产工艺过程，均隐藏着不安全因素，必须从每一道工艺上加强防范措施。

（1）各生产岗位人员必须掌握生产规律，熟悉操作规程，认真观察事故先兆并懂得处置办法。

（2）加强原料的管理和挑选工作，严防爆炸品、密封容器进入炉内。

（3）经常检查冷却系统，保护系统畅通。控制好冷却水水压和水量，以防止水冷系统强度不够造成钢板烧穿，导致钢液遇水爆炸。

（4）炼铁生产车间应严格执行热风炉工作制度，防止由于换炉事故造成热风炉爆炸；炼钢车间要严格执行从补炉、装炉、熔炼到出钢整个生产过程的操作规程，避免由于操作不当造成熔炼过程中的喷溅、爆炸事故。

（5）出铁、出钢时，要事先对铁沟、铁水罐、钢水包、地坑和钢锭模进行加热干燥。严防因潮湿而引起爆炸。

（三）煤气中毒

煤气中的主要有害成分为一氧化碳。在炼钢、炼铁生产中，特别是炼铁生产中生产的废气，即高炉煤气，含有很高的一氧化碳，因此在炼钢、炼铁生产中，处理不好，容易发生煤气中毒事故。有效的预防办法是注意加强生产现场的通风、监测、检修和个人防护。

三、铸造安全技术

（一）铸造生产的特点

把熔融金属注入造型材料和粘剂制成的模型或金属模型中，从而获得成型铸件的制造方法叫铸造。铸造工人与冲天炉、电炉打交道，如果在熔化的金属中混有异物或遇水，可引起爆炸烫伤事故。铸造生产除采用铸造机械设备外，还大量使用各种起重运输机械，很容易发生机械伤害事故。铸造作业的有些工序手工作业量较大，容易发生碰伤事故。熔化、浇注、落砂等过程会散发出大量的热量，影响工人健康。清砂要使用振动落砂机、滚筒和风动工具，产生很大的噪声，可能引起职业性耳聋。碾砂、回砂、打箱、落砂产生大量粉尘，如果没有防尘措施，工人就容易患硅肺病。在型芯烘干、熔炼、浇注等过程中有油质分解，会散发出丙烯醛蒸气和一氧化碳、二氧化碳等有毒有害气体，如果没有通风措施，可能引起呼吸道发炎、急性结膜炎。

（二）金属熔化的安全技术

（1）熔化铸铁的主要设备是冲天炉，其安全操作要领是：

1）修炉时要注意预防炉衬塌落击伤头部。打炉渣地要防止飞出的碎块击伤眼、脸。工作时要站稳，注意不要掉浇炉底，还要注意预防煤气中毒及其他机械的伤害。修炉前，炉温要低于 50℃。作业时，要戴好安全帽，并有人监护，加料口要设护网板，并使用 12V 照明灯。修炉时不许鼓风，但炉上风眼应全部打开。

2）点火前加底焦要小心轻放。加好底焦后，将冲天炉全部风口及出铁口、出渣口打开，然后点火，以防一氧化碳中毒。

3）加料前，必须等候检查机械各部件是否坚固灵活；运料路线附近要设栅栏，并严禁行人穿过或靠近装料机；装料机运行时，最好设警告牌或亮红色警告灯；冲天炉加料口应比加料台高 0.5m，加料台要保持整齐清洁；称料时，要仔细检查，防止爆炸物混入炉内。

4）鼓风熔化作业时，操作者应戴上防护眼镜，站在风嘴侧面监视。如炉壳烧红要立即停止加料、送风，严禁浇水；烧红面积不大于 $75cm^2$ 时，可吹风冷却。

5）出铁出渣时，冲天炉周围不许有任何水分、潮气存在，特别是出铁坑、出渣槽要非常干燥。如有积水，必须排净，并铺上适当厚度的干砂。所用工具都必须抹涂料、烘干，以防烫伤。

6）停风打炉时，地面必须铺干砂，以保持干燥；四周不得站人；操作者站在上风侧。打炉后，迅速将红热铁块及焦炭取出，不准用水喷灭，以免产生煤气退回冲天炉而引起炉膛爆炸。

（2）生产铸钢时，广泛应用的熔炼设备是电炉，其安全操作要领是：

1）出炉前，电熔化炉的倾斜度不得超过45°，扒渣时，不得超过15°～20°。为此，电熔化炉应装设倾斜度限制器，倾炉蜗杆传动机构应能自锁。

2）电熔化炉加料口框架和电极座，应装有水冷却循环装置，冷却水的回水温度不超过45℃。电熔化炉高压部分，应设在专门操纵室内。对电熔化炉的烟尘，可采取炉外排烟和炉内排烟措施。

（三）金属浇注的安全技术

金属浇注的主要工具是浇包，浇包内盛有高温金属熔液，操作中有一定的危险性。

（1）浇包的转轴要有安全装置，以防意外倾斜。浇注时，铁水包盛满铁水后，重心要比转轴低100mm以上，容量大于500kg的浇包，必须装有转动机构并能自锁。浇包转动装置要设防护壳，以防飞溅金属进入而卡住。

（2）要注意浇包的质量检查和试验。吊车式浇包至少每半年检查与试验一次；手抬式浇包每两个月检查与试验一次。吊车式浇包须作外观检查与静力试验，重点部位是加固圈、吊包轴、拉杆、大架、吊环及倾转机构等，特别重要的部位须用放大镜仔细检查。检查前，要清除污垢、锈斑、油污。如发现零件有裂纹、裂口、弯曲、焊缝与螺栓连接不良、铆钉连接不可靠等，均须拆换或修理。经过检查、试验的浇包，如未发现其他缺陷及永久变形，即为合格。

（3）浇包使用前要先烘干，盛铁水的液面高度不超过浇包高度的7/8。使用手抬式铁水包时，每人负载不超过30kg，为保证浇注时安全，主要通道要有3m宽，浇包要走环形路；火钳、铁棒、火钩和添加剂（硅角、铝、球化剂等）须预热；浇注前，必须检查压铁是否压牢、螺栓卡子是否卡紧；人工抬浇包步调要齐，配合一致，抬时浇口朝外。

（4）用吊车进行浇注，司机和吊车指挥员要遵守吊车移动信号，动作要平稳，吊运铁水浇包起吊高度高地面不大于200mm；浇注时，浇包尽量靠近口圈，防止铁水浇在压铁或地上；砂箱高度高于0.7m时，应挖地坑；浇注大砂型，必须注意底部通气，喷出的一氧化碳再引火烧掉；浇剩的金属液只准倒入锭模及砂型中；倒入前，锭模要预热到150～200℃，砂坑要干燥。

四、热处理安全技术

为了使各种机械零件和加工工具获得良好的使用性能或者使各种金属材料便于加工，常常需要改变它们的物理、化学和机械性能，如磁性、抗蚀性、抗高温氧化性、强度、硬度、塑性和韧性等。这就需要在机械加工中通过一定温度的加热、一定时间的保温和一定速度的冷却，来改变金属及合金的内部机构（组织），以其改变金属及合金的物理、化学和机械性能，这种方法就叫作热处理。进行这项工作时，工人经常与设备和金属件接触，因此必须认真掌握有关安全技术，避免发生事故。

（一）热处理工序主要加热设备

热处理工序中的主要设备是加热炉，可以分为燃料炉的电炉两大类。

1. 燃料炉

以固体、液体和气体燃烧产生热源，如煤炉、油炉和煤气炉。它们靠燃烧直接发出的热能量，大都属一次能源，价值经济、消耗低，但容易使工件表面脱碳和氧化。常用于一般要求的加热工件和材料热处理中，如回火、正火、退火和淬火。

2. 电炉

以电为热能源，即二次能源。按其加热方法不同，又分为电阻炉和感应炉。根据加热工件和材料不同，按工艺要求应配备不同形式的电加热炉。

（1）电阻炉。主要由电阻体作为发热元件的电炉。根据热处理工艺的要求，可进行退火、正火、回火、淬火、渗碳氧化和氮化，也可解决无氧化问题。

（2）感应炉。通过电磁感应作用，使工件内产生感应电流，将工件迅速加热。感应炉加热是热处理工艺中的一种先进方法，主要用于表面热处理淬火，后来逐步扩大为用于正火、淬火、回火以及化学热处理等，特别是对于一些特殊钢材和有特殊工切要求的工件应用较多。

（二）热处理操作的一般安全要求

（1）操作前，首先要熟悉热处理工艺规程和所要使用的设备。

（2）操作时，必须穿戴好必要的防护用品，如工作服、手套、防护眼镜等。

（3）在加热设备和冷却设备之间，不得放置任何妨碍操作的物品。

（4）混合渗碳剂、喷砂等就在单独的房间中进行，并应设置足够的通风设备。

（5）设备危险区（如电炉的电源引线、汇流条、导电杆和传动机构等），应当用铁丝网、栅栏、板等加以防护。

（6）热处理全部工具应当有条理地放置，不许使用残裂的、不合适的工具。

（7）车间的出入口和车间内的通路，应当通行无阻。在重油炉的喷嘴及煤气炉的浇嘴附近，应当安置灭火砂箱；车间内应放置灭火器。

（8）经过热处理的工件，不要用手去摸，以免造成灼伤。

（三）热处理设备和工艺的安全操作

（1）操作重油炉（包括煤气炉）时，必须经常对设备进行检查，油管和空气管不得漏油、漏气，炉底不应存有重油。如发现油炉工作不正常，必须立即停止燃烧。油炉燃烧时不要站在炉口，以免火焰灼伤身体。如果发生突然停止输送空气，应迅速关闭重油输送管。为了保证操作安全，在打开重油喷嘴时，应该先放出蒸汽或压缩空气，然后再放出重油；关闭喷嘴时，则应先关闭重油的输送管，然后再关闭蒸汽或压缩空气的输送管。

（2）各种电阻炉在使用前，需检查其电源接头和电源线的绝缘是否良好，要经常注意检查启闭炉门自动断电装置是否良好，以及配电柜上的红绿灯工作是否正常。无氧化加热炉所使用的液化气体，是以压缩液体状态贮存于气瓶内的，气瓶环境温度不许超过45℃。液化气是易燃气体，使用时必须保证管路的气密性，以防发生火灾。由于无氧化加热的吸热式气体中一氧化碳的含量较高，因此使用时要特别注意保证室内通风良好，并经常检查管路的密封。当炉温低于760℃或可燃气体与空气达到一定的混合比时，就有爆炸的可能，为此在启动与停炉时更应注意安全操作，最可靠的办法是在通风及停炉前用惰性气体及非可燃气体氮气或二氧化碳吹扫炉膛及炉前室。

（3）操作盐浴炉时应注意，在电极式盐浴炉电极上不得放置任何金属物品，以免变压器发生短路。工作前应检查通风机的运转和排气管道是否畅通，同时检查坩埚内溶盐液面的高低，液面一般不能超过坩埚容积的 3/4。电极式盐浴炉在工作过程中会有很多氧化物沉积在炉膛底部，这些导电性物质必须定期清除。

使用硝盐炉时，应注意硝盐超过一定温度会发生着火和爆炸事故。因此，硝盐的温度不应超过允许的最高工作温度。另外，应特别注意硝盐溶液中不得混入木炭、木屑、炭黑、油和其他有机物质，以免硝盐与炭结合形成爆炸性物质，而引起爆炸事故。

（4）进行液体氰化时，要特别注意防止氰化物中毒。

（5）进行高频电流感应加热操作时，应特别注意防止触电。操作间的地板应铺设胶皮垫，并注意防止冷却水洒漏在地板上和其他地方。

（6）进行镁合金热处理时，应特别注意防止炉子"跑温"而引起镁合金燃烧。当发生镁合金着火时，应立即用熔炼合金的熔剂（50％氯化镁＋25％氯化钾＋25％氯化钠熔化混合后碟碎使用）撒盖在镁合金上加以扑灭，或者用专门用于扑灭镁火的药粉灭火器扑灭。在任何情况下，都绝对不能用水和其他普通灭火器来扑灭，否则将引起更为严重的火灾事故。

（7）进行油中淬火操作时，应注意采取一些冷却措施，使淬火油槽的温度控制在80℃以下，大型工件进行油中淬火更应特别注意。大型油槽应设置事故回油池。为了保持油的清洁和防止火灾，油槽应装槽盖。

（8）矫正工件的工作场地位置应适当，防止工件折断崩出伤人，必要时，应在适当位置装设安全挡板。

（9）无通风孔的空心件，不允许在盐浴炉中加热，以免发生爆炸。有盲孔的工件在盐浴中加热时，孔口不得朝下，以免气体膨胀将盐液溅出伤人。管装工淬火时，管口不应朝自己或他人。

第五节　起重机械安全技术

起重机械是用来对物料进行起重、运输、装卸或安装等作业的机械设备，广泛应用于国民经济各部门，起着减轻体力劳动、节省人力、提高劳动生产率和促进生产过程机械化的作用。

根据《特种设备安全监察条例》（中华人民共和国国务院令第 549 号），起重机械是指用于垂直升降或者垂直升降并水平移动重物的机电设备，其范围规定为：额定起重量大于或者等于 0.5t 的升降机；额定起重量大于或者等于 1t，且提升高度大于或者等于 2m 的起重机和承重形式固定的电动葫芦等。

一、起重机械分类和特点

（一）起重机械分类

按运动方式，起重机械可分为以下 4 种基本类型。

（1）轻小型起重机械：千斤顶、手拉葫芦、滑车、绞车、电动葫芦、单轨起重机械等，多为单一的升降运动机构。

（2）桥式类型起重机械：分为梁式、通用桥式、龙门式和冶金桥、装卸桥式及缆索起重机械等，具有 2 个及以上运动机构的起重机械，通过各种控制器或按钮操纵各机构的运动。一般有起升、大车和小车运行机构，将重物在三维空间内搬运。

（3）臂架类型起重机械（见图 3-1）：有固定旋转式、门座式、塔式、汽车式、轮胎式、履带式及铁路起重机械、浮游式起重机械等种类，其特点与桥式起重机械相似，但运动机构还有变幅机构、旋转机构。

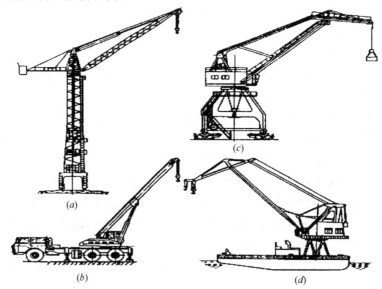

图 3-1　臂架类起重机械

（a）塔式起重机；（b）汽车起重机；（c）门座起重机；（d）浮式起重机

（4）升降类型起重机械：载人电梯或载货电梯、货物提升机等，其特点是虽只有一个升降机构，但安全装置与其他附属装置较完善，可靠性大。有人工和自动控制两种。

（二）起重机械安全特点

起重机械运动部件移动范围大，大多有多个运动机构，有的起重机械本身就是移动式机械，容易发生碰撞事故；起重机械工作强度大，元件容易磨损，构成隐患；起重机械工作高度大，一旦发生事故往往是比较严重的事故；起重机械及其载运物件质量大，容易导致比较严重的事故；一些起重机械在多尘、高温或露天作业，运行环境恶劣，劳动条件较差；起重机械是断续的机械，其电气设备工作繁重、控制要求多、工作环境差，比较容易发生故障。因此，对起重机械可靠性的要求较高。

起重机械的工作方式是间歇（重复短时）工作方式。间歇特征用载荷率表示。载荷率是每一工作周期中平均运行时间与周期平均时间的比值。载荷率常用百分数表示。

（三）工作类型

工作类型是表明起重机械工作繁重程度的参数。起重机械工作的繁重程度影响着起重机械金属结构、机构的零部件、电动机与电气设备的强度、磨损与发热等。为了保证起重机械经济与耐用，在设计和使用时必须确切了解起重机械的工作繁重程度。工作繁重程度是指起重机械工作在时间方面的繁忙程度与吊重方面的满载程度。

起重机械的工作类型是按照机构载荷率和工作时间划分的，分为轻级、中级、重级和特重级四种工作类型。各种工作类型的特征见表 3-1。表中，t_n 是机构 1 年的工作总时数。注意起重机械的工作类型和起重量是两个不同的概念。起重量大，不一定是重级，起重量小，也不一定是轻级。

起重机械机构工作类型的分类 表 3-1

机构载荷率	工作忙闲程度		
	工作时间短、停歇时间长	不规则、间歇工作	接近连续、循环工作
	$t_n < 500h/a$	$t_n = 500 \sim 2000h/a$	$t_n > 2000h/a$
$<15\%$	轻级	轻级	中级
$15\% \sim 25\%$	轻级	中级	重级
$>25\%$	中级	重级	特重级

二、起重机械的主要部件

(一) 钢丝绳

钢丝绳是起重机械的重要零件之一，用于提升机构、变幅机构、牵引机构，有时也用于旋转机构。起重机械系扎物品也采用钢丝绳。此外，钢丝绳还用作桅杆起重机械的缆风绳、缆索起重机械与架空索道的支承绳。

1. 钢丝绳的构造

钢丝绳由多层钢丝捻成股，再以绳芯为中心，由一定数量的一层或多层股捻绕成螺旋状。钢丝是碳素钢或合金钢通过冷拉或冷轧而成的圆形（或异形）丝材，具有很高的强度（抗拉强度为 $1400 \sim 2000MPa$）、韧性（根据耐弯折次数分为特级、Ⅰ级、Ⅱ级），并根据使用条件不同可对钢丝表面进行防腐处理（一般场合可用光面钢丝，在腐蚀条件下可用镀锌钢丝，分甲、乙、丙三级）。绳芯采用有机纤维（如麻、棉）、合成纤维、石棉芯（高温条件）或软金属材料，用来增加钢丝绳的弹性和韧性，储油润滑钢丝、减轻摩擦。

2. 钢丝绳的类型

起重机用钢丝绳采用双捻多股圆钢丝绳。

按钢丝的接触状态分类，可分为点接触、线接触和面接触钢丝绳，见图 3-2。

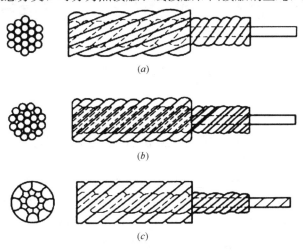

(a)

(b)

(c)

图 3-2　钢丝绳中丝与丝的接触状态
(a) 点接触；(b) 线接触；(c) 面接触

（1）点接触钢丝绳，也称普通钢丝绳。它采用等直径钢丝捻制，由于各层钢丝的捻距不等，各层钢丝与钢丝之间形成点接触。受载时钢丝的接触应力很高，容易磨损、折断，寿命较低。其优点是制造工艺简单、价廉。常作为起重作业的捆绑吊索，起重机的工作机构也有采用。

（2）线接触钢丝绳见图 3-3(b)，(c)，(d)。线接触钢丝绳采用直径不等的钢丝捻制，将内外层钢丝适当配置，使不同层钢丝与钢丝之间形成线接触，受载时钢丝的接触应力降低。线接触钢丝绳承载力高、挠性好、寿命较高。常用的线接触钢丝绳有西尔型，亦称外粗式[见图 3-3(b)]，瓦林吞型，亦称粗细式[见图 3-3(c)]，填充型，亦称密集式[见图 3-3(d)]等。《起重机设计规范》推荐，在起重机的工作机构中优先采用线接触钢丝绳。

（3）面接触钢丝绳，也称密封钢丝绳，见图 3-3(e)。它通常以圆钢丝为股芯，最外一层或几层采用异形断面的钢丝，用挤压方法绕制而成。其特点是表面光滑、挠性好、强度高、耐腐蚀，但制造工艺复杂，价高，起重机上很少使用。缆索起重机和架空索道的承载索必须采用这类钢丝绳。

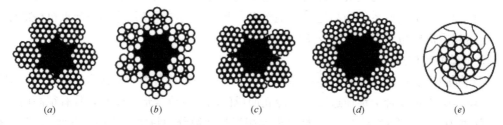

图 3-3　钢丝绳的类型

(a) 点接触钢丝绳；(b) 西尔型；(c) 瓦林吞型（粗细式）；(d) 填充型（密集式）；(e) 密封钢丝绳

钢丝绳按照断面结构分为普通型和复合型钢丝绳，如图 3-4 所示。

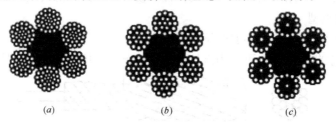

图 3-4　钢丝绳断面结构图

(a) 普通型；(b) 复合型粗细式；(c) 复合型外粗式

（1）普通型：普通型钢丝绳是由直径相同的钢丝捻绕组成。由于钢丝直径相同，相邻各层钢丝的捻距不同，所以钢丝之间形成点接触。点接触虽然寿命短，但是工艺简单，制造方便，用于起重吊装和捆扎。

（2）复合型：它是为了克服普通型易磨损的缺点而出现的，复合型钢丝绳的钢丝直径不同，股中相邻层钢丝的接触为线接触，故称线接触钢丝绳。其使用寿命可提高 $1.5 \sim 2$ 倍。现在起重机械已多用线接触钢丝绳代替普通的点接触钢丝绳。

钢丝绳的绳芯分有机芯（麻、棉）、石棉芯、金属芯。麻芯具有较高的挠性和弹性，并能蓄存一定的润滑油脂，在钢丝绳受力时，润滑油被挤到钢丝间起润滑作用。

按钢丝绳由丝捻成股的方向和由股捻成绳的方向可分以下几种：

钢丝绳按捻绕方法可分为同向捻钢丝绳（顺绕钢丝绳）和交互捻钢丝绳（交绕钢丝绳）。同向捻钢丝绳的绳与股的捻向相同；交互捻钢丝绳的绳与股的捻向相反。所谓捻向就是丝或股捻制的螺旋方向。根据绳的捻向，有右捻绳（标记为"右"或不作标记）和左捻绳（标记为"左"）。如果没有特殊要求，规定用右捻绳。

（1）交互捻钢丝绳（也称交绕）。丝捻成股与股捻成绳的方向相反，右交左捻或左交右捻。由于股与绳的捻向相反［见图 3-5(a)，(b)］，使用中不易扭转和松散，在起重机上广泛使用。

交绕钢丝绳由于绳与股的扭转趋势相反，互相抵消，没有扭转打结的趋势，在起吊货物时不会扭转和松散，所以广泛使用在起重机械上。但钢丝之间为点接触，易磨损，使用寿命较短。

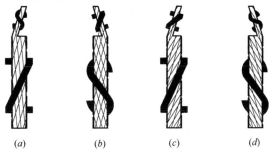

图 3-5　钢丝绳的捻向

(a) 右交互捻（标记为 ZS）；(b) 左交互捻（标记为 SZ）；
(c) 右同向捻（标记为 ZZ）；(d) 左同向捻（标记为 SS）

（2）同向捻钢丝绳（也称顺绕）。丝捻成股与股捻成绳的方向相同［见图 3-5(c)，(d)］，挠性和寿命都比交互捻绳要好，但因其易扭转、松散，所以只用作牵引绳。

顺绕钢丝绳钢丝间为线接触，挠性与耐磨性能好；但由于有强烈的扭转趋势，容易打结，当单根钢丝绳悬吊货物时，货物会随钢丝绳松散的方向扭转，通常用于小车的牵引绳，不宜用于提升绳。

（3）不扭转钢丝绳。这种钢丝绳在设计时，使股与绳的扭转力矩相等，方向相反，克服了在使用中的扭转现象，在起升高度较大的起重机上已有使用，并越来越受到重视。

3. 钢丝绳的选用

钢丝绳的选用要满足承载能力和寿命要求。钢丝绳的计算，采用安全系数法，按工作状态下的最大静拉力计算，公式为：

$$F_0 \geqslant \frac{F_{max}n}{\varphi} \tag{3-1}$$

式中　F_0——钢丝计算破断拉力总和（查钢丝绳性能表）；

　　　F_{max}——作用在钢丝绳上的最大拉力；

　　　φ——钢丝绳捻制损失系数（查钢丝绳性能表）；

　　　n——安全系数，如表 3-2、表 3-3 所列。

起重机机构工作级别根据利用等级和载荷状态，分为 $M_1 \sim M_8$ 共 8 级。工作级别的确定详见本书第九章第二节。需要指出，起重机工作级别与起重机的起重量是两个不同的概念。起重量是指一次被起升物料的质量，工作级别是起重机综合工作特性参数。起重量大，工作级别未必高；起重量小，工作级别未必低。即使起重量相同的同类型起重机，只要工作级别不同，则零部件的安全系数就不相同。

如果仅仅看起重吨位而忽略工作级别，对频繁、满负荷使用工作级别低的起重机，就会加速易损零部件报废，使故障频发，甚至引起事故。另外需要说明，起重机金属结构的工作级别与机构工作级别不同。由于起重机各个工作机构受载的不一致性和工作的不等时性，即使是同一台起重机，不同机构的工作级别与起重机的工作级别往往不一致。

工作机构用钢丝绳安全系数 表 3-2

机构工作级别	$M_1 M_2 M_3$	M_4	M_5	M_6	M_7	M_8
安全系数 n	4	4.5	5	6	7	9

其他用途钢丝绳安全系数 表 3-3

用途	支承动臂	起重机械自身安装	缆风绳	吊挂和捆绑
安全系数 n	4	2.5	3.5	6

注：对于吊运危险物品的起升用钢丝绳一般选用比设计工作级别高一级的安全系数。

4. 钢丝绳的寿命

钢丝绳的寿命，即安全使用时间随着配套使用的滑轮和卷筒的卷绕直径的减小而降低，所以，必须对影响其寿命的钢丝绳卷绕直径（即按钢丝绳中心计算的滑轮和卷筒的卷绕直径）作出限制，不得低于设计规范规定的值，即

$$D_{0min} \geqslant \phi d \qquad (3-2)$$

式中 D_{0min}——按钢丝绳中心计算的滑轮和卷筒允许的最小卷绕直径，mm；

ϕ——钢丝绳直径，mm；

d——滑轮或卷筒直径与钢丝绳直径的比值，见表 3-4。

滑轮或卷筒的 d 值 表 3-4

机构工作级别	$M_1 M_2 M_3$	M_4	M_5	M_6	M_7	M_8
卷筒 d_1	14	16	18	20	22.4	25
滑轮 d_2	16	18	20	22.4	25	28

注：1. 采用不旋转钢丝绳时，应按机构工作级别取高一档的数值。

　　2. 对于流动式起重机，可不考虑工作级别，取 $d_1=16$，$d_2=18$。

为了提高钢丝绳寿命，除了选择合理的 d 值外，滑轮和卷筒应选用铸铁材料制造，防止由于材料太硬使钢丝绳损伤；应尽量减少钢丝绳弯折。

5. 钢丝绳与其他零构件的连接或固定

钢丝绳与其他零构件连接或固定的安全检查应注意两个问题：第一，连接或固定方式与使用要求相符；第二，连接或固定部位达到相应的强度和安全要求。

钢丝绳与其他零构件的连接或固定方式，常用的连接和固定方式有图 3-6 所示的几种类型。

（1）编插连接，见图 3-6（a）。采用编插连接时，编插部分的长度不得小于钢丝绳直径的 20 倍，并不得小于 30mm。连接强度不小于 75%钢丝绳破断拉力，编插部分应捆扎细钢丝。

（2）楔套连接，见图 3-6（b）。采用楔套连接时，钢丝绳一端绕过楔舌，利用楔舌在套筒内的锁紧作用使钢丝绳固定，固定处的强度约为绳自身强度的 75%～85%。楔套应该用钢材制造，连接强度不小于 75%钢丝绳破断拉力。

（3）钢丝绳夹连接，见图 3-6（c）。绳夹（见图 3-7）连接简单、可靠，得到广泛的应用。用绳夹固定时，应注意：

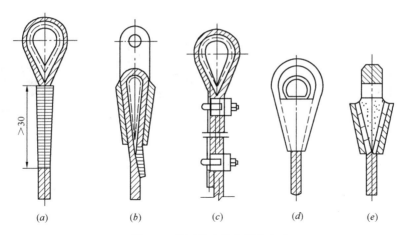

图 3-6　常用的连接和固定方式

（a）编插连接；（b）楔套连接；（c）绳夹连接；（d）锥形套浇铸法；（e）铝合金套压缩法

1）绳夹数量、绳夹间距、绳夹的方向和固定处的强度。

2）连接强度不小于 85％钢丝绳破断拉力。

3）绳夹数量应根据钢丝绳直径满足表 3-5 的要求。

绳夹数量和钢丝绳直径　　　　　　　　　　　　　表 3-5

钢丝绳公称直径（mm）	≤18	>18～26	>26～36	>36～44	>44～60
钢丝绳夹的最少数量（组）	3	4	5	6	7

（4）钢丝绳夹应按图 3-6（c）所示把夹座扣在钢丝绳的工作段上，U 形螺栓扣在钢丝绳的尾段上，钢丝绳夹不得在钢丝绳上交替布置。

（5）钢丝绳夹间的距离等于 6～7 倍钢丝绳直径。

（6）紧固绳夹时须考虑每个绳夹的合理受力，离套环最远处的绳夹不得首先单独紧固，离套环最近处的绳夹（第一个绳夹）应尽可能地紧靠套环，但仍须保证绳夹的正确拧紧，不得损坏钢丝绳的外层钢丝。

（7）锥形套浇铸法［见图 3-6(d)］和铝合金套压缩法［见图 3-6(e)］等连接方式，比较少使用。

6. 钢丝绳在卷筒上的固定

起重机所用的卷筒是复式卷筒，卷筒的两边都有螺旋槽，其螺旋方向相反，钢丝绳两头分别固定在左、右螺旋槽的外端上。钢丝绳在卷筒上的固定通常采用压板，如图 3-8 所示。这种固定方法简单、拆卸方便。为了保证安全，减小对固定压板的压力，保证取物装置下放到极限位置，在卷筒上除固定绳圈外，还应留不少于 2 圈的钢丝绳。这几圈钢丝绳叫安全圈，也叫减载圈。

采用安全圈，绳尾固定圈拉力仅为钢丝绳最大拉力的 13.4％。如果没有安全圈则固定圈拉力就是钢丝绳的最大拉力。而压板都是按有安全圈设计的，因此在使用中，一定要注意，不允许把钢丝绳放尽，而必须留有安全减载圈。

7. 钢丝绳的安全检查和更新标准

钢丝绳的安全寿命很大程度上取决于良好的维护，定期检验，按规程更换新绳。

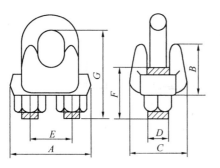 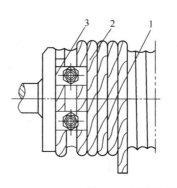 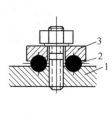

图 3-7　钢丝绳夹　　　　　　　　　　　图 3-8　钢丝绳压板固定
　　　　　　　　　　　　　　　　　　　　　1—卷筒；2—钢丝绳；3—压板

　　钢丝绳在使用时，每月至少要润滑 2 次。润滑前先用钢丝刷子刷去钢丝绳上的污物并用煤油清洗，然后将加热到 80℃以上的润滑油蘸浸钢丝绳，使润滑油浸到绳芯。

　　钢丝绳的更新标准由每一捻距内的钢丝折断数决定。捻距就是任一个钢丝绳股环绕一周的轴向距离。对于六股绳，在绳上 1 条直线上数 6 节就是这条绳的捻距。表 3-6 是钢丝绳的更新标准。也可以大致考虑为一条钢丝绳的更新标准是在 1 个捻距内断丝数达钢丝绳总丝数的 10%。如绳 6×19＝114 丝，当断数达 12 丝即应报废更新。对于复合型钢丝绳中的钢丝，断丝数的计算是：细线 1 根算 1 丝，粗丝 1 根算 1.7 丝。

钢丝绳的更新标准　　　　　　　　　　　　　　　　　　表 3-6

钢丝绳原有的安全系数	钢丝绳的结构形式							
	6×19＋1 麻芯		6×31＋1 麻芯		6×61＋1 麻芯		18×19＋1 麻芯	
	在一个捻距（节距）内有下列断丝数时，钢丝绳应更新							
	交捻	单捻	交捻	单捻	交捻	单捻	交捻	单捻
6 以下	12	6	22	11	36	18	36	18
6～7	14	7	26	13	38	19	38	19
7 以上	16	8	30	15	40	20	40	20

　　当钢丝磨损或腐蚀量为原直径的 10%～40%时，按表 3-7 折算标准更新。当磨损或腐蚀量超过原直径的 10%时，应更换新绳。

钢丝表面磨损或腐蚀的钢丝绳更新标准　　　　　　　　　表 3-7

钢丝在直径方向的表面磨损或腐蚀量（%）	折合表 3-6 中所规定在一个捻距内断钢丝数标准的百分数（%）
10	85
15	75
20	70
25	60
30～40	50

（二）滑轮

　　在起重机械的提升机构中，滑轮起着省力和支承钢丝绳并为其导向的作用。滑轮的材料采用灰铸铁、铸钢等。

滑轮直径的大小对于钢丝绳的寿命有重大影响。增大滑轮直径可以大大延长钢丝绳的寿命，这不仅是由于减小了钢丝的弯曲应力，更重要的是减小了钢丝与滑轮之间的挤压应力。试验证明，挤压疲劳对于钢丝的断裂起决定性的作用。

滑轮支承在固定的心轴上，通常采用滚动轴承。

（三）卷筒

卷筒在提升机构或牵引机构中用来卷绕钢丝绳，将旋转运动转换为所需的直线运行。

卷筒有单层卷绕与多层卷绕之分。一般起重机械大多采用单层卷绕的卷筒。单层卷绕筒的表面通常切出螺旋槽，以增加钢丝绳的接触面积，并防止相邻钢丝绳互相摩擦，从而提高钢丝绳的使用寿命。

（四）取物装置安全检查

起重机械通过取物装置将起吊物品与提升机构联系起来，从而进行这些物品的装卸吊运以及安装等作业。取物装置种类繁多，如：吊钩、吊环、扎具、夹钳、托爪、承梁、电磁吸盘、真空吸盘、抓斗、集装箱吊具等。桥式、龙门式起重机械上采用最多的取物装置是吊钩。

吊钩的断裂可能导致重大的人身及设备事故。因此，吊钩的材料要求没有突然断裂的危险。目前，中小起重量起重机械的吊钩是锻造的；大起重量的吊钩采用钢板铆合，称为板式吊钩。

吊钩分为单钩和双钩。单钩制造与使用比较方便，用于较小的起重量；当起重量较大时，为了不使吊钩过重，多采用双钩。

吊钩钩身（弯曲部分）的断面形状有：圆形、矩形、梯形与T字形等，如图3-9所示。

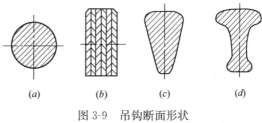

图3-9 吊钩断面形状

（a）圆形；（b）片式；（c）梯形；（d）T字形

从受力情况来看，T字形断面最合理，可以得到较轻的吊钩；它的缺点是锻造工艺复杂。目前最常用的吊钩断面是梯形，它的受力情况也比较合理，锻造也较容易。矩形断面只用于片式吊钩，断面的承载能力未能充分利用，因而比较笨重。圆形断面只用于简单的小型吊钩。

1. 吊钩的危险断面

对吊钩的检验，必须要先了解吊钩的危险断面的所在。危险断面是根据受力分析找出的。

如图3-10所示，假定吊钩上吊挂一货物，货物重量通过钢丝绳作用在吊钩的Ⅰ-Ⅰ断面上，有把吊钩切断的趋势。吊钩Ⅰ-Ⅰ断面上受剪切力。

对Ⅲ-Ⅲ断面，货物重量有把吊钩拉断的趋势。Ⅲ-Ⅲ断面受拉应力。

货物重量对吊钩除有拉、切力之外，还有把吊钩拉直的趋势。Ⅱ-Ⅱ断面受货物重量的拉力，使整断面受拉应力，同时还受力矩的作用。在力矩的作用下，Ⅱ-Ⅱ断面的内侧受拉应力，外侧受压应力。这样在内侧拉应力叠加，外侧拉、压力抵消一部分。根据计算，内侧拉应力比外侧拉应力大1倍多。这也就是梯形断面内侧大、外侧小的缘故。从上述分析可知，Ⅰ-Ⅰ、Ⅱ-Ⅱ断面是受力最大的断面，也称为危险断面。为了确保安全，Ⅲ-

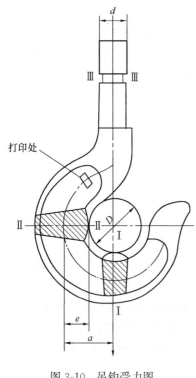

图 3-10 吊钩受力图

Ⅲ断面也要进行验算。

2. 各种吊钩的检查

(1) 锻钩的检查：用煤油洗净钩体，用 20 倍放大镜检查钩体是否有裂纹，特别要检查危险断面和螺纹退刀槽处。如发现裂纹要停止使用，更换新钩。在危险断面Ⅰ-Ⅰ处，由于钢丝绳的摩擦常常出现沟槽，按照规定，吊钩危险断面的高度磨损量达到原高度的 10％时，应报废；不超过报废标准时，可以继续使用或降低载荷使用。但不允许用焊条补焊后再使用。吊钩装配部分每季至少要检修一次，并清洗润滑。装配后，吊钩应能灵活转动，定位螺栓必须锁紧。

(2) 板钩的检查：用放大镜检查吊钩的危险断面，不得有裂纹，铆钉不得松动，检查衬套、销子(小轴)、小孔、耳孔及其紧固件的磨损情况，表面不得有裂纹或变形。衬套磨损量超过原厚的 5％，销子磨损量超过名义直径的 3％～5％要更新。

(3) 吊钩负荷试验：对新投入使用的吊钩应做负荷试验，以额定载荷的 1.25 倍作为试验载荷（可与起重机械动静负荷试验同时进行）。试验时间不应少于 10min。当负荷卸去后，吊钩上不得有裂纹、断裂和永久变形，如有则应报废。国际标准还规定，在挂上和撤掉试验载荷后，吊钩的开口度在没有任何显著的缺陷和变形下，不应超过 0.25％

为了防止脱钩，发生意外的事故，吊钩应装有防止脱钩的安全装置。

(五) 制动装置

起重机械是一种间歇动作的机构，它的工作特点是经常启动和制动，因此制动器在起重机械中既是工作装置又是安全装置。制动器的作用有：

(1) 支持——保持不动；

(2) 停止——用摩擦消耗运动部分的动能，以一定的减速度使机构停止下来；

(3) 落重——制动力与重力平衡，重物以恒定的速度下降。

制动器按其构造分为块式制动器、带式制动器、盘式及多盘式制动器和圆锥式制动器。

按照操作情况的不同，制动器分为常闭式、常开式和综合式制动器。常闭式制动器在机构不工作期间是闭合的，在机构工作时由松闸装置将制动器分开。起重机械一般多用常闭式制动器，特别是起升机构必须采用常闭式制动器，以确保安全。常开式制动器经常处于松开状态，只有在需要制动时才使之产生制动力矩进行制动。综合式制动器是常闭式与常开式的综合体。

三、起重机械部件的检测

(一) 钢丝绳

(1) 在 1 个捻距内断丝数不应超过表 3-6 的规定；钢丝表面磨损量和腐蚀量不应超过

原直径的40%（吊运炽热金属或危险品的钢丝绳，其断丝的报废标准取一般起重机械的一半）。

（2）钢丝绳应无扭结、死角、硬弯、塑性变形、麻芯脱出等严重变形，润滑状况良好。

（3）钢丝绳长度必须保证吊钩降到最低位置（含地坑）时，余留在卷筒上的钢丝绳不少于3圈。

（4）钢丝绳末端固定压板应≥2个。

（二）滑轮

（1）滑轮转动灵活、光洁平滑无裂纹，轮缘部分无缺损、无损伤钢丝绳的缺陷。

（2）轮槽不均匀磨损量达3mm或壁厚磨损量达原壁厚的20%，或轮槽底部直径减小量达到钢绳直径的50%时应报废。

（3）滑轮护罩应安装牢固，无损坏或明显变形。

（三）吊钩

（1）吊钩表面应光洁、无破口、锐角等缺陷，吊钩上的缺陷不允许补焊。

（2）吊钩应转动灵活，定位螺栓、开口销等必须紧固完好。

（3）吊钩下部的危险断面和钩尾螺纹部分的退刀槽断面严禁有裂纹。

（4）危险断面的磨损量不应超过规定值。

（四）制动器

（1）制动器动作灵活、可靠，调整应松紧适度。无裂纹，弹簧无塑性变形，无端偏。

（2）制动轮松开时，制动闸瓦与制动轮各处间隙应基本相等。制动带最大开度（单侧）应≤1mm，升降机应≤0.7mm。

（3）制动轮的制动摩擦面不得有妨碍制动性能的缺陷，不得沾涂油污、油漆。

（4）轮面凹凸不平度应小于1.5mm，起升、变幅机构制动轮轮缘磨损厚度应小于原厚度的40%，其他机构制动轮轮缘磨损厚度应小于原厚度的50%。

（5）吊运炽热金属、易燃易爆危险品或发生溜钩后有可能导致重大危险或损失的，其升降机构应装设2套制动器。

（五）限位限量及连锁装置

（1）过卷扬限位器应保证吊钩上升到极限位置时（电葫芦小于0.3m，双梁起重机械小于5m）能自动切断电源。新装起重机械还应有下极限限位器。

（2）运行机构应装设行程限位器和互感限制器，保证2台起重机械相互行驶在相距0.5m时，起重机械行驶在距极限端0.5~3m（视吨位定）时自动切断电源。

（3）升降机（或电梯）的吊笼（轿厢）越过上下端站30~100mm时，越程开关应切断控制电路；当越过端站平层位置130~250mm时，极限开关应切断主电源并不能自动复位。极限开关不许选用刀开关。

（4）变幅类型的起重机械应安装最大、最小幅度防止臂架前倾、后倾的限制装置，当幅度达到最大或最小极限时，吊臂根部的接触应触及限位开关，切断电源。

（5）桥式起重机械驾驶室门外、通向桥架的仓口以及起重机械两侧的端梁门上应安装门舱连锁保护装置，升降机（或电梯）的层门必须装有机械电器连锁装置，轿门应装电气连锁装置，载人电梯轿厢顶部安全舱门必须装连锁保护装置，载人电梯轿门应装有动作灵敏的安全触板。

(6) 露天作业的起重机械，各类限位限量开关与连锁的电气部分应有防雨雪措施。

(六) 停车保护装置

(1) 各种开关接触良好、动作可靠、方便操作。在紧急情况下可迅速切断电源（地面操作的电葫芦按钮盒也应安装紧停开关）。

(2) 起重机械大、小车运行机构，轨道终端立柱四端的侧面、升降机（或电梯）的行程底部极限位置均应安装缓冲器。

(3) 各类缓冲器应安装牢固。橡胶缓冲器小车的厚度为 50～60mm，大车为 100～200mm，如采用硬质木块，则木块表面应装有橡皮。

(4) 轨道终端止挡器应能承受起重机械在满负荷运行时的冲击力。不小于 50t 的起重机械，宜安装超负荷限制器。电梯应安装负荷限制器，以及超速和失控保护装置。

(5) 桥式起重机械零位保护应完好。

(七) 信号与照明

(1) 除地面操作的电动葫芦外，其余各类起重机械升降机（含电梯）均应安装音响信号装置，载人电梯应设音响报警装置。

(2) 起重机械主滑线三相都应设指示灯，颜色为黄色、绿色、红色，当轨长大于 50m 时，滑线两端应设指示灯，在电源主闸刀下方应设司机室送电指示灯。

(3) 起重机械驾驶室照明应采用 24V 和 36V 安全电压；桥架下照明灯应采用防振动的深碗灯罩，灯罩下应装 10mm×10mm 的耐热防护网。

(4) 照明电源应为独立电源。

(八) PE 线与电气设备

(1) 起重机械供电宜采用 TN-S 或 TN-C-S 系统；起重机械轨道应与 PE 线紧密相连。

(2) 起重机械上各种电气设备设施的金属外壳应与整机金属结构有良好的连接，否则应增设连接线。

(3) 起重机械轨道应采用重复接地措施。轨长大于 150m 时应在轨道对角线设置两处接地；但在距工作地≤50m 或轨道设在车间进线口已有电网重复接地时，可不要求。

(4) 起重机械 2 条轨道之间应用连接线牢固相连。同端轨道的连接处应用跨接线焊接（钢梁架上的轨道除外），连接线、跨接线的截面要求：圆钢≥30mm²（φ6～8mm），扁钢≥150mm²（3mm×50mm 或 4mm×40mm）。

(5) 升降机（电梯）的 PE 线应直接接到机房的总地线上，不许串联。

(6) 电气设备与线路的安装符合规范要求，无老化、无破损、无电气裸点、无临时线。

(九) 防护罩栏、护板

(1) 起重机械上外露的，有伤人可能的活动零部件，如联轴器、链轮与链条、传动带、皮带轮、凸出的销键等，均应安装防护罩。

(2) 起重机上有可能造成人员坠落的外侧，均应装设防护栏杆，护栏高度应≥1050mm，立柱间距应≤100mm，横杆间距为 350～380mm，底部应装底围板（踢脚板）。

(3) 桥式起重机械大车滑线端梁下应设置滑线护板，防止吊索具触及（已采用安全封闭的安全滑触线的除外）。

（4）起重机械车轮前沿应装设扫轨板，距轨面≤10mm。

（5）起重机械走道板应采用厚度≥4mm的花纹钢板焊接，不应有曲翘、扭斜、严重腐蚀、脱焊现象。室内车不应留有预留孔，如无小物体坠落可能时，孔径应＜50mm。

（十）防雨罩、锚定装置

露天起重机械的夹轨钳或锚定装置应灵活可靠，电气控制部位应有防雨罩。走道板应留若干50mm的排水孔。

（十一）安全标志、消防器材

（1）应在醒目位置挂有额定起重量的吨位标示牌，流动式起重机械的外伸支腿、起重臂端、回转的配重、吊钩滑轮的侧板等，应涂以安全标志色。

（2）起重机械驾驶室，电梯机房应配备小型干粉灭火器，在有效期内使用，置放位置安全可靠。

（十二）吊索具

（1）吊索具应有若干个点位集中存放，有专人管理和维护保养；存放点有选用规格与对应载荷的标签。

（2）捆扎钢丝绳的琵琶头的穿插长度为绳径的15倍，且不小于300mm。

（3）夹具、卡具、扁担、链条应无裂纹、无塑性变形和磨损不超标。

复 习 思 考 题

1. 金属切削机床安全操作要点有哪些？

2. 使用砂轮机有哪些安全要求？

3. 锻压机械的安全技术措施有哪些？

4. 冲压机械的安全技术措施有哪些？

5. 操作剪板机时应注意哪些安全问题？

6. 预防木工机械事故的措施有哪些？

7. 金属热加工中的危险因素有哪些？

8. 起重机械部件的检测有哪些内容？

第四章 机械制造场所职业危害因素的防护

职业危害对人体健康的影响与职业事故不同，它主要表现为在工作中因作业环境及接触有毒有害因素而引起人体生理机能的变化，可以是急性发作的，但大多数为累积暴露而导致的后果。

职业危害主要可以分为四类：化学、物理、生物及生理与心理。

第一节 机械制造生产过程中职业危害因素的防护

一、粉尘

在生产过程中形成的粉尘叫做生产性粉尘。生产性粉尘对人体有多方面的不良影响，尤其是含有游离二氧化硅的粉尘，能引起严重的职业病—矽肺。生产性粉尘还能影响某些产品的质量，加速机器的磨损；微细粉末状原料、成品等成为粉尘到处飞扬，还会影响环境及造成经济上的损失。

粉尘危害的控制措施：

（1）湿式作业；

（2）密闭、通风、除尘系统。

密闭设备的功能是将发生粉尘的生产设备密闭起来，防止粉尘外溢，并为吸尘、通风打下基础。通风管是连接密闭设备和除尘设备的通道，是输送含尘空气的设施，合理地布置和设计通风管是通风、除尘系统的关键。除尘器按工作方式可分为干式、湿式两大类；按工作原理，分为沉降式、离心式、过滤式、冲激式四类。

二、生产性毒物

生产性毒物在生产过程中可在原料、辅助材料、夹杂物、半成品、成品、废气、废液及废渣中存在，以固体、液体、气体、蒸汽、烟雾等形式存在于生产环境中。了解生产性毒物的存在形态，有助于研究毒物进入机体的途径，找出发病原因，且便于采取有效的防护措施，以及选择车间空气中有害物采样方法。以下是常用的生产性毒物控制措施。

（一）采用密闭、通风排毒系统

生产性毒物控制措施：生产过程的密闭化、自动化是解决毒物危害的根本途径。

（1）密闭罩：在工艺条件允许的情况下，尽可能将毒源密闭起来，然后通过通风管将含毒空气吸出，送往净化装置，净化后排入大气。密闭罩主要设计参数是排气量。排气量可按开放口必需的控制风速（m/s）进行计算，也可按密闭罩内必需的换气次数（m^3/h）来确定。

（2）开口罩：在生产工艺操作不可能采取密闭罩排气时，可按生产设备和操作的特点，设计开口式的罩排气，开口罩按结构形式，分为上口吸罩、侧吸罩和下吸罩。

开口罩的排气量是由毒物的种类、毒源扩散状态和开口罩吸入速度场的特性所决定的。比如毒物是粉尘还是气体，是常温的还是高温的，呈喷发的还是自然蒸发的，都同吸气罩的形式和吸风量大小有关。

（3）通风橱：通风橱是密闭与侧吸罩相结合的一种特殊排气罩。可以将产生有害物的操作和设备完全放在通风橱内，便于操作。通风橱上可设可开启的操作小门，橱内应形成负压状态，以防止有害物逸出。按排气方式，通风橱分为上部排气式、下部排气式和供气式。

（4）洗涤法：是一种常见的净化方法。洗涤法在工业上已经得到广泛应用，如冶金行业的焦炉煤气、高炉煤气、转炉煤气、发生炉煤气净化；化工行业的工业气体净化；机电行业的苯及其衍生物等有机蒸气净化；电力行业的烟气脱硫净化等。常用的洗涤液有水、碱性溶液、酸性溶液、氧化剂溶液和有机溶剂。

（5）袋滤法：粉尘通过滤介质受阻，而将固体颗粒物分离出来的方法。在袋滤器内，粉尘将沉降、凝聚、过滤和清灰等物理过程，实现无害化排放。

（6）燃烧法：燃烧法分为直接燃烧法和催化燃烧法，是使有害气体中的可燃成分与氧结合进行燃烧，使其转化为 CO_2 和 H_2O，净化为无害物排放的方法。

燃烧法适用于有害气体中含有可燃成分的情况，其中直接燃烧法较多用。用一般方法难以处理的有毒物，且其危害性极大时，必须采取燃烧处理，如沥青烟、炼油厂尾气等；催化燃烧法多用于机电、轻工行业产生的小气量苯、醇、醋、醚、醛、酮、烷、酚类等有机蒸气的净化。

（二）个体防护

接触毒物作业工人的个体防护有特殊意义。毒物侵入人体的门户，除呼吸道外，经口、皮肤都可侵入。属于作业场所的防护用品有防护服装、防尘口罩和防毒面具。

根据有毒物质的性质、有毒作业的特点和防护要求，在有毒作业环境中应配置事故柜、急救箱和个人防护用品（防毒服、手套、鞋、眼镜、过滤式防毒面具、长管面具、空气呼吸器、生氧面具等）、人体冲洗器、洗眼器等。卫生防护设施的服务半径应小于15m。

（1）防护服装：包括防护服、鞋、帽、眼镜、手套等。为防止毒物经皮肤侵入人体或损伤人体，对防护服装的选择、设计应有利于防毒、轻便、耐用、不影响体温调节，有专用柜存放，禁止穿防护服去食堂、浴室、宿舍等。防护服装应经常清洗、保持卫生，必要时进行化学处理。

（2）防毒口罩和防毒面具：防毒口罩和防毒面具属于呼吸防护器，种类很多，根据防护原理可分为过滤式和隔离式两大类。

过滤式：将空气中的有害物质过滤净化，达到防护目的。在作业场所空气中有害物质的浓度不很高的情况下，佩戴此类防护器。

隔离式：佩戴者呼吸所需的空气（氧气），不直接从现场空气中吸取，而是由另外的供气系统供给。这种防护器多用于空气中有害物质浓度较高的作业场所。

（3）防缺氧、窒息措施：针对缺氧危险工作环境（密闭设备：指船舱、容器、锅炉、冷藏车、沉箱等；地下有限空间：指地下管道、地下库室、隧道、矿井、地窖、沼气池、化粪池等；地上有限空间：指贮藏室、发酵池、垃圾站、冷库、粮仓等）发生缺氧窒息和中毒窒息（如二氧化碳、硫化氢和氰化物等有害气体窒息）的原因，应配备（作业前和作业中）氧气浓度及有害气体浓度检测仪器、报警仪器、隔离式呼吸保护器具（空气呼吸器、氧气呼吸器、长管面具等）、通风换气设备和抢救器具（绳缆、梯子、氧气呼吸器等）。

（三）替代

尽可能以无毒、低毒的工艺和物料代替有毒、高毒工艺和物料，这是防毒的根本性措施。例如：应用水溶性涂料的电泳漆工艺、无铅字印刷工艺、无氰电镀工艺，用甲醛醋、醇类、丙酮、醋酸乙酯等低毒稀料取代含苯稀料。用无毒、低毒物质代替剧毒物质，是从根本上解决毒物危害的首选办法，但不是所有毒物都能找到无毒、低毒的代替物。因此在生产过程中控制毒物的卫生工程技术措施很重要。

三、噪声

人心理上认为是不需要的、使人厌烦的、起干扰作用的声音统称为噪声。

在生产中，由于机器转动、气体排放、工件撞击与摩擦所产生的噪声，称为生产性噪声或工业噪声。

（一）噪声控制的方法

（1）工程控制：在设备采购上，要考虑设备的低噪声、低振动。对噪声问题，寻找从设计上的解决方案，包括使用更为"安静"的工艺过程（例如，用压力机替代汽锤等），设计具有弹性的减振器托架和联轴器，在管道设计中尽量减少其方向及速度上的突然变化。在操作旋转式和往复式设备时，要尽可能地慢。

（2）方向和位置控制：把噪声源移出作业区或者转动机器的方向。

（3）封闭：将产生噪声的机器或其他噪声源用吸声材料包围起来。不过，除了在全封闭的情况下，这种做法的效果有限。

（4）使用消声器：当空气、气体或者蒸气从管道中排出时或者在其中流动时，用消声器可以降低噪声。

（5）外包消声材料：作为替代密封的办法，用在输送蒸气及高温液体的管子的外面。

（6）减振：采用增设专门的减振垫、坚硬肋状物或者双层结构来实现。

（7）屏蔽：在减少噪声的直接传递方面是有效的。

（8）吸声处理：从声学上进行设计，用墙壁和顶棚来吸收噪声。

（9）隔离作业人员：在高噪声作业环境下，无关人员不要进入。短时间地进入这种环境而暴露在高声压的噪声下，也会超过允许的每日剂量。

（10）个体防护：提供耳塞或者耳罩。这应该被看成是最后一道防线。需要佩戴个体防护用具的区域要明确标明，对用具的使用及使用原因都要讲清楚，要有适当的培训。

（二）噪声的卫生标准

噪声的卫生标准：工业企业的生产车间和作业场所的工作地点的噪声标准为85dB（A）。

现有工业企业经过努力，暂时达不到标准时，可适当放宽，但不得超过90dB（A）。对每天接触噪声不到8h的工种，根据企业种类和条件，相应放宽。

四、振动

振动是指物体在外力作用下，以中心位置为基准呈往复振荡的现象。

（一）生产性振动

生产过程中的生产设备、工具产生的振动称为生产性振动。

（二）振动的控制措施

（1）从工艺和技术上消除或减少振动源，是预防振动危害最根本的措施。如用油压机或水压机代替气（汽）锤，用水爆清沙或电液清沙代替风铲清沙、以电焊代替铆接等。

（2）选用动平衡性能好、振动小、噪声低的设备。在设备上设置动平衡装置，安装减振支架、减振手柄、减振垫层、阻尼层；减轻手持振动工具的质量等。

（3）基础隔振。将振动设备的基础与基础支撑之间用减振材料（橡胶、软木、泡沫乳胶、矿渣棉等）、减振器（金属弹簧、橡胶减振器和减振垫等）隔振，减少振源的振动输出。在振源设备周围地层中设置隔振沟、板桩墙等隔振层，切断振波向外传播的途径。

（4）个体防护。穿戴防振手套、防振鞋等个人防护用品，降低振动危害程度。

五、辐射

以粒子或者波的形式进行的能量传递、传播和吸收活动，称为辐射。

（一）辐射的分类及危害

工业活动中的电离辐射有 α 射线、β 射线、γ 射线和 X 射线，最常见的辐射源是 X 光机和用于无损测试（NDT）中的同位素。

非电离辐射主要有：紫外辐射、红外辐射、射频辐射（由无线电设备及微波设备发射）、激光等。

（二）电离辐射的控制

辐射的强度取决于辐射源的强度、受辐射的物体与辐射源的距离（遵循反平方定律——与从辐射源到辐射目标间的距离的平方成反比）、暴露时间以及保护屏的类型。在进行辐射控制时，必须考虑到上述因素。

消除暴露应是首先要考虑的事项。对辐射源的出现和使用都要限制，在使用时要加以封闭及使用屏障。

（三）辐射危害的基本控制策略

除了上面已经讲述过的有针对性的控制措施外，下列通用的原则是必须遵守的：

（1）仅在确有必要时，才能在作业场所使用有辐射的设备；

（2）必须从制造商处获得有关设备所发出的或可能发生的射线类别的安全信息；

（3）要有书面的风险评价并指明控制的措施，对于雇主、雇员、公众的影响都要考虑在内，并且对这些人提供有关风险评价及其控制的必要信息；

（4）所有的辐射源均要得到确认，并且进行标识；

（5）要提供并穿戴保护用具；

（6）要定期评审安全措施；

（7）所提供的安全装置要适当，符合规范，定期保养及检查；

（8）要任命辐射防护的咨询人员，其特定的责任是对使用、预防、控制及暴露等问题进行监视及咨询；

（9）应急计划中要包括辐射危险的内容，同时要有在其他紧急状态出现、对现有辐射防护的控制造成威胁时的处理方案；

（10）对于放射物质的销售、使用、储存、运输和报废，要有书面的许可认证；

（11）对暴露于辐射下的工人采取特殊保护措施。

六、高温、低温

（一）高温

高温作业的防护措施主要是根据各地区对限制高温作业级别的规定（例如建设项目宜消除Ⅲ、Ⅳ级高温作业）所采取的措施。

（1）尽可能实现自动化和远距离操作等隔热操作方式，设置热源隔热屏蔽（热源隔热保温层、水幕、隔热操作室（间）、各类隔热屏蔽装置）。

（2）通过合理组织自然通风气流，设置全面、局部送风装置或空调，降低工作环境的温度。

（3）依据《高温作业分级》GB/T 4200—2008 的规定，限制持续接触热时间。

（4）使用隔热服等个人防护用品，供应清凉饮料。

解决高温作业危害的根本出路在于实现生产过程的自动化、防暑降温措施，主要是隔热、通风和个体防护。

（二）低温

低温作业、冷水作业的防护措施有：

（1）实现自动化、机械化作业，避免或减少低温作业和冷水作业。控制低温作业、冷水作业时间。

（2）穿戴防寒服（手套、鞋）等个人防护用品。

（3）设置供暖操作室、休息室、待工室等。

（4）冷库等低温封闭场所，应设置通信、报警装置，防止误将人员关锁。

第二节　机械生产作业环境

一、采光

生产场所采光是生产必须的条件，如果采光不良，长期作业，容易使操作者眼睛疲劳，视力下降，产生误操作，或发生意外伤亡事故；同时合理采光对提高生产效率和保证产品质量有直接的影响。因此，生产场所要有足够的光照度，以保证安全生产的正常进行。

（1）生产场所一般白天依赖自然采光，在阴天及夜间则由人工照明采光作补充和代替。

（2）生产场所的内照明应满足《工业企业照明设计标准》的要求。

（3）对厂房一般照明的采光窗设置：厂房跨度大于 12m 时，单跨厂房的两边应有采光侧窗，窗户的宽度应不小于开间长度的一半。多跨厂房相连，相连各跨应有天窗，跨与跨之间不得有墙封死。车间通道照明灯要覆盖所有通道，覆盖长度应大于 90％车间安全通道长度。

二、通道

通道包括厂区主干道和车间安全通道。厂区主干道是指汽车通行的道路，是保证厂内车辆行驶、人员流动以及消防灭火、救灾的主要通道；车间安全通道是指为了保证职工通行和安全运送材料、工件而设置的通道。

（一）厂区干道的路面要求

车辆双向行驶的干道，宽度不小于 5m，有单向行驶标志的主干道宽度不小于 3m。进入厂区门口、危险地段需设置限速牌、指示牌和警示牌。

（二）车间安全通道要求

通行汽车的宽度＞3m；通行电瓶车、铲车的宽度＞1.8m；通行手推车、三轮车的宽度＞1.5m；一般人行通道的宽度＞1m。

（三）通道的一般要求

通道标记应醒目，画出边沿标记，转弯处不能形成直角。通道路面应平整，无台阶、坑、沟。道路土建施工应有警示牌或护栏，夜间要有红灯警示。

三、设备布局

车间生产设备设施的摆放，相互之间的距离以及与墙、柱的距离，操作者的空间，高处运输线的防护罩网，均与操作人员的安全有很大关系。如果设备布局不合理或错误，操作者空间窄小，当工件、材料等飞出时，容易造成人员的伤害，造成意外事故。为此，应该做到：

（一）大、中、小型设备划分规定

（1）按设备管理条例规定，将设备分为大、中、小型三类。

（2）特异或非标准设备按外形最大尺寸分类：大型长＞12m，中型长 6～12m，小型长＜6m。

（二）大、中、小型设备间距和操作空间的规定

（1）设备间距（以活动机件达到的最大范围计算）：大型设备≥2m，中型设备≥1m，小型设备≥0.7m。大、小型设备间距按最大的尺寸要求计算。如果在设备之间有操作工位，则计算时应将操作空间与设备间距一并计算。若大、小型设备同时存在时，大、小型设备间距按大的尺寸要求计算。

（2）设备与墙、柱距离（以活动机件的最大范围计算）：大型设备≥0.9m，中型设备≥0.8m，小型设备≥0.7m。在墙、柱与设备间有人操作的应满足设备与墙、柱间和操作空间的最大距离要求。

（3）高于 2m 的运输线应有牢固的防护罩（网），网格大小应能防止所输送物件坠落至地面，对低于 2m 高的运输线的起落段两侧应加设防护栏，栏高 1.05m。

四、物料堆放

生产场所的工位器具、工件、材料摆放不当，不仅妨碍操作，而且引起设备损坏和工伤事故。为此，应该做到：

（1）生产场所要划分毛坯区，成品、半成品区，工位器具区，废物垃圾区。原材料、半成品、成品应按操作顺序摆放整齐，有固定措施、平衡可靠。一般摆放方位同墙或机床轴线平行，尽量堆垛成正方形。

（2）生产场所的工位器具、工具、模具、夹具要放在指定的部位，安全稳妥，防止坠落和倒塌伤人。

（3）产品坯料等应限量存入，白班存放为每班加工量的 1.5 倍，夜班存放为加工量的 2.5 倍，但大件不超过当班定额。

（4）工件、物料摆放不得超高，在垛底与垛高之比为 1∶2 的前提下，垛高不超出 2m（单位超高除外），砂箱堆垛不超过 3.5m。堆垛的支撑稳妥，堆垛间距合理，便于吊装，流动物件应设垫块且楔牢。

五、地面状态

生产场所地面平坦、清洁是确保物料流动、人员通行和操作安全的必备条件。为此，应该做到：

（1）人行道、车行道和宽度要符合规定的要求。

（2）为生产而设置的深>0.2m，宽>0.1m 的坑、壕、池应有可靠的防护栏或盖板，夜间应有照明。

（3）生产场所工业垃圾、废油、废水及废物应及时清理干净，以避免人员通行或操作时滑跌造成事故。

（4）生产场所地面应平坦、无绊脚物。

复 习 思 考 题

1. 机械制造场所生产过程中职业危害因素有哪些？
2. 机械生产作业环境有哪些要求？

第五章　电气安全概述

电气安全主要包括人身安全与设备安全两个方面。人身安全指在从事工作和电气设备操作使用过程中人员的安全；设备安全是指电气设备及有关其他设备、建筑的安全。电气安全技术是以安全为目标，以电气为领域的应用科学，为了消除电气事故，保证用电安全所采取的技术措施、标准规范与管理制度的总称。

电气安全技术是一种用途很广、极为重要的实用技术，随着工业技术和家用电器的迅猛发展，电气系统已深入到人们生活的每个角落，每个人都必须掌握一定的安全用电技术，一方面是保证个人人身安全，另一方面是为了保证电气系统、电气设备、电气线路以及涉及的环境、建筑物、各种设施的安全，这在国民经济中部占有很重要的位置，这是每个人都不容忽视的。

一、电能与用电安全

电能是一种现代化的能源，广泛应用于工农业生产和人民群众生活的各个方面，对促进国民经济的发展和改善人民生活质量均起着重要作用。一个国家的经济越发展，现代化水平越高，对电的需求就越大。

电能作为动力，可不断提高工农业生产的机械化、自动化程度，有效地促进国民经济各部门的技术改造，大幅度提高劳动生产率。利用电能，还可以保证产品质量的稳定性，改善劳动者的劳动条件，为劳动者提供清洁和安全的环境。电能是提高人民生活水平和建设政治文明、精神文明的工具。现今，我国电化教育和家用电器越来越普及，特别是互联网的普及，使人民的生活用电越来越多，电能的广泛应用加速了科学技术的发展，改变了科学技术的状况。

人们在用电的同时，会遇到各种各样的安全问题。电能是由一次能源转换得来的二次能源，在应用这种能源时，如果处理不当，在其传递控制、驱动等过程中将会遇到障碍，即会发生事故，严重的将导致生命损失或重大经济损失。例如，电能直接作用于人体，将造成电击；电能转化为热能作用于人体，将造成烧伤或烫伤；电能离开预定的通道，将构成漏电、接地或短路，均可能造成触电或火灾等事故的发生。因此，在用电的同时，必须充分考虑安全问题。

大部分用电安全问题是在电力工业发展的过程中提出来的。但在一些非用电场所或电路正常的情况下，由于电能的释放也会造成灾害。例如，雷电、静电、电磁场危害等方面的安全问题也是不容忽视的。总之，灾害是由能量造成的，由电流的能量或静电荷的能量造成的事故属于电气事故。人们在研究和利用电能的同时，必须研究防止各种电气事故的发生，使电能更好地为人类的生产、生活和生存服务。

二、用电安全技术的基本内容

为了搞好用电安全工作，必须明确用电安全技术这门学科的任务和研究的对象。电气安全技术主要包括两方面的任务：一方面是研究各种电气事故，研究各种电气事故发生的机理、原因、构成、规律、特点和防治措施；另一方面是研究用电气的方法来解决安全生产问题，也就是研究运用电气监测、电气检查和电气控制的方法来评价系统的安全性或解决生产中的安全问题。

电气安全技术是一项涉及面很广的技术，不论是流电还是静电，交流电还是直流电，高压电还是低压电，强电还是弱电，工业用电还是农业用电，大企业用电还是小企业用电，生产用电还是生活用电，都会遇到电气安全问题。这就是说，电气安全技术研究的对象不是单一的。另外，在一些不用电的场合也有电气安全问题，还要考虑用电气作为手段来解决其他安全问题，从而导致了电气安全技术的庞杂性和综合性，使得这门学科与很多学术领域，包括技术管理在内都有很密切的关系。

随着我国现代化建设事业的发展，随着我国全面建设小康社会步伐的加快，电能在生产和生活中的应用一定会有一个大幅度的发展。与此同时，为了防止各类用电事故的发生，保护劳动者的安全与健康，用电安全也必须有一个与之相适应的发展。在安全生产领域，用电安全工作是一项重要的工作。在所有工伤事故中，用电事故占有不小的比例。据有关安全生产管理部门统计，触电死亡在全国工矿企事业单位因工事故死亡人数中占6％～8％，如果加上农村用电死亡人数和非生产触电死亡人数，该数字会更大、更惊人。

此外，我国用电方面的标准和规范还不十分完善，有些与用电安全密切相关的问题尚未列入标准和规范中；有些问题在不同部门和不同地区的标准或规范中的提法不同；用电方面的制度也不够健全，这些情况给实际工作带来很多困难，甚至造成混乱。因此，用电安全工作者必须做更多的工作，必须认真研究标准规程的运用和管理制度的落实。

三、用电安全技术特点

与其他学科相比，用电安全技术具有抽象性、广泛性、综合性和迫切性的特点。

（一）抽象性

由于电具有看不见、听不见、嗅不着的特性，因此比较抽象，以致用电事故往往带来某种程度的神秘性，使人一下子难以理解。例如，物体打击能使人受伤，甚至使人致命，这是很容易被理解的，但是一根很细的电线能使人电击致死，静电火花能引起爆炸之类的事故，与前者比较起来难理解得多。电磁辐射更具有感觉不到的特点，而且从受到伤害到发病之间有一段潜伏期，人们可能在相当长的时间内对周围严重的电磁环境没有察觉。用电伤害的这一特征无疑会增加危害的严重性。抽象的特点会加大技术上的难度，并加大安全培训教育的难度。

（二）广泛性

用电安全技术的这一特点可以从两个方面来理解。一方面是电的应用极为广泛。但是，就电气设备而言，不得不特别注意研究防止各种电气伤害和危害。例如，一些家用电器的使用，将会带来触电、火灾等危险；电动工具、医疗电器的广泛使用会增加触电的危险；各种高频设备的使用会带来辐射伤害的问题等。这就是说，在人们的生产和生活中，处处要用电，处处会遇到电气安全的问题。另一方面，用电安全技术是一门涉及多种科学的边缘科学，研究电气安全不仅要研究电力，而且要研究力学、生物学、医学等学科。用电安全技术不仅与电力工业密切相关，而且为石油、化工、冶金、机械和电子等行业所必需的。

（三）综合性

用电安全技术是一项综合性的工作。有工程技术工作的一面，也有组织管理的一面。工程技术工作和组织管理是相辅相成的，有着十分密切的联系。在工程技术方面，用电安全技术的重要任务是完善传统的用电安全技术，研究新式的用电安全技术和自动防护技术，研究新出现的用电安全技术问题，研究电气安全检测和监测技术以及研究获得各种安全条件的电气方法等。在管理方面也需要做很多工作：应当加强各部门的协调，逐步实现系统化电气安全，引进安全系统工程的理论和方法，加强对人机工程的研究等。

（四）迫切性

电力工业的高速发展必将促进安全用电的发展，用电事故的严重性决定了用电安全的迫切性。据安全管理部门统计，我国电气火灾已超过火灾总数的约20%，电气火灾造成的经济损失所占比例还要更高一些。因此，电气事故的严重性必须引起用电作业人员和用电安全管理人员的高度重视。

电气事故包括人生事故和设备事故。人生事故和设备事故都可能导致二次事故，而且二者可能是同时发生的。电气事故是与电相关联的事故。从能量的角度看，电能失去控制将导致电气事故。按照电能的形态，电气事故可分为触电事故、雷击事故、静电事故、电磁辐射事故和电气装置事故。

到目前为止，安全用电技术基本上还是沿用传统的安全措施，如接地、接零、绝缘、安全距离、安全电压、联锁、安全操作规程、电工安全用具、防雷接地、报警装置以及漏电保护等。这些措施经历了几代人的实践总结修改完善，确定是行之有效的。但由于用电安全技术普及不够，近年来国内的几次重大火灾事故几乎都与电气有关。通过这些事实足以说明，很多人不具有安全用电的基本常识。

随着电子技术、自动检测技术、传感器技术、计算机技术的发展，出现了功能齐全、性能良好、有智能功能的漏电保护器。使安全用电技术有了一个新的发展动向。

近几年来，这方面的技术发展很快，已出现了由计算机和各类传感元件组成的自动电子检测装置，能准确预报绝缘降低、漏电，接地电阻减少、过载、短路、断相触电及导致事故发生的地点、部位，以便提醒工作人员注意和处理。

同时，人们在实践中也逐步完善了安全管理系统的内容，出现了现代安全保证体系，这对保证电气系统的安全运行有着很大的推动作用，人们运用系统工程及反馈的理论、建立安全信息网络，做到超前预防及控制，使电气安全技术更完善、更可靠、更周密和更安全。

复 习 思 考 题

1. 用电安全技术的基本内容有哪些？
2. 用电安全技术的特点有哪些？

第六章　电气安全基础知识

随着电能应用的不断拓展，以电能为介质的各种电气设备广泛进入企事业单位工作和家庭生活中，与此同时，使用电气所带来的不安全事故也不断发生。为了实现电气安全，对电网本身的安全进行保护的同时，更要重视用电的安全问题。因此，学习安全用电基本知识，掌握常规触电防护技术，是保证用电安全的有效途径。

电气危害有两个方面：一方面是对系统自身的危害，如短路、过电压、绝缘老化等；另一方面是对用电设备、环境和人员的危害，如触电、电气火灾、电压异常升高造成用电设备损坏等，其中尤以触电和电气火灾危害最为严重。触电可直接导致人员伤残、死亡。另外，静电产生的危害也不能忽视，它是引发电气火灾的原因之一，对电子设备的危害也很大。

第一节　电　气　事　故

电能的开发和应用给人类的生产和生活带来了巨大的变革，大大促进了社会的进步和文明。然而，在用电的同时，如果对电能可能产生的危害认识不足，控制和管理不当，防护措施不利，在电能的传递和转换的过程中，将会发生异常情况，造成电气事故。

一、电气事故的类型

根据能量转移论的观点，电气事故是由于电能非正常地作用于人体或系统所造成的。根据电能的不同作用形式，可将电气事故分为触电事故、静电危害事故、雷电灾害事故、电磁场危害和电气系统故障危害事故等。

（一）触电事故

触电事故是由电流的能量造成的，触电是电流对人体的伤害。电流对人体的伤害可分为电击和电伤。电击是电流通过人体内部，破坏人的心脏、神经系统、肺部的正常工作造成的伤害。人体触及带电的导线、漏电设备的外壳或其他带电体，以及雷击或电容器放电，都可能导致电击。触及正常带电体的电击称为直接电击，触及故障带电体的电击称为间接电击。

电伤是电流的热效应、化学效应及物理效应对人体外部造成的局部伤害，包括电弧烧伤、烫伤、电烙印等。绝大部分触电事故是电击造成的，通常所说的触电事故基本上是对电击而言的。

（二）静电危害事故

静电危害事故是由静电电荷或静电场能量引起的。在生产过程中以及操作人员的操作过程中，某些材料的相对运动、接触与分离等原因导致了相对静止的正电荷和负电荷的积累，即产生了静电。由此产生的静电能量不大，不会直接使人致命。但是，其电压可能高达数十千伏乃至数百千伏，发生放电，产生放电火花，往往造成二次伤害，如使人从高处坠落或被其他物体伤害，因此同样具有相当的危险性。

静电危害事故主要有以下几个方面。

（1）在有爆炸和火灾危险的场所，静电放电火花会成为可燃性物质的点火源，造成爆炸和火灾事故。

（2）人体因受到静电电击的刺激，可能引发二次事故，如坠落、跌伤等。此外，对静电电击的恐惧心理还会对工作效率产生不利影响。

（3）某些生产过程中，静电的物理现象会对生产产生妨碍，导致产品质量不良，电子设备损坏，造成生产故障，乃至停工。

（三）雷电灾害事故

雷电是大气中的一种放电现象。雷电放电具有电流大、电压高的特点。其能量释放出来可能形成极大的破坏力，其破坏作用主要有以下几个方面：

（1）直击雷放电、二次放电、雷电流的热量会引起火灾和爆炸。

（2）雷电的直接击中、金属导体的二次放电、跨步电压的作用及火灾与爆炸的间接作用，均会造成人员伤亡。

（3）强大的雷电流、高电压可导致电气设备击穿或烧毁。发电机、变压器、电力线路等遭受雷击，可导致大规模停电事故。雷击可直接毁坏建筑物、构筑物。

（四）射频电磁场危害

射频指无线电波的频率或者相应的电磁振荡频率，泛指 100kHz 以上的频率。射频伤害是由电磁场的能量造成的。射频电磁场的危害主要有两种。

（1）在射频电磁场作用下，人体因吸收辐射能量会受到不同程度的伤害。过量的辐射可引起中枢神经系统的机能障碍，出现神经衰弱等临床症状；可造成植物神经紊乱，出现心率或血压异常，如心动过缓、血压下降或心动过速、高血压等；可引起眼睛损伤，造成晶体浑浊，严重时导致白内障；可使睾丸发生功能失常，造成暂时或永久的不育症，并可能使后代产生疾患；可造成皮肤表层灼伤或深度灼伤等。

（2）在高强度的射频电磁场作用下，可能产生感应放电，会造成电引爆器件发生意外引爆。感应放电对具有爆炸、火灾危险的场所来说是一个不容忽视的危险因素。此外，当受电磁场作用感应出的感应电压较高时，会给人以明显的电击。

（五）电气系统故障危害

电气系统故障危害是由于电能在输送、分配、转换过程中失去控制而产生的。断线、短路、异常接地、漏电、误合闸、误掉闸、电气设备或电气元件损坏、电子设备受电磁干扰而发生误动作等都属于电路故障。系统中电气线路或电气设备的故障也会导致人员伤亡及重大财产损失。电气系统故障危害主要体现在以下几方面：

（1）引起火灾和爆炸。线路、开关、熔断器、插座、照明器具、电热器具、电动机等均可能引起火灾和爆炸；电力变压器、多油断路器等电气设备不仅有较大的火灾危险，还有爆炸的危险。在火灾和爆炸事故中，电气火灾和爆炸事故占有很大的比例。就引起火灾的原因而言，电气原因仅次于一般明火而位居第二。

（2）异常带电。电气系统中，原本不带电的部分因电路故障而异常带电，可导致触电事故发生。例如：电气设备因绝缘不良产生漏电，使其金属外壳带电；高压电路故障接地时，在接地处附近呈现出较高的跨步电压，形成触电的危险条件。

（3）异常停电。在某些特定场合，异常停电会造成设备损坏和人身伤亡。如正在浇注钢水的吊车，因骤然停电而失控，导致钢水洒出，引起人身伤亡事故；医院手术室可能因异常停电而被迫停止手术，无法正常施救而危及病人生命；排放有毒气体的风机因异常停电而停转，致使有毒气体超过允许浓度而危及人身安全等；公共场所发生异常停电，会引起妨碍公共安全的事故；异常停电还可能引起电子计算机系统的故障，造成难以挽回的损失。

二、电气事故的特征

众所周知，电能的开发和应用给人类的生产和生活带来了巨大的变革，大大促进了社会的进步和文明。在现代社会中，电能已被广泛应用于工农业生产和人们生活的各个领域。然而，在用电的同时，如果对电能可能产生的危害认识不足，控制和管理不当，防护措施不利，在电能的传递和转换的过程中，将会发生异常情况，造成电气事故。电气事故具有以下特点：

（一）电气事故危害大

电气事故的发生伴随着危害和损失，严重的电气事故不仅带来重大的经济损失，甚至还会造成人员伤亡。发生事故时，电能直接作用于人体，会造成电击；电能转换为热能作用于人体，会造成烧伤或烫伤；电能脱离正常的通道，会形成漏电、接地或短路，成为火灾、爆炸的起因。

电气事故在工伤事故中占有不小的比例，据有关部门统计，我国触电死亡人数占全部事故死亡人数的 5% 左右。

（二）电气事故危险直观识别难

由于电既看不见、听不见、嗅不到，其本身不具备为人们直观识别的特征。由电所引发的危险不易为人们所察觉、识别和理解。因此，电气事故往往猝不及防，给电气事故的防护以及人员的教育和培训带来难度。

（三）电气事故涉及领域广

主要表现在两个方面：首先，电气事故并不仅仅局限在用电领域的触电、设备和线路故障等，在一些非用电场所，因电能的释放也会造成灾害或伤害。例如，雷电、静电和电磁场危害等，都属于电气事故的范畴；另一方面，电能的使用极为广泛，不论是生产还是生活，不论是工业还是农业，不论是科研还是教育文化部门，不论是政府机关还是娱乐休闲场所，都广泛使用电。哪里使用电，哪里就有可能发生电气事故，哪里就必须考虑电气事故的防护问题。

（四）电气事故的防护研究综合性强

电气事故的机理除了电学之外，还涉及许多学科，因此，电气事故的研究，不仅要研究电学，还要同力学、化学、生物学、医学等许多其他学科的知识综合起来研究。另一方面，在电气事故的预防上，既有技术上的措施，又有管理上的措施，这两方面是相辅相成、缺一不可的。在技术方面，预防电气事故主要是进一步完善传统的电气安全技术，研究电气事故的机理及其对策，开发电气安全领域的新技术等。在管理方面，主要是健全和完善各种电气安全组织管理措施。一般来说，电气事故的共同原因是安全组织管理措施不健全和安全技术措施不完善。实践表明，即使有完善的技术措施，如果没有相适应的组织管理措施，仍然会发生电气事故。因此，必须重视防止电气事故的综合措施。

三、电气安全的要求

为了保障电气工作中人身安全，《电业安全工作规程》规定，在高压电气设备或线路上工作，必须拥有保证工作人员安全的组织措施和技术措施；在停电的低压配电装置和低压导线上工作也要采取安全措施后才能进行。

（一）保证安全工作的组织措施

（1）工作许可制度。电气工作开始前，必须完成工作许可手续，工作许可人应负责审查安全措施是否完善，是否符合现场条件，并负责落实施工现场的电气安全措施。工作过程中，工作负责人和工作许可人任何一方不得擅自变更安全措施，值班人员不得变更有关检修设备的运行接线方式。工作中如有特殊情况需要变更时，应事先征得对方同意。

线路停电检修，运行值班员必须在变配电所将线路可能受电的各个方面均拉闸停电，并挂好接地线，将工作班组数目、工作负责人姓名、工作地点和工作任务记入记录簿内，然后才能发出工作许可的命令。

（2）工作监护制度。完成工作许可手续后，工作负责人应向工作班组人员交代现场安全措施、带电部位和其他注意事项，工作负责人必须始终在工作现场，对工作人员的安全认真监护，及时纠正违反安全作业的动作；工作班组人员必须服从工作负责人的指挥；工作负责人因故需离开现场时，必须指定临时人员代替，并交代清楚，使监护工作不间断；所有人员不许单独留在高压室内或室外变配电所高压设备区内，以免发生意外触电或电弧灼伤事故。

（二）保证工作安全的技术措施

1. 直接接触防护

（1）防止电流经由身体的任何部位通过。

（2）限制可能流经人体的电流，使之小于电击电流。

2. 间接接触防护

（1）防止故障电流经由身体的任何部位通过。

（2）限制可能流经人体的故障电流，使之小于电击电流。

（3）在故障情况下触及外露可导电部分时，可能引起流经人体的电流等于或大于电击电流时，能在规定的时间内自动断开电流。

（4）使工作人员不致同时触及两个不同电位点的保护。

（5）使用双重绝缘或加强绝缘保护。

（6）用不接地的局部等电位连接的保护。

3. 正常工作时的热效应防护

应使所在场所不会发生因地热或电弧引起可燃物燃烧或使人遭受灼伤的危险。

4. 采用护栏或阻拦物进行保护

阻拦物必须防止如下两种情况之一发生：在正常工作中设备运行期间无意识地触及带电部位；身体无意识地接近带电部位。

在有裸露的高压带电体旁应设置护栏或标志，以防止人畜走近而受到跨步电压的伤害。标志的形式有红色灯泡、挂牌（一般牌上写"高压危险，请勿靠近!"）。设置护栏的距离可以参考表6-1。

护 栏 的 距 离　　　　　　表 6-1

外线电压（kV）		1~3	6	10	35
线路至护栏安全距离（m）	室内	0.825	0.85	0.875	1.05
	室外	0.95	0.75	0.95	1.15

5. 使设备置于伸直手臂范围以外的保护

（1）凡是能同时触及不同电位的两部位间的距离严禁在伸臂范围内。在计算伸臂范围时，应按手持较大尺寸的导电物体考虑。

（2）施工操作应保持安全距离，如表6-2所示。

施工操作安全距离　　　　　　表 6-2

电压（kV）	<1	1~10	35~110
最小操作距离（m）	4	6	8

（3）架空线路应保持最小的垂直安全距离，如表6-3所示。

架空线路应保持的最小垂直距离　　　　　　表 6-3

外线电压（kV）	<1	1~10	35
最小垂直距离（m）	4	7	7

6. 电气设备绝缘要求

绝缘电阻有气态、液态和固态类，要求介质损耗少，泄漏电流越小越好。

（1）电阻率在 $10^7 \Omega \cdot m$ 以上的材料才称为绝缘材料。

（2）常用绝缘电阻值的规定：500V 以下的一般低压电器设备绝缘电阻不小于 0.5MΩ；1kV 以下的低压电缆绝缘电阻不小于 10MΩ；3kV 及以下电力电缆绝缘电阻不小于 200MΩ；6~10kV 电力电缆的绝缘电阻不小于 400MΩ；20~35kV 电力电缆的绝缘电阻不小于 600MΩ；220kV 电力电缆绝缘电阻不小于 4500MΩ。在实际检验电气产品时还要考虑实测环境温度。

（3）绝缘材料的极限温度，如表6-4所示。

绝缘材料的极限温度　　　　　　表 6-4

绝缘级别	Y	A	E	B	F	H	C
极限温度（℃）	90	105	120	130	155	180	>180

（三）用电安全的基本要求

（1）用电单位除遵守相关标准的规定外，还应根据具体情况制定相应的用电安全规程及岗位责任制。

（2）用电单位应对使用者进行用电安全教育和培训，使其掌握用电安全的基本知识和触电急救知识。

（3）电气装置在使用前，应确认其已经经过国家指定的检验机构检验合格或认可。

（4）电气装置在使用前，应确认其符合相应环境要求和使用等级要求。

（5）电气装置在使用前，应认真阅读产品使用说明书，了解使用过程中可能出现的危险以及相应的预防措施，并按产品使用说明书的要求正确使用。

（6）用电单位或个人应掌握所使用的电气装置的额定容量、保护方式和要求、保护装置的整定值和保护元件的规格。不得擅自更改电气装置或延长电气线路，不得擅自增大电气装置的额定容量，不得任意改动保护装置的整定值和保护元件的规格。

（7）任何电气装置都不应超负荷运行或带故障使用。

（8）用电设备和电气线路的周围应留有足够的安全通道和工作空间。电气装置附近不应堆放易燃、易爆和腐蚀性物品。禁止在架空线上放置或悬挂物品。

（9）使用的电气线路必须具有足够的绝缘强度、机械强度和导电能力并应定期检查。禁止使用绝缘老化或失去绝缘性能的电气线路。

（10）软电缆或软线中的绿、黄双色线在任何情况下只能用作保护线。

（11）移动使用的配电箱（板）应采用完整的、带保护线的多股铜芯橡皮护套软电缆或护套软线作电源线，同时应装设漏电保护器。

（12）插头与插座应按规定正确接线，插座的保护接地极在任何情况下都必须单独与保护线可靠连接。严禁在插头（座）内将保护接地极与工作中性线连接在一起。

（13）在儿童活动的场所，不应使用低位置插座，否则采取防护措施。

（14）在插拔插头时人体不得接触导电极，不应对电源线施加拉力。

（15）浴室、蒸汽房、游泳池等潮湿场所内不应使用可移动的插座。

（16）在使用移动式的Ⅰ类设备时，应先确认其金属外壳或构架已可靠接地，使用带保护接地极的插座，同时宜装设漏电保护器，禁止使用无保护线的插头插座。

（17）正常使用时会产生飞溅火花、灼热飞屑或外壳表面温度较高的用电设备，应远离易燃物质或采取相应的密闭、隔离措施。

（18）手提式和局部照明灯具应选用安全电压或双重绝缘结构。在使用螺口灯头时，灯头螺纹端应接至电源的工作中性线。

（19）电炉、电熨斗等电热器具应选用专用的连接器，应放置在隔热底座上。

（20）临时用电应经有关主管部门审查批准，并有专人负责管理，限期拆除。

（21）用电设备在暂停或停止使用、发生故障或遇突然停电时均应及时切断电源，必要时应采取相应的技术措施。

（22）当保护装置动作或熔断器的熔体熔断后，应先查明原因、排除故障，并确认电气装置已恢复正常后才能重新接通电源，继续使用。更换熔体时不应随意改变熔断器的熔体规格或用其他导线代替。

（23）当电气装置的绝缘或外壳损坏，可能导致人体触及带电部分时，应立即停止使用，并及时修复或更换。

（24）禁止擅自设置电网、电围栏或用电具捕鱼。

（25）露天使用的用电设备、配电装置应采取防雨、防雪、防雾和防尘的措施。

（26）禁止利用大地作工作中性线。

（27）禁止将暖气管、煤气管、自来水管道作为保护线使用。

（28）用电单位的自备发电装置应采取与供电电网隔离的措施，不得擅自并入电网。

（29）当发生人体触电事故时，应立即断开电源，使触电人员与带电部分脱离，并立即进行急救。在切断电源之前禁止其他人员直接接触触电人员。

（30）当发生电气火灾时，应立即断开电源，并采用专用的消防器材进行灭火。

（四）电气装置的检查和维护安全要求

（1）电工作业人员应经医生鉴定没有妨碍电工作业的病症，并应具备用电安全、触电急救和专业技术知识及实践经验。

（2）电工作业人员应经安全技术培训，考核合格，取得相应的资格证书后，才能从事电工作业，禁止非电工作业人员从事任何电工作业。

（3）电工作业人员在进行电工作业时应按规定使用经定期检查或试验合格的电工用个体防护用品。

（4）当进行现场电气工作时，应由熟悉该工作和对现场有足够了解的电工作业人员来执行，并采取安全技术措施。

（5）当非电工作业人员有必要参加接近电气装置的辅助性工作时，应由电工作业人员先介绍现场情况和电气安全知识、要求，并有专人负责监护，监护人不能兼做其他工作。

（6）电气装置应有专人负责管理、定期进行安全检验或试验，禁止安全性能不合格的电气装置投入使用。

（7）电气装置在使用中的维护必须由具有相应资格的电工作业人员按规定进行。

（8）电气装置如果不能修复或修复后达不到规定的安全技术性能时，应予以报废。

（9）长期放置不用的或新使用的用电设备应经过安全检查或试验后才能投入使用。

（10）当电气装置拆除时，应对其电源连接部位作妥善处理，不应留有任何可能带电的部分外露。

（11）修缮建筑物时，对原有电气装置应采取适当的保护措施，必要时应将其拆除，在修缮完毕后再重新安装使用。

（12）电气装置的检查、维护及修理应根据实际需要采取全部停电、部分停电和不停电三种方式，并应采取相应的安全技术和组织措施。

（13）不停电工作时应在电气装置及工作区域挂设警告标志或标示牌。

（14）全部停电和部分停电工作应严格执行停送电制度，将各个可能送电的电源全部断开（应具有明显的断开点），对可能有残留电荷的部位进行放电，验明确实无电后方可工作。必要时应在电源断开处挂设标示牌并在工作侧各相上挂接保护接地线。严禁约时停送电。

（15）当有必要进行带电工作时，应使用电工用个体防护用品，并有专人负责监护。

第二节 电气设备安全

一、外壳与外壳防护

（一）外壳与外壳防护的概念

电气设备的"外壳"是指与电气设备直接相关联的界定设备空间范围的壳体，那些设置在设备以外的为保证人身安全或防止人员进入的栅栏、围护等设施，不能算作"外壳"。

外壳防护是电气安全的一项重要措施，既是保护人身安全的措施，又是保护设备自身安全的措施，外壳防护有两种形式：

（1）第一种防护形式，为了防止人体触及或接近壳内带电部分和触及壳内的运动部件（光滑的转轴和类似部件除外），防止固体异物进入外壳内部。

（2）第二种防护形式，为了防止水进入外壳内部引起有害的影响。

外壳外部的运动部件如风扇等的防护，有相关专业的相应标准规定。对于机械损坏、易爆、腐蚀性气体或潮湿、霉菌、虫害、应力效应等条件下的防护措施，有专门的规定。

（二）外壳防护等级

电机和低压电气的防护包括两种防护：第一种防护是对固体异物进入内部以及对人体触及内部带电部分或运动部分的防护；第二种防护是对水进入内部的防护。

外壳防护等级按图 6-1 所示方法标志。

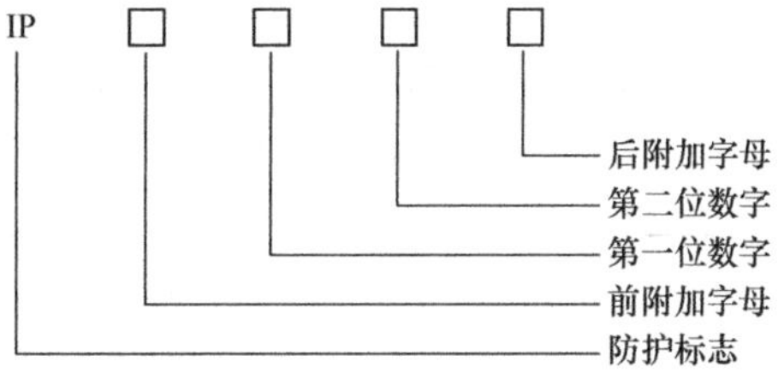

1. 代号

表示防护等级的代号通常由特征字母

图 6-1 电气设备外壳防护等级标志

"IP"和附加在其后面的两个特征数字组成，记作"IPXX"，其中，第一位数字表示第一种防护形式的各个等级；第二位数字表示第二种防护形式的各个等级。特征数字的含义分别见表 6-5 和表 6-6。

第一位特征数字表示的防护等级 表 6-5

第一位特征数字	防护等级	
	说明	含义
0	无防护	无专门防护
1	防止大于 50mm 的固体异物	能防止人体的某一面积（如手）偶然或意外地触及壳内带电部分或运动部件，但不能防止有意识地接近这些部分，能防止直径大于 50mm 的固体异物进入壳内
2	防止大于 12mm 的固体异物	能防止手指或长度不大于 80mm 的类似物体触及壳内带电部分或运动部件，能防止直径大于 12mm 的固体异物进入壳内
3	防止大于 2.5mm 的固体异物	能防止直径（或厚度）大于 2.5mm 的工具、金属线等进入壳内，能防止直径大于 2.5mm 固体异物进入壳内

第一位 特征数字	防 护 等 级	
	说明	含义
4	防止大于 1mm 的 固体异物	能防止直径（或厚度）大于 1mm 的工具、金属线等进入壳内，能防止直径 大于 1mm 固体异物进入壳内
5	防尘	不能完全防止尘埃进入壳内，但进尘量不足以影响电器正常运行
6	尘密	无尘埃进入

注：1. 本表"说明"栏不作为防护形式的规定，只能作为概要介绍。

2. 本表第一位特征数字位 1 至 4 的电器所能防止的固体异物系包括形状规则或不规则的物体，其三个相互垂直的尺寸均超过"含义"栏中相应规定的数值。

3. 具有泄水孔或通风孔的设备第一位特征数字为 3 和 4 时，其具体要求由有关专业的相应标准规定。

4. 具有泄水孔的设备第一位特征数字为 5 时，其具体要求由有关专业的相应标准规定。

第二位特征数字表示的防护等级　　　　　　　　表 6-6

第二位 特征数字	防 护 等 级	
	说 明	含 义
0	无防护	无专门防护
1	防滴	垂直滴水应无有害影响
2	15°防滴	当电器从正常位置的任何方向倾斜 15°以内任一角度时，垂直滴水应无有害 影响
3	防淋水	与垂直线成 60°角范围内的淋水应无有害影响
4	防溅水	承受任何方向的溅水应无有害影响
5	防喷水	承受任何方向的喷水应无有害影响
6	防海浪	承受猛烈的海浪冲击或强烈喷水时，电器的进水量应不致达到有害影响
7	防浸水影响	当电器浸入规定压力的水中经规定的时间后，电器的进水量应不致达到有害 影响
8	防潜水影响	电器在规定压力下长时间潜水时，水应不进入壳内

注：1. 本表"说明"栏不作为防护形式的规定，只能作为概要介绍。

2. 表中第二位特征数字为 8，通常指水密型，但对某些类型设备也可以允许水进入，但不应达到有害影响程度。

如果仅需用一个特征数字表示防护等级时，被省略的数字必须用字母 X 代替，例如 IPX5 或 IP2X。

2. 附加字母

附加字母表示对人接近危险部件的防护等级。附加字母在下述两种情况下使用：

（1）接近危险部件的实际防护高于第一位特征数字代表的防护等级。

（2）第一位特征数字用"X"代替，仅需表示对接近危险部件的防护等级。

例如，这类较高等级的防护是由挡板、开口的适当形状或与壳内部件的距离来达到的。

表 6-7 列出了能方便地代表人体的一部分或手持试具以及对接近危险部件的防护等级的含义等内容，这些内容均由附加字母表示。

附加字母所代表的对接近危险部件的防护等级　　　　　　　　　　表 6-7

附加字母	防 护 等 级	
	说 明	含 义
A	防止手背接近	直径 50mm 的球形试具与危险部件必须保持足够的间隙
B	防止手指接近	直径 12mm、长 80mm 的铰接试具与危险部件必须保持足够的间隙
C	防止工具接近	直径 2.5mm、长 100mm 的试具与危险部件必须保持足够的间隙
D	防止金属线接近	直径 1.0mm、长 100mm 的试具与危险部件必须保持足够的间隙

如果外壳适用于低于某一等级的各级，则仅要求用该附加字母标示该等级。如果试验表明其明显地适用于低于该级的所有各级，则低于该等级的试验不必进行。

在有关产品标准中可由补充字母表示补充的内容，补充字母放在第二位特征数字或附加字母之后。此时，该标准必须明确说明在分类分级试验中应增加的试验方法。补充字母由相关专业的相应标准规定，产品标准应明确说明进行该级试验的补充要求。补充内容的标示字母及含义见表 6-8。

补充字母及其含义　　　　　　　　　　表 6-8

字 母	含 义
H	高压设备
M	防水试验在设备的可动部件（如旋转电机转子）运行时进行
S	防水试验在设备的可动部件（如旋转电机转子）静止时进行
W	适用于规定的气候条件和有附加防护特点或过程

若无字母 S 和 M，则表示防护等级与设备部件是否运行无关，需要在设备运行和静止时都做试验。但如果试验在另一条件下明显地可以通过，一般做一个条件的试验就足够了。

3. 试验

电气设备外壳防护等级的确定是与相关的试验紧密联系的，可以这样说，没有相关的标准化形式试验，电气设备外壳的防护等级问题就不具备可操作性。因此，在有关电气设备外壳防护等级的标准中，试验方法总是与等级划分关联出现。

例如，对第一位特征数字的试验中，对防护等级"2"，规定要进行试球试验和试指试验。

所谓试球试验，是用直径为 12.0 ± 0.05mm 的刚性试球对外壳的各开启部分施加 30 ± 3N 的力，若试球未能穿过任一开启部分并与电气壳内带电部分或转动部件保持足够间隙，则认为试验合格。试球试验的目的主要是试验外壳防护设备不受外界固体异物损伤的能力。

所谓试指试验，是用金属材料模拟人的手指作为一个标准的"试验手指"，其金属部分长为 80mm、直径为 12mm，可模拟人手指的弯曲，用不大于 10N 的力将试指推向外壳各开启部分，如能顺利进入，则应注意活动至各个可能的位置，若试指与壳内带电部分或转动部分保持足够的间隙，则认为试验合格。但试指允许与非危险的光滑转轴及类似部件接触。试指试验主要是试验外壳防护人体通过手指受电击或机械损伤的能力。只有试球试验和试指试验均通过，才能确认该电气设备达到第一位表征数字为"2"的等级。

与电气设备按电击防护方式的分"类"不同的是，设备外壳的防护等级是以"级"来划分的，因此，其不同级别的安全防护性能有高低之分。表 6-9 给出了低压电气设备常用的外壳防护等级。

低压电气设备常用外壳防护等级　　　　　　　　　　表 6-9

第一个特征数字 ＼ 第二个特征数字	0	1	2	3	4	5	6	7	8
0	IP00								
1	IP10	IP11	IP12						
2	IP20	IP21	IP22	IP23					
3	IP30	IP31	IP32	IP33	IP34				
4	IP40	IP41	IP42	IP43	IP44				
5	IP50			IP54	IP55				
6	IP60				IP65	IP66	IP67	IP68	

二、电气设备电击防护方式分类

低压电气设备按其电击防护方式可以分为四类，分别称为 0 类，Ⅰ 类，Ⅱ 类，Ⅲ 类设备，见表 6-10。

电气设备按电击防护方式分类　　　　　　　　　　表 6-10

类别	0 类	Ⅰ 类	Ⅱ 类	Ⅲ 类
设备主要特征	基本绝缘，无保护连接手段	基本绝缘，有保护连接手段	基本绝缘和附加绝缘组成的双重绝缘或相当于双重绝缘的加强绝缘，没有保护接地手段	由安全特低电压供电，设备不会产生高于安全电压的电压
安全措施	用于不导电环境	与保护接地相连	不需要	接入安全特低电压

（一）0 类设备

仅依靠基本绝缘作为电击防护的设备，称为 0 类设备。这类设备的基本绝缘一旦失效，是否会发生电击危险，完全取决于设备所处的场所条件。所谓场所条件是指操作设备时人所站立的地面以及体能触及的墙面或装置外可导电部分的情况等。由于 0 类设备的电击防护条件较差，一般只能用于非导电场所，而且已经逐渐退出市场。

（二）Ⅰ 类设备

Ⅰ 类设备的电击防护不仅依靠基本绝缘，而且可以采取附加的安全措施，即设备外露可导电部分连接有一根 PE 线（接地保护线），这根线用来与场所中固定布线系统中的保护线相连接。

Ⅰ 类设备保护线的作用在不同接地形式的系统中有所不同。TN 系统中，保护线的作用是提供一个低阻抗通道，使碰壳故障变成单相短路故障，从而使过电流保护装置动作，消除电击危险；TT系统中，保护线连接至设备的接地体，发生碰壳故障时，可形成故障回路，通过接地电阻的分压作用降低设备外壳接触电压。

Ⅰ类设备的保护线，要求与设备的电源线配置在一起，设备的电源线若采用软电线电缆，则保护线应是其中的一根芯线。

在我国，Ⅰ类设备在日常使用的电气设备中占有很大比重，因此，做好对Ⅰ类设备的电击防护，对降低电击事故的发生率有重大意义。

(三) Ⅱ类设备

Ⅱ类设备的电击防护不仅依靠基本绝缘，还增加了附加绝缘作为辅助安全措施，或者使设备的绝缘性能达到加强绝缘水平。Ⅱ类设备不设置保护线。

Ⅱ类设备一般用绝缘材料作外壳，也有采用金属外壳的，但其金属外壳与带电部分之间的绝缘必须是双重绝缘或加强绝缘。采用金属外壳的Ⅱ类设备，其外壳也不能与保护线连接。只有在实施不接地的局部等电位连接时，才可考虑将设备的金属外壳与等电位连接线相连。

Ⅱ类设备的电击防护全靠设备本身的技术措施，其电击防护完全不依赖供配电系统，也不依赖于使用场所的环境条件，是一种安全性能良好的设备类别，若排除价格等因素，这是一类值得大力发展的设备。

(四) Ⅲ类设备

Ⅲ类设备的电击防护采用安全特低电压（SELV）供电，这类设备要求在任何情况下设备内部都不会出现高于安全电压值的电压。

以上四类设备以"0，Ⅰ，Ⅱ，Ⅲ"进行分类，而不是分级，因为分类只是表示电击防护的不同方式，并不代表设备的安全水平等级。

第三节　环境条件与环境试验

一、环境技术与电气安全的关系

电气设备总是工作在某一个特定的环境中，不同的环境对电气设备的正常工作、可靠性、使用寿命等有不同的影响。比如电气设备一般靠空气散热，散热量大小是按照正常大气压下的空气密度计算的，但若设备工作在高海拔地区，空气稀薄，其散热能力就会下降，若此时设备仍工作于标准额定工况下，就会因温度超过允许值而使使用寿命缩短，甚至发生故障。因此，环境情况与电气设备各种性能之间的关系对于电气安全来说是很重要的。将研究电气设备性能与环境情况之间关系的技术叫作环境技术，其包括两个方面的内容，一是环境条件，二是环境试验。

二、环境条件

在国际电工委员 IEC (International Electrotechnical Commission, IEC) 标准中，环境条件是所谓外部影响因素的一个部分。外部因素按照代号分类，代号一般由两个字母组成，第一个字母表示大类，如 A 表示环境，我国的环境条件主要是指这一类别，B 表示使用情况，C 表示建筑物结构等；第二个字母表示小类，如 A 表示温度，B 表示湿度，C 表示高度，D 表示水等。两个字母的组合可表征不同的外部因素，其中，使用情况与建筑结构基本上不属于我国所规定的环境条件范围，但其也是电气安全的重要组成部分。在我国标准中也有按照产品在贮存、运输、安装、使用过程中可能遇到的各种条件和情况划分的应用环境条件，以及按照环境参数的影响程度划分的严酷程度等级。

（一）环境 A

1. 环境温度 AA

环境温度是指设备安装场所的温度，应包括安装在同一场所其他设备所产生的影响，但不应考虑设备运行时产生的热影响。根据温度的不同范围分为 6 级：AA1（$-60\sim+5℃$），AA2（$-40\sim+5℃$），AA3（$-25\sim+5℃$），AA4（$-5\sim+40℃$），AA5（$+5\sim+40℃$），AA6（$+5\sim+60℃$）。其中，AA4 与 AA5 属于正常环境温度，但 AA4 在某些特殊情况下需要预防措施；AA1，AA2，AA3，AA6 需要特殊设计的设备、适当的布置或某些辅助预防措施。

我国对环境温度分级为：$-80℃$、$-65℃$、$-55℃$、$-40℃$、$-25℃$、$-5℃$、$+15℃$、$+20℃$、$+25℃$、$+30℃$、$+40℃$、$+55℃$、$+60℃$、$+70℃$、$+85℃$、$+100℃$、$+125℃$、$+155℃$、$+200℃$。

2. 空气湿度 AB

我国的相对湿度分级为：10%，50%，75% 和 95%。

3. 海拔高度 AC

AC1 为海拔高度不超过 2000m，属于正常环境；AC2 为海拔高度超过 2000m，为高原环境。

4. 水 AD

水可分为 AD1～AD8，相对应的电气设备外壳防护等级也不同，如表 6-11 所示。

AD 的划分及相应的电气设备外壳防护等级　　　　　表 6-11

	说　　明	电气设备外壳防护等级
AD1	可忽略，器壁一般不出现水迹，即使短时出现水迹，但只要通风良好，水滴可垂直滴落	IPX0
AD2	水滴，不时有水蒸气凝结成水滴或不时有蒸汽出现，水滴可垂直滴落	IPX1
AD3	水花，由于水花飘扬，在器壁或地面上形成一层薄薄的水膜，水花飘落的角度与垂直线间可能达 60°	IPX3
AD4	溅水，电气设备可能从各个方向遭受溅水，如户外照明设备和建筑工地设备等	IPX4
AD5	喷水，电气设备可能从各个方向遭受喷水，如广场、车辆冲洗间等经常用水冲洗的场所	IPX5
AD6	水浪，电气设备可能遭受水浪冲击，如码头、海滩、堤岸等	IPX6
AD7	浸水，电气设备可能间歇地部分或整个浸在水中	IPX7
AD8	潜水，电气设备长期浸泡在水中且所承受的压力超过 10kPa，如游泳池等场所	IPX8

5. 外来固体物 AE

外来固体物 AE 可以分为 AE1～AE4，如表 6-12 所示。

AE 的划分及相应的电气设备外壳防护等级　　　　　表 6-12

	说明	电气设备外壳防护等级
AE1	可忽略，尘埃或外来固体物的性质和数量都可忽略	IP0X
AE2	小物体，外形尺寸不小于 2.5mm，如电工钳等	IP3X
AE3	很小的物体，外形尺寸不小于 1mm，如电线电缆等	IP4X
AE4	尘埃，在单位时间内沉积在单位面积上达到一定数量的尘埃	IP5X 或 IP6X

6. 腐蚀性或污染性物质 AF

（1）AF1：可忽略的，腐蚀性或污染性物质的性质或数量可以忽略。

（2）AF2：空气的，空气中存在值得注意的腐蚀性或污染性物质，产生导电粉末特别严重的场所。

（3）AF3：间歇或偶然的，如实验室、燃油锅炉房、汽车库等场所。

（4）AF4：长期的，如化工厂，长期遭受大量化学物质腐蚀或污染。

7. 冲击 AG

（1）AG1：轻微，如家庭。

（2）AG2：中等，如一般工业环境，可采用标准设备或加强保护。

（3）AG3：强烈，如剧烈振动的工业环境，设备必须加强保护。

8. 振动 AH

（1）AH1：轻微，如家庭，振动可以忽略。

（2）AH2：中等，如一般工业环境，可采用标准设备。

（3）AH3：强烈，如剧烈振动的工业环境，必须采用特殊设计的设备或特殊布置。

9. 其他机械应力 AJ

如自由跌落、滚落、稳态加速等。

10. 植物或霉菌 AK

（1）AK1：无害的，生长植物或霉菌为无害的。

（2）AK2：有害的，应采用措施，如用特殊材料或有保护涂层的外护物，从场所的布置上排除植物生长等。

11. 其他

如动物 AL，电磁、静电或电离 AM，日光辐射 AN，地震影响 AP，雷击 AQ，风 AR 等。

（二）使用情况 B

IEC 标准中使用情况以字母 B 表示，我国环境条件规定中没有对这一外部因素的完整规定，这一类别不是着眼于设备本身的安全，而是着眼于电气设备对使用者及周围环境的危害。

1. 人的能力 BA

（1）BA1：正常人，即未经训练的人。

（2）BA2：儿童，电气设备应置于儿童难以接近之处，设备中温度大于 80℃（幼儿园内为 60℃）的表面应不易被触及，或采用防护等级大于 IP2X 的设备。

（3）BA3：有缺陷的人，指体弱或弱智的人，应按缺陷性质采取措施。

（4）BA4：经过训练的人，如电气操作场所的操作人员及维修人员，因经过训练，能避免电气危险，可以在电气操作场所工作。

（5）BA5：熟练人员，具有电气知识或成熟经验，能防止电气危险，如电气工程师和技术员，可在封闭的电气场所中工作。

2．人与地电位接触 BC

（1）BC1：不接触。

（2）BC2：不频繁接触。

（3）BC3：频繁接触。

（4）BC4：长期接触，且无法隔离。

3．紧急疏散条件 BD

紧急疏散条件根据人员聚集密度与疏散难度分为 BD1～BD4 四个级别。

4．所加工或贮存物料的性质 BE

此环境条件根据有无火灾、爆炸、污染危险等，分为 BE1～BE4 四个级别。

（三）建筑物结构 C

1．建筑材料 CA

CA 分为不燃建筑材料 CA1 和可燃建筑材料 CA2。

2．建筑物设计 CB

CB 分为 CB1～CB4 四种，主要考虑火灾蔓延、建筑物位移、伸缩等因素对电气设备使用的影响。

三、环境试验

环境试验是将产品暴露在自然或人工的环境条件下，使其经受此环境的作用，以评价产品在实际使用、运输和贮存环境条件下的性能。

环境试验分为自然暴露试验、现场试验和人工模拟试验三种。以人工模拟试验使用最为广泛，但人工模拟试验是建立在前两种试验基础之上的。

人工模拟试验的结果与实际环境影响之间总是有差异的，这个差异的大小决定了人工模拟试验的可信度。自然暴露试验和现场试验耗费较大，耗时也多，且不一定能随时进行，试验的重复性和规律性也较差，其优点是结果真实。如果能减少人工模拟试验和自然暴露试验及现场试验结果上的差异，也就提高了人工模拟试验结果的真实性。

常用的环境试验有湿热试验、外壳防护试验、腐蚀试验、振动试验、耐冲击试验、着火危险试验等，其中着火危险试验尤其值得关注，因其涉及环境安全问题。

第四节 电气系统故障

电气系统故障引发的事故包括：异常停电、异常带电、电气设备损坏、电气线路损坏、短路、电气火灾等。

一、异常停电

异常停电指在正常生产过程中供电突然中断。这种情况会使生产过程陷入混乱，造成经济损失；在有些情况下还会造成事故或人员伤亡。在工程设计和安全管理中，必须考虑到异常停电的可能，从技术和管理角度使异常停电可能造成的损失得到消除或尽量减少。

二、异常带电

异常带电指在正常情况下不应当带电的生产设施或其中的部分意外带电。异常带电容易导致人员受到伤害。在工程设计和安全管理工作中，应当充分考虑这一因素，适当安装漏电保护器等安全装置，保证人员不受到异常带电的伤害。

三、短路

短路是指电力系统在运行中相与相之间或相与地（或中性线）之间发生非正常连接。在三相系统中发生短路的基本类型有三相短路、两相短路、单相对地短路和两相对地短路。三相短路因短路时的三相回路依旧是对称的，故称为对称短路。在中性点直接接地的电网中，以单相对地短路的故障为最多，约占全部短路故障的 90%。在中性点非直接接地的电力网络中，短路故障主要是各种相间短路。短路发生时，由于电源供电回路阻抗减小以及忽然短路时的暂态过程，使电路回路中的电流大大增加，可能超过回路的额定电流许多倍。

短路电流的大小取决于短路点距电源的电气距离，例如在发电机端发生短路时，流过发电机的短路电流最大瞬时值可达发电机额定电流的 10～15 倍，在大容量的电力系统中，短路电流可高达数万安培。

（一）短路电流的危害

（1）短路电流往往会有电弧产生，它不仅能烧坏故障元件本身，也可能烧坏四周设备和伤害四周人员。

（2）巨大的短路电流通过导体时，一方面会使导体大量发热，造成导体过热甚至熔化以及绝缘损坏，另一方面巨大的短路电流还将产生很大的点动力作用于导体，使导体变形或损坏。

（3）短路也同时引起系统电压大幅降低，靠近短路点处的电压降低得更多，从而可能导致部分用户或全部用户的供电系统遭到破坏。网络电压的降低，使供电设备的正常工作受到损坏，也可能导致工厂的产品报废或设备损坏，如电动机过热受损等。

（4）电力系统中出现短路故障时系统功率分布的突然变化和电压的严重下降，可能破坏各发电厂并联运行的稳定性，使整个系统解列，这时某发电机可能过负荷，因此必须切除部分用户。短路时电压下降的越大，持续时间越长，破坏整个电力系统稳定运行的可能性越大。

（二）短路电流的限制措施

短路电流的限制措施是为了保证系统安全可靠地运行、减轻短路造成的影响，除在运行维护中应努力设法消除可能引起短路的一切原因外，还应尽快切除短路故障部分，使系统电压在较短的时间内恢复到正常值。因此，可采用快速动作的继电保护和断路器，以及发电机装设自动调节励磁装置等。此外，还应考虑限制短路电流的措施，如合理选择电器主接线的形式或运行方式，以增大系统阻抗，减小短路电流值；加装限制电流电抗器；采用分裂低压绕组变压器等。

主要措施有以下几点：

（1）做好短路电流的计算，正确选择及校验电气设备，电气设备的额定电压要和线路的额定电压相符。

（2）正确选择电气保护的整定值和熔体的额定电流，采用速断保护装置，以便发生短路时，能快速切断短路电流，减少短路电流持续时间，减少短路所造成的损失。

（3）在变电站安装避雷针，在变压器四周和线路上安装避雷器，减少雷击损害。

（4）保证架空线路施工质量，加强线路维护，始终保持线路弧垂一致并符合规定。

（5）带电安装和检修电气设备，注意力要集中，防止误接线、误操作，在带电距离较近的部位工作，要采取防止短路的措施。

（6）加强治理，防止小动物进入配电室、爬上电气设备。

（7）及时清除导电粉尘，防止导电粉尘进入电气设备。

（8）在电缆埋设处设置标记，有人在四周挖掘施工要派专人看护，并向施工人员说明电缆敷设位置，以防电缆被破坏引发短路。

（9）维护人员应认真学习规程，严格遵守规章制度，正确操作电气设备，禁止带负荷拉电闸、带电合接地电闸。线路施工、维护人员工作完毕，应立即拆除接地线。要经常对线路、设备进行巡视检查，及时发现缺陷，迅速进行检修。

四、电气火灾

（一）电气火灾和爆炸的原因

电气火灾和爆炸在火灾、爆炸事故中占有很大的比例，线路、电动机、开关等电气设备都有可能引起火灾。变压器等带油电气设备除了可能发生火灾，还有爆炸的危险，造成电气火灾和爆炸的原因很多，除设备缺陷、安装不当等设计和施工方面的原因外，电流产生的热量和火花或电弧也是引发火灾和爆炸事故的直接原因。

1. 过热

电气设备过热主要是由电流产生的热量造成的。导体的电阻虽然很小，但其电阻总是客观存在的。因此，电流通过导体时要消耗一定电能，这部分电能转化为热能，使导体温度升高，并使其周围其他材料受热。对于电动机和变压器等带有铁磁材料的电气设备，除电流通过导体产生的热量外，还有铁磁材料中产生的热量。因此，这类电气设备的铁芯也是一个热源。

当电气设备的绝缘性能降低时，通过绝缘材料的漏电电流增加，可导致绝缘材料温度升高。

由上面的分析可知，电气设备运行时总是要发热的，但设计、施工正确及运行正常的电气设备，其最高温度和其与周围环境温差（即最高温升）都不会超过某一允许范围。例如：裸导线和塑料绝缘线的最高温度一般不超过 70℃。也就是说，电气设备正常的发热是允许的。但当电气设备的正常运行遭到破坏时，发热量要增加，温度升高，达到一定条件，可能引起火灾。

引起电气设备过热的不正常运行大体包括以下几种情况：

（1）短路。发生短路时，线路中的电流增加为正常时的几倍甚至几十倍，使设备温度急剧上升，大大超过允许范围。如果温度达到可燃物的自燃点，即引起燃烧，从而导致火灾。下面是引起短路的几种常见情况：电气设备的绝缘老化变质，或受到高温、潮湿或腐蚀的作用失去绝缘能力；绝缘导线直接缠绕、勾挂在铁钉或铁丝上时，由于磨损和铁锈蚀，使绝缘破坏；设备安装不当或工作疏忽，使电气设备的绝缘受到机械损伤；雷击等过电压的作用，电气设备的绝缘可能遭到击穿；在安装和检修工作中，由于接线和操作的错误等。

（2）过载。过载会引起电气设备发热，造成过载的原因大体上有以下两种情况：一是设计时选用线路或设备不合理，以至在额定负载下产生过热；二是使用不合理，即线路或设备的负载超过额定值，或连续使用时间过长，超过线路或设备的设计能力，由此造成过热。

（3）接触不良。接触部分是发生过热的一个重点部位，易造成局部发热、烧毁。有下列几种情况易引起接触不良：不可拆卸的接头连接不牢、焊接不良或接头处混有杂质，都会增加接触电阻而导致接头过热；可拆卸的接头连接不紧密或由于振动变松，也会导致接头发热；活动触头，如闸刀开关的触头、插头的触头、灯泡与灯座的接触处等活动触头，如果没有足够的接触压力或接触表面粗糙不平，会导致触头过热；对于铜铝接头，由于铜和铝电性不同，接头处易因电解作用而腐蚀，从而导致接头过热。

（4）铁芯发热。变压器、电动机等设备的铁芯，如果铁芯绝缘损坏或承受长时间过电压，涡流损耗和磁滞损耗将增加，使设备过热。

（5）散热不良。各种电气设备在设计和安装时都要考虑有一定的散热或通风措施，如果这些部分受到破坏，就会造成设备过热。

此外，电炉等直接利用电流的热量进行工作的电气设备，工作温度都比较高，如安置或使用不当，均可能引起火灾。

2. 电火花和电弧

电火花的温度一般都很高，特别是电弧，温度可高达 3000～6000℃。因此，电火花和电弧不仅能引起可燃物燃烧，还能使金属熔化、飞溅，构成危险的火源。在有爆炸危险的场所，电火花和电弧更是引起火灾和爆炸的一个十分危险的因素。

电火花大体包括工作火花和事故火花两类。

（1）工作火花是指电气设备正常工作时或正常操作过程中产生的。如开关或接触器开合时产生的火花、插销拔出或插入时的火花等。

（2）事故火花是线路或设备发生故障时出现的。如发生短路或接地时出现的火花、绝缘损坏时出现的闪光、导线连接松脱时的火花、保险丝熔断时的火花、过电压放电火花、静电火花以及修理工作中错误操作引起的火花等。

此外，还有因碰撞引起的机械性质的火花；灯泡破碎时，炽热的灯丝有类似火花的危险作用。

（二）电气火灾的预防

根据电气火灾和爆炸形成的主要原因，电气火灾应主要从以下几个方面进行预防：

（1）要合理选用电气设备和导线，不要使其超负载运行。

（2）在安装开关、熔断器或架线时，应避开易燃物，与易燃物保持必要的防火间距。

（3）保持电气设备正常运行，特别注意线路或设备连接处的接触保持正常运行状态，以避免因连接不牢或接触不良，使设备过热。

（4）要定期清扫电气设备，保持设备清洁。

（5）加强对设备的运行管理。要定期检修、试验，防止绝缘损坏等造成短路。

（6）电气设备的金属外壳应可靠接地或接零。

（7）要保证电气设备的通风良好，散热效果好。

（三）电气火灾的扑救常识

1. 电气火灾的特点

电气火灾与一般火灾相比，有两个突出的特点：

（1）电气设备着火后可能仍然带电，并且在一定范围内存在触电危险。

（2）充油电气设备如变压器等受热后可能会喷油、甚至爆炸，造成火灾蔓延且危及救火人员的安全。所以，扑救电气火灾必须根据现场火灾情况，采取适当的方法，以保证灭火人员的安全。

2. 断电灭火

电气设备发生火灾或引燃周围可燃物时，首先应设法切断电源，必须注意以下事项：

（1）处于火灾区的电气设备因受潮或烟熏，绝缘能力降低，所以拉开关断电时，要使用绝缘工具。

（2）剪断电线时，不同相电线应错位剪断，防止线路发生短路。

（3）应在电源侧的电线支持点附近剪断电线，防止电线剪断后跌落在地上，造成电击或短路。

（4）如果火势已威胁邻近电气设备，应迅速拉开相应的开关。

（5）夜间发生电气火灾，切断电源时，要考虑临时照明问题，以利扑救。如需要供电部门切断电源，应及时联系。

3. 带电灭火

如果无法及时切断电源，而需要带电灭火时，要注意以下几点：

（1）应选用不导电的灭火器材灭火，如干粉灭火器、二氧化碳灭火器、1211灭火器，不得使用泡沫灭火器带电灭火。

（2）要保持人及所使用的导电消防器材与带电体之间有足够的安全距离，扑救人员应戴绝缘手套。

（3）对架空线路等空中设备进行灭火时，人与带电体之间的仰角不应超过 45°，而且应站在线路外侧，防止电线断落后触及人体。如带电体已断落至地面，应划出一定警戒区，以防跨步电压伤人。

4. 充油电气设备灭火

（1）充油设备着火时，应立即切断电源，如外部局部着火时，可用二氧化碳、1211、干粉等灭火器材灭火。

（2）如设备内部着火，且火势较大，切断电源后可用水灭火，有事故储油池的应设法将油放入池中，再行扑救。

复习思考题

1. 电气系统中的电气事故有哪些?
2. 列举一些电气事故的实例,并谈谈电气事故的危害。
3. 简述用电安全的基本要求。
4. 简述电气设备外壳、外壳防护及其等级划分依据。
5. 讨论Ⅰ类电气设备的防护措施。
6. 电气系统故障主要有哪些形式?

第七章 电力系统安全

第一节 电气设备安全基础知识

电气设备包括发电厂、变电所、输配电线路和用户等，是电力系统的重要元件。电气设备故障可能威胁电力系统运行安全。因此，保证电气设备健康、运行良好是发、供、用电单位的重要工作。

为保障电气设备安全运行，首先要正确选择设计及制造质量合格的产品，制造质量合格的产品是保证电气设备安全运行的先决条件，其次要按有关安装规范安装电气设备，最后还要在电气设备投入运行后加强设备运行管理与维护。只有做好上述环节，并在电气设备的运行中定期检查、检修，并密切监视各种变化，发现问题必须处理，才能保证电气设备的安全运行。

一、电气设备的运行

电气设备在运行时，对电气设备的操作必须正确，因此必须了解设备的运行参数，掌握设备的运行状况，在设备的运行过程中不断发现问题以及解决问题。所以在电气设备运行过程中应做到以下几方面：

（1）运行中的电气设备应设有专人或兼职人员值班，也可根据设备复杂程度分为若干单元，按值班人员的技术等级分工负责检查，监视电气设备的运行参数（如电压、电流、温度、声音等）。当发现有超出正常运行的情况时，应及时采取措施，防止故障扩大。

（2）值班人员要每日按规定将运行设备的有关运行参数、运行变化及时间正确记录下来，作为分析判断设备健康状况及事故分析处理的依据。

（3）设备运行资料应整理并建立档案，同时应设专门机构或人员，分析运行资料，掌握设备运行状况，并及时提出改进安全运行的措施。

（4）制定电气设备现场安全操作规程、运行规程和保证安全的制度。为提高运行人员运行操作水平，防止发生误操作事故，应经常组织人员学习和进行事故演习。

二、电气设备的重点技术检查

为保证电气设备的安全运行，需要对电气设备的运行情况做定期检查，以做到随时发现设备运行中的故障，及时采取措施排除问题。对电气设备的检查有设备的绝缘检查、仪表检查、继电保护检查等。

（一）电气设备的绝缘检查

电气设备绝缘检查的主要对象是变压器、断路器、电动机等设备。绝缘检查主要是指在电气设备运行期间，严密监视设备的绝缘状况，定期对设备进行各种绝缘预防性试验。

绝缘检查主要包括测量设备的绝缘电阻、测量介质损耗角、做泄漏试验及吸收比试验等。每次测量及试验结果记录存档，并与设备的历史记录比较，从而判断设备的绝缘安全情况及安全状况的变化趋势，从而预防电气绝缘情况可能发生的故障或及时解决故障。

在电气设备中很多用绝缘油作为绝缘介质，如油浸变压器、高压油断路器等。这类设备可通过对绝缘油的变化进行监视来发现电气设备本体绝缘问题，绝缘油的好坏可通过分析油中的杂质，做溶解气体成分的色谱分析来判断。根据油质检验，一般可发现绝缘受潮、进水、内部发生局部故障等缺陷。一般对多油设备的绝缘油，每年在雷雨季节到来之前要进行一次检测，而对大容量电气设备和重要电气设备，每半年要进行一次检测。

(二) 电气设备的仪表检查

电气设备的各种测量仪表可实时监测设备的运行工况，反映设备运行中的各种运行参数，对掌握设备的运行极为重要，因此，电气仪表（如电压表、电流表、有功功率表、无功功率表及功率因数表等）在安装时要注意按照有关规程规定安装；要使表针的量程合适，一般表的量程选择在正常运行中数值不小于表面刻度的1/3，运行最大数值不大于表面刻度的4/5为宜，同时要注意使表的量程和相应的互感器变比一致。

仪表检查就是指要按规定的周期定期对仪表校验，保证计量表准确度，及时调换不能满足要求的计量表和相应的互感器等。只有仪表准确，才能准确反映电气设备运行状况，也才能使值班人员随时准确了解设备运行状况，这样才能保证设备安全可靠运行。

(三) 电气设备的继电保护检查

继电保护装置是保证电气设备安全的自动装置。继电保护装置要保证可靠、灵敏，能在电气设备或电力系统发生事故时，迅速、有选择性地自动将事故切除，把设备损坏或停电范围控制到最小，并能在出现严重情况时发出报警信号，通知值班人员及时处理。

对继电保护装置的检查要按规定的校验周期进行定期校验，一般企业的继电保护装置每1~2年要校验其整定值并进行动作跳闸试验，验证其可靠性，在事故跳闸后，要进行复试检查，分析继电保护装置动作是否正确。对每次继电保护的调试和检查要做好详细记录，对历史资料要妥善保管并做好分析。

三、电气设备的定级

电气设备的定级主要是根据设备在运行和检修中发现的缺陷，并结合试验和校验的结果进行综合分析，看其对安全运行的影响程度以及设备技术管理状况来评定的设备等级。根据评级标准，将设备分为三类。

(一) 一类设备

指技术状况全面良好，外观整洁，技术资料齐全、正确，能保证安全经济运行的设备。

(二) 二类设备

指设备个别次要部件或次要试验结果不合格，但尚不致影响安全运行或仅有较小影响；外观尚可，主要技术资料具备并基本符合实际；检修和预防性试验周期已超过但不足半年者。

(三) 三类设备

指设备有重大缺陷、不能保证安全运行；外观很不整洁，主要技术资料残缺不全；检修和预防性试验已超过一个周期仍未修、试、校者。还有上级规定的重大事故措施项目未完成者。

对电气设备定级可以加强对重点设备的监督、做好设备的运行监视和检修维护。上述设备中，一、二类设备属完好设备，三类设备是不合格设备。而考核电力生产企业设备管理好坏的重要考核指标之一是设备完好率。所谓设备完好率为完好设备（一、二类设备之和）占全部设备（一、二、三类设备）的比值，即可用下列公式表示：

$$K = (a+b)/(a+b+c) \times 100\% \tag{7-1}$$

式中　K——设备完好率，%；

　　　a——一类设备数量；

　　　b——二类设备数量；

　　　c——三类设备数量。

提高设备完好率是保证设备运行安全可靠的重要措施。

四、电气设备检修与管理

为保证电气设备安全运行，应定期对电气设备进行试验检查和检修，对发现的电气设备存在的事故隐患及缺陷应及时进行检修，防止事故发生。

电气设备检修包括计划检修和非计划检修两类。计划检修执行到期必修的原则，根据不同的用电设备规定的检修周期执行检修。

计划检修又分为大修和小修。大修需要将电气设备全部解体检查、试验、校验，更换和修复零部件。大修工作量大，检修复杂，检修时间长，不同的用电设备大修时间不同，具体的检修周期应按照电气设备的检修周期规定执行。通过大修的设备能较好地恢复设备的性能和效率，有效地避免故障发生，延长设备寿命。部分电气设备规定的检修周期如表7-1所示。

部分电气设备检修周期表　　　　　　　　　　表7-1

设备名称	试验周期	检验周期	备注
10kV 变压器	1～3 年	大修 10 年，小修 5 年	绝缘电阻，接触电阻每年一次
电动机及附属设备	1 年	大修 1～2 年，小修 0.5～1 年	
电容器	1～2 年	小修 1 年	
互感器	5～10 年		
电度表	2～3 年		容量在 5A 及以下每 5 年一次；容量在 5A 以上每 2～3 年一次
漏电保护器	试跳周期 3～7 天每年试验一次		试验动作时间、动作电流和抗干扰特性
漏电开关	每月试验一次		家用
指示仪表	4 年	小修 4 年	
低压线路	1 年	大修 5 年，小修 1 年	以测试绝缘电阻，接触电阻为主
室内配电	1 年	整修 5 年	每年潮湿季节摇测绝缘电阻
接地装置	1～2 年		在雷雨季节前
避雷器	1 年		在雷雨季节前

而小修则是对设备进行局部修理，一般只是检修设备的零部件、继电保护回路、传动机构、绝缘等，更换不合格的部件，使设备基本杜绝故障的发生。小修根据设备不同，一般半年到一年就检修一次。

当设备出现故障或损坏时，需要及时对设备进行抢修，此时的检修并非出于计划，因此也叫非计划性检修。

电气设备的检修能及时发现设备出现故障从而避免影响生产，保证设备健康运行，提高设备的安全经济运行能力。为此，需要加强电气设备的检修。

检修时应注意设备检修要彻底解决设备运行中的故障及隐患，保证设备恢复应有的性能，保证应有的安全运行周期，延长使用寿命；检修时主管检修部门要做好计划，对设备分级、统一检修，以减少停电次数，保证生产顺利进行，同时对一些重要的，对生产、生活影响较大的设备检修时，应避开用电高峰时间；检修时要编制检修计划，检修过程中再做好设备的缺陷记录等。

电气设备检修尤其是大修后，要实行规定的"三级验收制"严格验收，检修不符合标准的不得通过验收，验收合格后才能办理验收竣工手续。

电气设备的管理包括备品备件的管理和设备缺陷管理。

备品备件主要是指为设备检修及事故抢修的需要而准备的一定数量的质量合格的产品或零部件，基本配置范围一般包括：在检修中需经常更换的，正常情况下设备运行容易损坏或老化的产品或零部件；设备零部件损坏后不容易买到或修复的；影响设备正常运行或安全的。

对备品备件要严格管理，认真做好设备的储存及保养工作，保证设备检修及事故抢修时可立即投入使用。备品备件的管理要建立相应的管理制度，保证型号、数量充足，质量合格，对精密零部件、绝缘材料、重要部件要定期检查试验；备品备件入库时要严格验收，设备要有合格证并与实物放在一起；备品领用、退料、补充要遵守相关规定，对事故抢修用的备品备件，平时不得挪用，事故抢修使用后应及时登记并补充。

电气设备缺陷主要是指电气设备在运行中所暴露的设计、制造、运行、检修中的缺陷，也包括运行中由于磨损、老化等原因所引起的缺陷。缺陷管理就是发现这些缺陷，对这些缺陷及时处理，提前避免事故发生。根据缺陷对安全运行威胁的程度及可能发生事故带来的危害，通常将缺陷分为四种类型，见表7-2。

电气设备缺陷　　　　　　　　　　　　　　　　　　　　表7-2

缺陷类型	说　明
一类缺陷	指对安全运行有严重威胁，短期内可能导致事故，或一旦发生事故，其后果极为严重，必须迅速申请停电或带电处理的缺陷
二类缺陷	指对安全运行有一定的威胁，短期内尚不可能导致事故，但必须在下个月度计划中安排停电处理的缺陷。对这类缺陷在正常巡视中应加强检查和监视，防止缺陷升级
三类缺陷	指设备存在一定问题，但对安全运行威胁较小，在较长时期内不会导致事故，可以在年度大修或改进工程中结合消除的缺陷
四类缺陷	指设备不符合部分规程要求，或已属淘汰产品，或者设备存在的薄弱环节由于材料设备、技术水平的限制，在较长时期内难以解决的"老大难"问题。这类缺陷必须结合基建、扩建或更新改造工程来解决

对设备缺陷的管理要遵守相关规章制度。设备缺陷管理制度规定：运行人员发现设备缺陷后应填报、登录，并由有关领导将设备缺陷通知单送交检修部门。对危及设备安全运行或能及时修理维护的缺陷应争取及早解决，一时不能消除、需要停用交付修理的缺陷应汇总后列入设备的大、小修计划，然后交检修部门修理。在缺陷消除后，检修单位应填写消除缺陷的回单交运行部门查核、登录。

第二节 电 气 绝 缘

绝缘是指利用绝缘材料对带电体进行封闭和隔离。各种线路和设备都是由导电部分和绝缘部分组成。绝缘是防止电击事故的基本措施和重要措施，是防止电击发生的预防措施，良好的绝缘也是保证电气系统正常运行的基本条件。线路和设备的绝缘必须与所采用的电压相符合，必须与周围环境和运行条件相适应。

绝缘材料又称为电介质，导电能力很小，工程上的绝缘材料通常要求电阻率高于 $1 \times 10^7 \Omega \cdot m$。常见的绝缘材料分为三种，见表 7-3。

常见的绝缘材料 表 7-3

种　类	绝　缘　材　料
气体绝缘材料	空气、氮气、氢气、二氧化碳和六氟化硫等
液体绝缘材料	常用的有从石油原油中提炼出来的绝缘矿物油，十二烷基苯、聚丁二烯、硅油和三氯联苯等合成油以及蓖麻油
固体绝缘材料	常用的有树脂绝缘漆，纸、纸板等绝缘纤维制品，漆布、漆管和绑扎带等绝缘浸渍纤维制品，绝缘云母制品，电工用薄膜、复合制品和粘带，电工用层压制品，电工用塑料和橡胶、玻璃、陶瓷等

例如变压器的绝缘介质有油绝缘、六氟化硫等多种。日常生活中常见的是固体绝缘材料，例如电线和电缆多采用聚氯乙烯绝缘材料，架空线路上采用陶瓷作为横担及绝缘子，变电所内的母排多采用绝缘漆的形式。

一、绝缘材料的电阻率

导体的电气性能为大家所熟知，它对电气设备的性能有着重要影响，实际上，绝缘材料的电气性能同样也对电气设备的性能有着重要影响，它在设备的寿命、故障率等方面有着重要作用。

绝缘材料并不是绝对不导电，只是导电能力很小，因此绝缘材料也有电导。绝缘材料的电导在很大程度上来自离子电导，多数是由于杂质离解而形成的，也可能是来自强极性原子的本征电离。绝缘材料性能的好坏可以用绝缘材料电阻率来表征。

绝缘电阻率是绝缘材料的主要电气参数，它是绝缘材料所在的电场强度与通过绝缘材料的电流密度之比，即：

$$\rho = E/J \qquad (7-2)$$

式中　ρ——绝缘电阻率，$\Omega \cdot m$；

E———电场强度，V/m；

J———电流密度，A/m²。

实际上，绝缘电阻率包括体电阻率和表面电阻率两部分，体电阻率是在体积电流方向的直流电场强度与稳态时的电流密度之比，表面电阻率是沿绝缘材料表面电流方向的直流电场强度与在规定的加压时间结束时测得的单位宽度通过的表面电流之比，两者的定义是有差别的。

表面电阻率在很大程度上取决于材料表面附着的半导体杂质和水分，而且在测量表面电流时，很难完全避免不把部分体积电流也测量在内，因此，所谓的绝缘电阻率通常指材料的体电阻率。绝缘电阻率不仅与所加电压大小有关，还与温度相关，一般温度每下降10℃，绝缘电阻率会增大 1.5～2 倍，除此之外，湿度及杂质含量的增加都会降低绝缘材料的电阻率。

绝缘电阻率是绝缘材料的一种电气性能，而通常所说的绝缘电阻实际上是将一种或若干种绝缘材料按照一定方式构成的绝缘体的参数。绝缘电阻的大小表明了在一定电压作用下绝缘材料泄漏电流的大小。如果泄漏电流过大，往往会使绝缘材料发热，从而缩短其使用寿命，甚至造成损坏。

足够的绝缘电阻能把电气设备的泄漏电流限制在很小的范围内，防止由漏电引起的触电事故，不同的线路或设备对绝缘电阻有不同的要求。因此，绝缘电阻的大小不仅是反映绝缘结构电气性能好坏的一个参数，还可以从其变化中发现绝缘介质的工作条件或其本身性能的变化，从而采取措施，以防故障的发生。

二、按保护功能区分的绝缘形式

(一) 绝缘形式

绝缘形式按其保护功能，可分为基本绝缘、附加绝缘、双重绝缘和加强绝缘 4 种，如图 7-1 所示 [图 (a)、(b)、(c)、(d) 为双重绝缘；图 (e)、(f) 为加强绝缘]，其中基本绝缘为防止直接接触电击的方式，附加绝缘、双重绝缘和加强绝缘通过结构上的变化，使之具备了防止间接接触电击的功能。

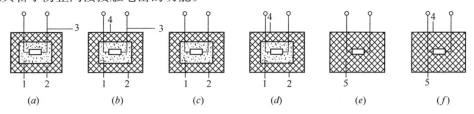

图 7-1　双重绝缘和加强绝缘

1—基本（工作）绝缘；2—附加（保护）绝缘；3—不可触及的金属件；

4—可触及的金属件；5—加强绝缘

1. 基本绝缘

带电部件上对触电起基本保护作用的绝缘称为基本绝缘。若这种绝缘的主要功能不是防触电而是防止带电部件间的短路，则又称为工作绝缘。

2. 附加绝缘

附加绝缘又叫辅助绝缘或保护绝缘，它是为了在基本绝缘一旦损坏的情况下防止触电而在基本绝缘之外附加的一种独立绝缘。

3. 双重绝缘

双重绝缘是一种绝缘的组合形式，即基本绝缘和附加绝缘两者组成的绝缘。

4. 加强绝缘

加强绝缘是相当于双重绝缘保护程度的单独绝缘结构。所谓的单独绝缘结构不一定是一个单一体，它可以由几层组成，但层间必须结合紧密，形成一个整体，各层无法分作基本绝缘和附加绝缘各自进行单独的试验。

具有双重绝缘和加强绝缘的设备属于Ⅱ类设备，按外壳特征分为以下3种Ⅱ类设备。

第一类，全部绝缘外壳的Ⅱ类设备。此类设备其外壳上除了铭牌、螺钉、铆钉等小金属外，其他金属件都在连接无间断的封闭绝缘外壳内，外壳成为加强绝缘的补充或全部。

第二类，全部金属外壳的Ⅱ类设备。此类设备有一个金属材料制成的无间断的封闭外壳，其外壳与带电体之间应尽量采用双重绝缘；无法采用双重绝缘的Ⅰ件可采用加强绝缘。

第三类，兼有绝缘外壳和金属外壳两种特征的Ⅱ类设备。

(二) 双重绝缘和加强绝缘的安全条件

由于具有双重绝缘或加强绝缘，Ⅱ类设备无须再采取接地、接零等安全措施，因此，对双重绝缘和加强绝缘的设备可靠性要求较高。双重绝缘和加强绝缘的设备应满足以下安全条件。

1. 绝缘电阻和电气强度

绝缘电阻在直流电压为 500V 的条件下测试，工作绝缘的绝缘电阻不得低于 $2M\Omega$，保护绝缘的绝缘电阻不得低于 $5M\Omega$，加强绝缘的绝缘电阻不得低于 $7M\Omega$。交流耐压试验的试验电压：工作绝缘为 1250V、保护绝缘为 2500V、加强绝缘为 3750V。对于有可能产生谐振电压的，试验电压应比 2 倍谐振电压高出 1000V。耐压持续时间为 1min，试验中不得发生闪络或击穿。

直流泄漏电流试验的试验电压，对于额定电压不超过 250V 的Ⅱ类设备，应为其额定电压上限值或峰值的 1.06 倍；在加电压 5s 后读数，泄漏电流允许值为 0.25mA。

2. 外壳防护和机械强度

Ⅱ类设备应能保证在正常工作时以及在打开门盖和拆除可拆卸部件时，人体不会触及仅由工作绝缘与带电体隔离的金属部件，其外壳上不得有易于触及上述金属部件的孔洞。

若利用绝缘外护物实现加强绝缘，则要求外护物必须用钥匙或工具才能开启，其上不得有金属件穿过，并有足够的绝缘水平和机械强度。

Ⅱ类设备应在明显位置标上"回"形标志。

3. 电源连接线

Ⅱ类设备的电源连接线应符合加强绝缘要求，电源插头上不得有起导电作用以外的金属件，电源连接线与外壳之间至少应有两层单独的绝缘层。电源线的固定件应使用绝缘材料，如使用金属材料应加以保护绝缘等级的绝缘。对电源线截面的要求见表 7-4。

额定电流 I_N（A）	电源线截面积（mm^2）
$I_N \leqslant 10$	0.75（当额定电流在 3A 以下、长度在 2m 以下时，允许截面积为 0.5）
$10 < I_N \leqslant 13.5$	1
$13.5 < I_N \leqslant 16$	1.5
$16 < I_N \leqslant 25$	2.5
$25 < I_N \leqslant 32$	4
$32 < I_N \leqslant 40$	6
$40 < I_N \leqslant 63$	10

此外，电源连接线还应经受基于电源连接线拉力试验标准的拉力试验。

一般场所使用的手持电动工具应优先选用Ⅱ类设备；在湿场所或金属构架上工作时，除选用安全电压的工具之外，也应尽量选用Ⅱ类设备。

三、绝缘的破坏

电气设备的运行过程中，绝缘材料会由于电场、热、化学、机械、生物等因素的作用，使绝缘状况不断下降，即绝缘遭到破坏。这样不仅可能使电气设备不能达到正常的运行寿命，而且存在电气安全隐患，容易出现电气安全事故。

按绝缘破坏的成因，可将绝缘破坏分为绝缘击穿、绝缘老化和绝缘损坏 3 种。

（一）绝缘击穿

在介绍绝缘材料的电气性能时提到了电介质击穿的现象，当击穿出现后，绝缘材料就遭到了破坏，失去了绝缘性能。不同物态的电介质均有可能发生击穿现象。

1. 气体电介质击穿

气体击穿是由碰撞电离导致的电击穿。在强电场中，带电质点（主要是电子）在电场中获得足够的动能，当它与气体分子发生碰撞时，能够使中性分子电离为正离子和电子，新形成的电子又在电场中积累能量而碰撞其他分子，使其电离，这就是碰撞电离。碰撞电离过程是一个连锁反应过程，每一个电子碰撞产生一系列新电子，因而形成电子崩。电子崩向阳极发展，最后形成一条具有高电导的通道，导致气体击穿。

在均匀电场中，当温度一定、电极距离不变、气体压力很低时，气体中分子稀少，碰撞游离机会很少，因此击穿电压很高。随着气体压力增大，碰撞游离增加，击穿电压有所下降，在某一特定的气压下出现最小值；但当气体压力继续升高时，密度逐渐增大，平均自由行程很小，只有更高的电压才能使电子积聚足够的能量以产生碰撞游离，击穿电压也逐渐升高。利用此规律，在工程上常采用高真空和高气压的方法来提高气体的击穿场强。

空气的击穿场强为 25～30kV/cm。

2. 液体电介质击穿

液体电介质的击穿特性与其纯净度有关，一般认为纯净液体的击穿与气体的击穿机理相似，是由电子碰撞电离最后导致击穿。但液体的密度大，电子自由行程短，积聚能量小，因此击穿场强比气体高。工程上液体绝缘材料不可避免地含有气体、液体和固体杂质。如液体中含有乳化状水滴和纤维时，由于水和纤维的极性强，在强电场的作用下使纤维极化而定向排列，并运动到电场强度最高处联成小桥，小桥贯穿两电极间引起电导剧增，局部温度骤升，最后导致击穿。例如，变压器油中含有极少量水分就会大大降低油的击穿场强。

含有气体杂质的液体电介质的击穿可用气泡击穿机理来解释。气体杂质的存在使液体呈现不均匀性，液体局部过热，气体迁移集中，在液体中形成气泡。由于气泡的相对介电常数较低，使得气泡内的电场强度较高，约为油内电场强度的 2.2～2.4 倍，而气体的临界场强比油低得多，致使气泡游离，局部发热加剧，体积膨胀，气泡扩大，形成连通两电极的导电小桥，最终导致整个电介质击穿。

为此，在液体绝缘材料使用之前，必须对其进行纯化、脱水、脱气处理；在使用过程中应避免这些杂质的侵入。

液体电介质击穿后，绝缘性能在一定程度上可以得到恢复。

3. 固体电介质击穿

固体电介质的击穿较为复杂，有电击穿、热击穿、电化学击穿、放电击穿等形式。

（1）电击穿。这是固体电介质在强电场作用下，其内少量处于导带的电子剧烈运动，与晶格上的原子（或离子）碰撞而使之游离，并迅速扩展下去导致的击穿。电击穿的特点是电压作用时间短，击穿电压高。电击穿的击穿场强与电场均匀程度密切相关，但与环境温度及电压作用时间几乎无关。

（2）热击穿。这是固体电介质在强电场作用下，由于介质损耗等原因所产生的热量不能够及时散发出去，会因温度上升，导致电介质局部熔化、烧焦或烧裂，最后造成击穿。热击穿的特点是电压作用时间长，击穿电压较低。热击穿电压随环境温度的上升而下降，但与电场均匀程度关系不大。

（3）电化学击穿。这是固体电介质在强电场作用下，由游离、发热和化学反应等因素的综合效应造成的击穿。其特点是，电压作用时间长，击穿电压很低。它与绝缘材料本身的耐游离性能、制造工艺、工作条件等因素有关。

（4）放电击穿。内部含有气泡与杂质的绝缘材料，在外加强电场作用下，内部气泡首先发生碰撞游离而放电，继而加热其他杂质，使之汽化形成气泡，由气泡放电进一步发展，导致击穿并使材料丧失绝缘能力。放电击穿的击穿电压与绝缘材料的质量有关。

固体电介质一旦击穿，将失去其绝缘性能。

实际上，绝缘结构发生击穿，往往是电、热、放电、电化学等多种形式同时存在，很难截然分开。一般来说，在采用 $\tan\delta$❶ 值大、耐热性差的电介质的低压电气设备，在工作温度高、散热条件差时，热击穿较为多见。而在高压电气设备中，放电击穿的概率就大些。脉冲电压下的击穿一般属电击穿。当电压作用时间达数十小时乃至数年时发生的击穿，大多数属于电化学击穿。

由上述可知，在工程实践中可采取某些针对性措施来提高固体绝缘材料的击穿强度，如将其用液体绝缘材料浸渍（可填充其内部气孔，减少气泡，改善散热条件），适当增加其厚度（可提高击穿电压，但从热击穿角度考虑尚不能单纯采用此法）等。提高击穿强度、防止绝缘破坏的主要措施，是恰当选择材料种类和合理设计其使用结构。

（二）绝缘老化

电气设备在运行过程中，其绝缘材料由于受热、电、光、氧、机械力（包括超声波）、

---

❶ δ 为介质损耗角。

辐射线、微生物等因素的长期作用，产生一系列不可逆的物理变化和化学变化，导致绝缘材料的电气性能和机械性能劣化。

绝缘老化过程十分复杂。就其老化机理而言，主要有热老化机理和电老化机理。

1. 热老化

一般在低压电气设备中，促使绝缘材料老化的主要因素是热。热老化包括低分子挥发性成分的逸出，包括材料的解聚和氧化裂解、热裂解、水解；还包括材料分子链继续聚合等过程。

每种绝缘材料都有其极限耐热温度，当超过这一极限温度时，其老化将加剧，电气设备的寿命就缩短。在电工技术中，常把电机和电气中的绝缘结构和绝缘系统按耐热等级进行分类。

2. 电老化

主要是由局部放电引起的。在高压电气设备中，促使绝缘材料老化的主要原因是局部放电。局部放电时产生的臭氧、氮氧化物、高速粒子都会降低绝缘材料的性能，局部放电还会使材料局部发热，促使材料性能恶化。

（三）绝缘损坏

绝缘损坏是指由于不正确选用绝缘材料、不正确地进行电气设备及线路的安装、不合理地使用电气设备等，导致绝缘材料受到外界腐蚀性液体、气体、蒸汽、潮气、粉尘的污染和侵蚀，或受到外界热源、机械因素的作用，在较短或很短的时间内失去其电气性能或机械性能的现象。另外，动物和植物也可能破坏电气设备和电气线路的绝缘结构。

四、绝缘检测和绝缘试验

为了防止绝缘破坏造成电气事故，应当按照规定严格检查绝缘设备的绝缘性能。通常所说的绝缘试验，主要指绝缘体的电性能试验，可分为绝缘耐压试验和绝缘特性试验。绝缘耐压试验是指测定绝缘设备在不同电压下，如工频交流、直流、雷电冲击和操作冲击电压下，能耐受的最大电压。试验结果不外乎耐受和击穿两种可能性，因而称为破坏性试验。这种试验结果的可信度高，但要冒一定风险，而且多次做这种试验，可能会由于累积效应而对设备造成一定损害。绝缘特性试验是在较低电压下进行的，一般不会因累积效应而造成设备损害，也不会冒破坏的风险，所以又称非破坏性试验。绝缘检测和绝缘试验主要包括绝缘电阻试验、耐压试验、泄漏电流试验和介质损耗试验，这里仅介绍绝缘电阻试验和耐压试验。

（一）绝缘电阻试验

绝缘电阻是衡量绝缘性能优劣的最基本指标。在绝缘结构的制造和使用中，经常需要测定其绝缘电阻。通过绝缘电阻的测定，可以在一定程度上判定某些电气设备绝缘性能的好坏，判断某些电气设备（如电机、变压器）的受潮情况等，以防因绝缘电阻降低或损坏而造成漏电、短路、电击等电气事故。同时，因测量所用的设备简单而被广泛地采用。

1. 测量原理

测量绝缘电阻的专用设备为兆欧表，俗称摇表，也称为绝缘电阻表，由于绝缘电阻值很大，因此，仪表的标尺分度是以兆欧为单位的。

兆欧表的测量实际上是给被测物加上直流电压，测量通过被测物的泄漏电流，被测物的绝缘电阻是加于被测物的直流电压与通过它的泄漏电流之比。兆欧表的原理如图 7-2 所示，图中 G 为手摇直流发电机（及其他直流电源），作为测试电源使用，其电压值通常为 $500\sim2500V$，每 500V 为一档，测量时要根据被测物的额定电压正确选用不同电压等级，且兆欧表的工作电压应高于绝缘物的额定工作电压。由于手摇直流发电机的容量很小，输出电压随输出电流大小的变化下降很快，如果直接读出测量试件上的电流值，则需要计算才能得到绝缘电阻值。此外，输出电压受输出电流影响并不是测试档上的标称值，造成较大误差。因此，兆欧表中采用磁电式流比计作为测量设备。流比计是由两个相互垂直而绕向相反，处于同一个永磁场中并固定在一起的电压线圈 W_v 和电流线圈 W_A 构成，如图 7-2 (b) 所示。

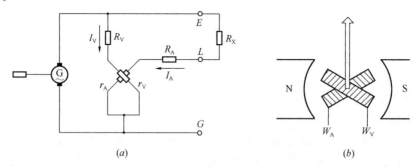

图 7-2　兆欧表及流比计原理

当 E，L 端子接入被测电阻 R_X 时，两个线圈支路便通过电阻并联在直流发电机两极上。匀速摇动手柄（一般为 120r/min）产生电压 U，则两线圈中流过电流，产生互为反向的力矩，其大小分别为：

$$M_A = K_A \cdot f_A(\alpha) \cdot I_A \tag{7-3}$$

$$M_V = K_V \cdot f_V(\alpha) \cdot I_V \tag{7-4}$$

式中　M_A，M_V——电流和电压线圈上的力矩；

　　　K_A，K_V——比例系数；

　　　α——指针偏转角度。

当 $M_A \neq M_V$ 时，线圈将带动指针转动，直到 $M_A = M_V$ 为止，此时：

$$K_A \cdot f_A(\alpha) \cdot I_A = K_V \cdot f_V(\alpha) \cdot I_V \tag{7-5}$$

即：

$$\frac{I_A}{I_V} = \frac{K_A}{K_V} \cdot \frac{f_A(\alpha)}{f_V(\alpha)} = K \cdot f(\alpha) \tag{7-6}$$

由上式可知，指针偏转角度 α 取决于线圈中的电流比，根据图 7-2 可知以下关系：

$$\frac{I_A}{I_V} = \frac{R_V + r_V}{R_A + r_A + R_X} \tag{7-7}$$

因 R_V、r_V、R_A、r_A 均为定值，故电流比仅为 R_X 的函数。考虑到电流比与偏转角的函数关系，不难得出：

$$\alpha = h(R_X) \tag{7-8}$$

即指针偏转角是被测绝缘电阻的函数，与电源电压没有直接关系，这样就消除了电源电压对测量精度的影响，并且将函数关系反映在流比计的刻度盘上，因此，可直接读出绝缘电阻值。

2. 测量方法

兆欧表用于测量绝缘电阻既方便又可靠，但如果使用不当，将给测量带来不必要的误差，必须正确使用兆欧表进行绝缘电阻测量。

兆欧表在工作时，自身产生高电压，而测量对象又是电气设备，所以必须正确使用，否则就会造成人身或设备事故。使用前，首先要做好以下各种准备：

（1）测量前必须将被测设备电源切断，并对地短路放电，决不允许设备带电进行测量，以保证人身和设备的安全。

（2）对可能感应出高压电的设备，必须在消除这种可能性后才能进行测量。

（3）被测物表面要清洁，减少接触电阻，确保测量结果的正确性。

（4）测量前要检查兆欧表是否处于正常工作状态，主要检查其"0"和"∞"两点，即摇动手柄，使电机达到额定转速，兆欧表在短路时应指在"0"位置，开路时应指在"∞"位置。

（5）兆欧表使用时应放在平稳、牢固的地方，且远离大的外电流导体和外磁场。

做好上述准备工作后就可以进行测量了，在测量时还要注意兆欧表的正确接线，否则将引起不必要的误差甚至错误。

兆欧表的接线柱共有 3 个：L 为接线端，E 为接地端，G 为屏蔽端（也叫保护环），一般被测绝缘电阻都接在 L，E 端之间，如图 7-3 所示。

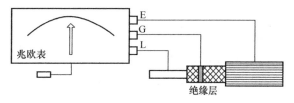

图 7-3　电缆绝缘电阻的测量

但当被测绝缘体表面漏电严重时，必须将被测物的屏蔽环或不需测量的部分与 G 端相连接。这样漏电流就经由屏蔽端 G 直接流回发电机的负端形成回路，而不再流过兆欧表的测量机构（动圈），这样就从根本上消除了表面漏电流的影响。应该特别注意的是，测量电缆线芯和外表之间的绝缘电阻时，一定要接好屏蔽端钮 G，因为当空气湿度大或电缆绝缘表面不干净时，其表面的漏电流将很大，为防止被测物因漏电而对其内部绝缘测量造成影响，一般在电缆外表加一个金属屏蔽环，与兆欧表的 G 端相连。

当用兆欧表摇测电气设备的绝缘电阻时，一定要注意 L 和 E 端不能接反，正确的接法是：L 线端钮接被测设备导体，E 地端钮接设备外壳，G 屏蔽端接被测设备的绝缘部分。如果将 L 和 E 接反了，流过绝缘体内及表面的漏电流经外壳汇集到地，由地经 L 流进测量线圈，使 G 失去屏蔽作用而给测量带来很大误差。另外，因为 E 端内部引线同外壳的绝缘程度比 L 端与外壳的绝缘程度要低，当兆欧表放在地上使用时，采用正确接线方式时，E 端对仪表外壳和外壳对地的绝缘电阻，相当于短路，不会造成误差，而当 L 与 E 接反时，E 对地的绝缘电阻同被测绝缘电阻并联，而使测量结果偏小，给测量带来较大误差。

3. 吸收比的测定

在绝缘测试中，某一个时刻的绝缘电阻值是不能全面反映试品绝缘性能的优劣的。这是由于：一方面，同样性能的绝缘材料，体积大时呈现的绝缘电阻小，体积小时呈现的绝缘电阻大；另一方面，绝缘材料在加上高压后均存在对电荷的吸收比过程和极化过程。所以，电力系统要求在主变压器、电缆、电机等许多场合的绝缘测试中应测量吸收比，即加压测试开始后 60s 时读取的绝缘电阻值与加压测试开始后 15s 时读取的绝缘电阻值之比，并以此数据来判定绝缘状况的优劣。

一般来说，吸收比 K 较大说明吸收现象衰减缓慢，绝缘干燥良好。通常 $K \geqslant 1.3$ 就认为绝缘良好。若 K 接近于 1，说明吸收现象明显，此时吸收电流衰减快，且泄漏电流所占比例大，意味着绝缘材料可能受潮或有缺陷。

《电气设备安全通用试验导则》GB/T 25296—2010 中规定：不论是绝缘电阻的绝对值还是吸收比的值都只是参考性的，如不满足最低合格值，则绝缘材料中肯定存在某种缺陷。但是，如已满足最低合格的数值，也还不能肯定绝缘是良好的。某些实例说明，有些设备（如发电机、变压器、电缆等）的绝缘，即使有严重缺陷（如破裂或甚至已被击穿），用兆欧表测得的绝缘电阻值或吸收比仍可能满足规定的最低要求，这主要是兆欧表的电压较低的缘故。所以，根据绝缘电阻或吸收比的值来判断绝缘状况时，不仅应与规定标准相比较，更应与过去试验的历史资料相比较，与同类设备的数据相比较，以及将同一设备的不同部分（例如不同相）的数据相比较（用"不平衡系数" $k=$（最大值/最小值）来表示，一般认为，$k>2$，则表示有某种绝缘缺陷存在），当然，也应与本绝缘的其他试验结果相比较。

（二）耐压试验

耐压试验是考核电气设备绝缘性能优劣的另一重要项目。正常使用中，设备的绝缘结构既要耐受电网额定电压的长期作用，又要经受电路中经常产生的各种过电压的短时冲击。绝缘被击穿时的电压称为击穿电压，击穿时的电场强度叫击穿场强或耐压强度。形成击穿的变化过程虽急剧，但也有明显特征，如发光、发声、电流突增及电压突降等现象，故绝缘的击穿及能够耐受过电压的大小便不难由试验来确定。

耐压试验的目的就是为了检验电气设备承受过电压的能力；较确切地掌握投运设备的绝缘良好程度，保证设备在实际使用中能长期正常地工作；此外，也是检测出厂产品或研制的新产品的绝缘是否完好或是否存有缺陷的一种重要手段。目前应用的试验方法主要有工频交流耐压试验和直流耐压试验两种。

耐压试验对电气设备的绝缘有一定破坏性，它可能会将含有缺陷的绝缘击穿；也可能使原有的局部缺陷有所加重；甚至会使尚能勉强继续运行的设备因在试验高电压的作用下损伤更重而无法再投运。故通常也将耐压试验称为破坏性试验。同时规定：在进行耐压试验前必须先对试品做绝缘电阻、吸收比、泄漏电流及 $\tan\delta$ 等项测定，即对试品的绝缘状况先行初步鉴定。若已发现绝缘不良，则应经相应处理后再进行耐压试验。

耐压试验是检验和评定电气设备绝缘耐受电压能力的一种技术手段。电力系统中的各种电工设备在运行时，除承受交流或直流的工作电压外，还会遭受各种过电压。例如：在不接电的三相系统中，发生一相接地时，另两相对地电压升高到原来的 1.73 倍；当设备遭受雷击时，可能出现更高的过电压。这些过电压不仅幅值高，而且波形和持续时间都与工作电压很不相同，对绝缘的影响和可能引起绝缘击穿的机理也不尽相同。因此，需要采用对应的试验电压进行电工设备的耐压试验。

我国国家标准对于交流电力系统规定的绝缘耐压试验有：

（1）短时（1min）工频耐压试验；

（2）长时间工频耐压试验；

（3）直流耐压试验；

（4）操作冲击波耐压试验；

（5）雷电冲击波耐压试验。

规定对 3～220kV 的电工设备，在工频运行电压、暂时过电压和操作过电压下的绝缘性能，一般用短时工频耐压试验予以检验，可不进行操作冲击试验。对 330～500kV 的电工设备，需用操作冲击试验检验操作过电压下的绝缘性能。长时间工频耐压试验是针对电工设备内绝缘劣化和外绝缘污秽的情况而进行的一种试验检验。

耐压试验应注意以下事项：

（1）耐压试验必须在绝缘电阻合格时才能进行。

（2）试验电压应按规定选取，不得任意超过规定值。

（3）试验电流不应超过试验装置的允许电流。

（4）为了人身安全，试验场地应设立防护围栏，应能防止工作人员偶然接近带电的高压装置，试验装置应有完善的保护接零（或接地）措施，试验前后应注意放电。

（5）每次试验之后，应使仪器迅速返回零位。

五、绝缘安全工具

为了防止电气工作人员发生触电、灼伤、高处摔跌、煤气中毒等事故，必须正确使用相应的电气安全用具，这是保证人身安全的基本条件之一。电气安全用具分绝缘安全用具和一般防护安全用具两大类。

属于一般安全防护用具的有：安全带、安全帽、安全照明灯具、防毒面具、护目眼镜、标示牌和临时遮栏等。

属于绝缘安全用具的有：绝缘杆、绝缘夹钳、绝缘台、绝缘手套、绝缘靴（鞋）、绝缘垫、验电笔、携带型接地线等。绝缘安全用具又可分为如下两类：基本安全用具：它的绝缘强度大，能长时间承受电气设备的工作电压，并能在该电压等级产生内过电压时保证工作人员的人身安全，如绝缘杆、绝缘夹钳及验电笔等；辅助安全用具：它的绝缘强度小，不能承受电气设备的工作电压，只是用来加强基本安全用具的防护作用，能防止接触电压、跨步电压和电弧对操作人员的伤害，如绝缘台、绝缘手套、绝缘靴（鞋）及绝缘垫等。

（一）绝缘杆

绝缘杆是一种主要的基本安全用具，又称绝缘棒或操作杆，如图 7-4 所示。

绝缘杆由工作部分、绝缘部分和握手部分组成，绝缘部分与握手部分以护环相隔开，它们用浸过绝缘漆的木材、硬塑料、胶木或玻璃钢制成。工作部分一般由金属制成，也可以用玻璃钢等有较大机械强度的绝缘材料制成。绝缘杆握手部分和绝缘部分的最小长度，可根据使用电压的高低及使用场所的不同而定。绝缘杆的长

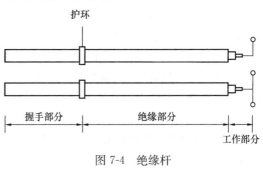

图 7-4　绝缘杆

度如表 7-5 所示。

绝缘杆长度　　　　　　　　　　　　　　　　　　表 7-5

电气设备额定电压	室内设备用		户外设备用	
	绝缘部分长度（m）	握手部分长度（m）	绝缘部分长度（m）	握手部分长度（m）
10kV 以下	0.70	0.30	1.10	0.5
35kV 以下	1.10	0.40	1.40	0.6

　　绝缘部分的有效长度不包括与金属工作部分镶接的一段长度。工作部分金属钩的长度，在满足工作需要的情况下，应该做得尽量短些，一般在 5～8cm，以免由于过长而在操作时引起相间短路或接地短路。绝缘杆在变配电所里主要用于闭合或断开高压隔离开关、安装和拆除携带型接地线以及进行电气测量和试验等工作。在带电作业中，则是使用各种专用绝缘杆。

　　使用绝缘杆的注意事项如下：

　　（1）使用绝缘杆时禁止装设接地线。

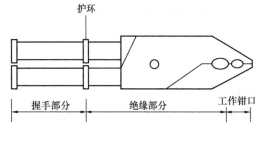

图 7-5　绝缘夹钳

　　（2）使用时工作人员手拿绝缘杆的握手部分，应注意不能超出护环，且要戴绝缘手套、穿绝缘靴（鞋）。

　　（3）绝缘杆每年要进行一次定期试验，试验标准符合相关规定。

（二）绝缘夹钳

　　绝缘夹钳由工作钳口、绝缘部分和握手部分组成，如图 7-5 所示。

　　钳口必须能保证夹紧熔断器。制造绝缘夹钳所用的材料和绝缘杆相同。绝缘夹钳只允许在 35kV 及以下的设备上使用，它的绝缘部分和握手部分长度如表 7-6 所示。

绝缘夹钳长度　　　　　　　　　　　　　　　　　　表 7-6

电气设备额定电压	室内设备用		户外设备用	
	绝缘部分长度（m）	握手部分长度（m）	绝缘部分长度（m）	握手部分长度（m）
10kV 以下	0.45	0.15	0.75	0.20
35kV 以下	0.75	0.20	1.20	0.20

　　绝缘夹钳的使用注意事项如下：

　　（1）夹熔断器时，工作人员的头部不可超过握手部分，并应戴护目眼镜、绝缘手套并穿绝缘靴（鞋）或站在绝缘台（垫）上。

　　（2）工作人员手握绝缘夹钳时身体要保持平稳和精神集中。

　　（3）绝缘夹钳的定期试验为每年一次，试验标准要遵守相关规范。

（三）绝缘手套

　　绝缘手套是在电气设备上进行实际操作时的辅助安全用具，也是在低压设备的带电部分上工作时的基本安全用具。它用特种橡胶制成，如图 7-6 所示。绝缘手套一般分为 12kV 和 5kV 的两种，这都是以试验电压数值命名的。

使用绝缘手套的注意事项如下：

（1）使用前检查时可将手套朝手指方向卷曲，检查有无漏气或裂口等。

（2）戴手套时应将外衣袖口放入手套的伸长部分。

（3）绝缘手套使用后必须擦干净，放在柜子里，并且要和其他工具分开放置。

（4）绝缘手套每半年要试验一次，试验标准应符合相关标准。

图 7-6　绝缘手套

图 7-7　绝缘靴与绝缘鞋

（四）绝缘靴（鞋）

绝缘靴（鞋）是在任何等级的电气设备上工作时，用来与地面保持绝缘的辅助安全用具，也是防止跨步电压的基本安全用具，如图 7-7 所示。绝缘靴（鞋）是用特种橡胶制作的，里面有衬布，它绝不同于日常穿用的雨靴或胶鞋。

使用绝缘靴（鞋）的注意事项如下：

（1）绝缘靴要存放在柜子里，并应与其他工具分开放置。

（2）关于绝缘鞋的使用期限，制造厂规定以大底磨光为止，即当大底露出黄色面胶时就不适合在电气作业中使用了。

（3）绝缘靴（鞋）每半年试验一次，试验标准要符合相关规定。

（五）绝缘垫

绝缘垫是在任何电压设备上带电操作时用来作为对地面绝缘的辅助安全用具。变配电所内应放置绝缘垫的地方，主要是配电装置等处。绝缘垫也是用特种橡胶制成的，其技术数据如下：

（1）使用电压在 1kV 以上时，绝缘垫可作为辅助安全用具；1kV 以下时可作为基本安全用具（接触有电设备时也不会发生重大伤害）。

（2）绝缘垫的规格：厚度有 4mm、6mm、8mm、10mm、12mm 5 种，宽度为 1m，长度为 5m。

使用绝缘垫的注意事项如下：

（1）注意防止与酸、碱、盐类及其他化学药品和各种油类接触，以免受腐蚀后绝缘垫老化、龟裂或变黏，降低绝缘性能。

（2）避免与热源直接接触使用，防止急剧老化变质，破坏绝缘性能，应在 20～40℃ 的温度下使用。

（3）绝缘垫定期每两年试验一次。试验标准是：在 1kV 以上的情况下，试验电压为 15kV；在 1kV 以下的情况下，试验电压为 5kV，试验时间 2min。

（六）携带型接地线

携带型接地线可用来防止设备因突然来电（如错误合闸送电）而带电、消除邻近感应电压或放尽已断开电源的电气设备上的剩余电荷。它是必不可少的安全用具，对保护工作人员的人身安全有着重要作用。

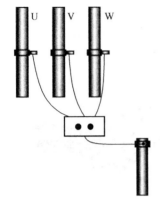
图 7-8 携带型接地线

携带型接地线由短接各相用软导线与接地用软导线，将接地软导线连接到接地极的夹头，将短路软导线连接到设备各相导电部分的夹头三部分组成，如图 7-8 所示。

短路软导线连接到导电部分的夹头必须坚固，以防突然来电时所产生的动力使其脱落，且要便于用绝缘杆进行安装、紧固和拆卸。接地软导线夹头的大小，应适合于连接到接地极的接头上。携带型接地线的所有夹头与软导线的连接，都必须用螺丝连接，以使接触可靠。短路软导线与接地软导线应采用多股裸软铜线，其截面积不应小于 25mm^2。

软铜线的标称截面是考虑接地线在热稳定情况下有足够的机械强度和短路掉闸的短暂时间内不会烧断来确定的。根据计算得知，25mm^2 的接地线可以承受 4kA 的短路电流冲击而不致被烧断。发生短路时，为防止携带型接地线在开关跳闸前烧断而使工作地段失去保护，其截面应满足短路时的热稳定要求，计算公式为：

$$S = I_X\sqrt{t}/264 \tag{7-9}$$

式中　S——携带型接地线的选用截面积，mm^2；

　　　I_X——接地线可能承受的短路稳定电流，A；

　　　t——对应于所取 I_X 的继电保护动作时间，s，并考虑到一段或一级保护发生拒动的可能性。

使用携带型接地线的注意事项如下：

（1）电气装置上需安装接地线时，应安装在导电部分的规定位置。该处不涂漆并应画上黑色标志，要保证接触良好。

（2）装设携带型接地线必须两人进行。装设时应先接接地端，后接导体端。拆接地线的顺序与此相反。装设接地线时应使用绝缘杆并戴绝缘手套。

（3）凡是可能送电至停电设备，或停电设备上有感应电压时，都应装设接地线；检修设备若分散在电气连接的几个部分，则应分别验电并装设接地线。

（4）接地线和工作设备之间不允许连接刀闸或熔断器，以防它们断开时设备失去接地，使检修人员发生触电。

（5）装设时严禁用缠绕的方法进行接地或短路。这是由于缠绕的接触不良，通过短路电流时容易使过热面烧坏，同时还会产生较大的电压降作用于停电设备上。

（6）禁止用普通导线作为接地线或短路线。若用其缠绕短路，因无接地端，工作结束后常会忘记拆除该短路线，送电时将会发生三相短路，造成人身或损坏设备事故。

（7）为了保存和使用好接地线，所有接地线都应编号，放置的处所亦应编号，以便对号存放。每次使用要作记录，交接班时也要交接清楚。

（七）验电笔

验电笔有高压验电笔和低压验电笔两类，它们都是用来检验设备是否带电的工具。在设备断开电源、装设携带型接地线之前，必须用验电笔验明设备是否确已无电。

1. 高压验电笔

高压验电笔是一个用绝缘材料制成的空心管子，管上装有金属制成的工作触头，触头里装有氖光灯和电容器。绝缘部分和握柄用胶木或硬橡胶制成，如图7-9所示。

使用高压验电笔的注意事项如下。

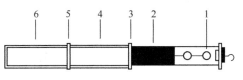

图7-9　高压验电笔

1—氖光灯；2—电容器；3—接地螺丝；
4—绝缘部分；5—护环；6—握柄

（1）必须使用额定电压和被验设备电压等级一致的合格验电笔。验电前应将验电笔在带电的设备上验电，证实验电笔良好时，再在设备进出线两侧逐相进行验电（不能只验一相，因实际工作中曾发生过开关故障跳闸后其某一相仍然有电压的情况）。验明无电压后再把验电笔在带电设备上复核它是否良好。上述操作顺序称"验电三步骤"。

（2）反复验证验电笔的目的是防止使用中的验电笔突然失灵而误把有电设备判断为无电设备，以致发生触电事故。

（3）若持10kV或35kV验电笔可靠地安装在与设备电压相适应的绝缘杆上时，验电笔还可以用来检验更高等级的电压。

（4）在没有验电笔的情况下，可用合格的绝缘杆进行验电。验电时要将绝缘杆缓慢地接近导体（但不准接触），以形成间隙放电，并根据有无放电火花和噼啪声判断有无电压。

（5）在高压设备上进行验电工作时，工作人员必须戴绝缘手套。

（6）高压验电笔每6个月要定期试验一次。

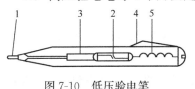

图7-10　低压验电笔

1—工作触头　2—氖灯；3—电阻；
4—金属夹；5—弹簧

2. 低压验电笔

低压验电笔是用来检查低压设备是否有电，以及区别相线与中性线的一种验电工具。外形通常为钢笔式或旋凿式，其结构前端有金属探头，后端有金属挂钩（使用时手必须接触金属挂钩），内部有发光氖泡、降压电阻及弹簧，如图7-10所示。

它的作用原理是：当拿着它测试带电体时，便由带电体经验电笔、人体到大地形成了回路（即使穿了绝缘鞋或站在绝缘垫上，也同样是形成了回路。因绝缘垫的泄漏电流和人体与大地间的电容电流足以使氖泡起辉）。只要带电体和人、地间的电位差超过一定数值（通常约40~60V），验电笔就会发出辉光。若是交流电，氖泡会两极发光；若是直流电则氖泡一极发光。

使用低压验电笔的注意事项如下：

（1）测试前应先在确认的带电体上试验以证明低压验电笔是否良好，防止因氖泡损坏而造成误判断。电工在每天出工前都应试验一次，并注意经常要保持验电笔的完好。

（2）日常工作中要养成使用验电笔的良好习惯。使用验电笔时一般应穿绝缘鞋（俗称电工鞋）。

（3）在明亮光线下测试时，往往不容易看清楚氖泡的辉光。此时，应避光观察并注意仔细测试。

（4）有些设备特别是测试仪表，其外壳常会因感应而带电，验电时氖泡也发亮，但不一定构成触电危险。此时，可用万用表测量等其他方法，判断是否真正带电。

第三节　间　距　和　屏　护

屏护和间距是最为常用的电气安全措施之一。从防止电击的角度而言，屏护和间距属于防止直接接触的安全措施。此外，屏护和间距还是防止短路、故障接地等电气事故的安全措施之一。

一、屏护

(一) 屏护相关概念

屏护是一种对电击危险因素进行隔离的手段，即采用遮栏、护罩、护盖、箱匣等把危险的带电体与外界隔离开来，防止发生人体接触或接近带电体所引起的触电事故。屏护可分为屏蔽和障碍，两者的区别：后者只能防止人体无意识触及或接近带电体，而不能防止有意识移开、绕过或翻过障碍触及或接近带电体。因此屏蔽是完全的防护，障碍是不完全的防护。屏护装置主要用于电气设备不便于绝缘或绝缘不足以保证安全的场合。如开关电气的可动部分，除了作为防止触电的措施外，还是防止电弧伤人、防止电弧短路的重要措施。对于高压设备，由于全部绝缘往往是有困难的，如果人接近至一定程度时，即会发生严重的触电事故，因此不论高压设备是否有绝缘，均要加屏护装置。室内外的变压器和变配电装置，均要有完善的防护。

(二) 屏护的分类

屏护装置按使用要求分为永久性屏护装置和临时性屏护装置，前者如配电装置的遮栏、开关的罩盖等；后者如检修工作中使用的临时屏护装置和临时设备的屏护装置等。

屏护装置按使用对象分为固定屏护装置和移动屏护装置，如母线的护网就属于固定屏护装置；而跟随天车移动的天车滑线屏护装置就属于移动屏护装置。

(三) 屏护的应用

屏护装置主要用于电气设备不便于绝缘或绝缘不足以保证安全的场合，以下场合需要屏护：

(1) 开关电器的可动部分：闸刀开关的胶盖、铁壳开关的铁壳等。

(2) 人体可能接近或触及的裸线、行车滑线、母线等。

(3) 高压设备（无论是否有绝缘）。

(4) 安装在人体可能接近或触及场所的变配电装置。

(5) 在带电体附近作业时，作业人员与带电体之间、过道、入口等处应装设可移动临时性屏护装置。

(四) 屏护装置的安全条件

尽管屏护装置是简单装置，但为了保证其有效性，须满足如下条件：

(1) 屏护装置所用材料应有足够的机械强度和良好的耐火性能，此外，为防止金属屏护装置意外带电造成触电事故，金属屏护装置必须实行可靠接地或接零。

(2) 屏护装置应有足够的尺寸，遮栏高度不应低于 1.7m，下部边缘离地不应超过 0.1m，对于低压设备，网眼遮栏与裸导体距离不宜小于 0.15m；10kV 设备不宜小于

0.35m；20～30kV 设备不宜小于 0.6m；户内栅栏的高度不应低于 1.2m，户外不应低于 1.5m。

（3）与带电体之间应保持必要的距离，对于低压设备，栅栏与裸露导体之间的距离不宜小于 0.8m，栏条间距离不应超过 0.2m，户外变电装置围墙高度一般不应低于 2.5m。

（4）遮栏、栅栏等屏护装置上根据被屏护对象应有"止步，高压危险"、"禁止攀登，高压危险"等标志。

（5）必要时应配合采用声光报警信号和联锁装置，前者一般是采用灯管或仪表指示有电，后者是采用专门装置，当人体越过屏护装置可能接近带电体时，被屏护的装置自动断电，屏护装置上锁的钥匙应由专人保管。

二、间距

为了防止人体触及或接近带电体造成触电事故，为了避免车辆或其他器具碰撞或过分接近带电体而造成事故，以及为了防止火灾、防止过电压（如雷电过电压、谐振过电压等）放电和各种短路事故，为了操作方便，在带电体与地面之间、带电体与其他设施和设备之间、带电体与带电体之间均需保持一定的安全距离。安全距离的大小取决于电压的高低、设备的类型、安装的方式等因素。

（一）线路间距

架空线路导线在弛度最大时与地面或水面的距离不应小于表 7-7 所示的距离。

导线与地面或水面的最小距离（m）　　　　　　表 7-7

线路经过地区	线路电压		
	<1kV	1～10kV	10～35kV
居民区	6	6.5	7
非居民区	5	5.5	6
不能通航或浮运的河、湖（冬季水面）	5	5	—
不能通航或浮运的河、湖（50 年一遇的洪水水面）	3	3	—
交通困难地区	4	4.5	5
步行可以达到的山坡	3	4.5	5
步行不能达到的山坡、峭壁或岩石	1	1.5	3

在未经相关管理部门许可的情况下，架空线路不得跨越建筑物。架空线路与有爆炸、火灾危险的厂房之间应保持必要的防火间距，且不应跨越具有可燃材料屋顶的建筑物。架空线路导线与建筑物的最小距离如表 7-8 所示。

架空线路导线与街道树木、厂区树木的最小距离如表 7-9 所示，架空线路导线与绿化区树木、公园的树木的最小距离为 3m。

架空线路导线与建筑物的最小距离　　　　　　表 7-8

线路电压（kV）	≤1	10	35
垂直距离（m）	2.5	3.0	4.0
水平距离（m）	1.0	1.5	3.0

架空线路导线与树木的最小距离　　　　　　　　　　　　　　　　　表 7-9

线路电压（kV）	≤1	10	35
垂直距离（m）	1.0	1.5	3.0
水平距离（m）	1.0	2.0	—

架空线路导线与铁路、道路、通航河流、电气线路及管道等设施之间的最小距离如表 7-10 所示。表中，特殊管道指的是输送易燃易爆介质的管道；各项中的水平距离在开阔地区不应小于电杆的高度。

架空线路导线与工业设施的最小距离　　　　　　　　　　　　　　　表 7-10

项　　目				线路电压		
				≤1kV	10 kV	35 kV
铁路	标准轨距	垂直距离（m）	至钢轨顶面	7.5	7.5	7.5
			至承力索接触线	3.0	3.0	3.0
		水平距离（m）	电杆外缘至轨道中心 不交叉	5.0		
			电杆外缘至轨道中心 交叉	杆加高 3.0		
	窄轨	垂直距离（m）	至钢轨顶面	6.0	6.0	7.5
			至承力索接触线	3.0	3.0	3.0
		水平距离（m）	电杆外缘至轨道中心 不交叉	5.0		
			电杆外缘至轨道中心 交叉	杆加高 3.0		
道路		垂直距离（m）		6.0	7.0	7.0
		水平距离（电杆至道路边缘，m）		0.5	0.5	0.5
通航河流		垂直距离（m）	至 50 年一遇的洪水位	6.0	6.0	6.0
			至最高航行水位的最高桅顶	1.0	1.5	2.0
		水平距离（m）	边导线至河岸上缘	最高杆（塔）高		
弱电线路		垂直距离（m）		6.0	7.0	7.0
		水平距离（两线路边导线间，m）		0.5	0.5	0.5
电力线路	≤1kV	垂直距离（m）		1.0	2.0	3.0
		水平距离（两线路边导线间，m）		2.5	2.5	5.0
	10 kV	垂直距离（m）		2.0	2.0	3.0
		水平距离（两线路边导线间，m）		2.5	2.5	5.0
	35 kV	垂直距离（m）		3.0	2.0	3.0
		水平距离（两线路边导线间，m）		5.0	5.0	5.0
特殊管道		垂直距离	电力线路在上方（m）	1.5	3.0	3.0
			电力线路在下方（m）	1.5	—	—
		水平距离（边导线至管道，m）		1.5	2.0	4.0

同杆架设不同种类、不同电压的电气线路时，电力线路应位于弱电线路的上方，高压线路应位于低压线路的上方。横担之间的最小距离如表 7-11 所示。

同杆线路横担之间的最小距离（m）　　　　　　　　　　　　表 7-11

项　目	直线杆	分支杆和转角杆
10kV 与 10kV	0.8	0.45/0.6①
10kV 与低压	1.2	1.0
低压与低压	0.6	0.3
10kV 与通信电缆	2.5	—
低压与通信电缆	1.5	—

① 单回线路采用 0.6m；双回线路距上面的横担采用 0.45m，距下面的横担采用 0.6m。

从配电线路到用户进线处第一个支持点之间的一段导线称为接户线。10kV 接户线对地距离不应小于 4.5m；低压接户线对地距离不应小于 2.75m。低压接户线跨越通车街道时对地距离不应小于 6m；跨越通车困难的街道或人行道时，对地距离不应小于 3.5m。

从接户线引入室内的一段导线称为进户线。进户线的进户端头与接户线端头之间的垂直距离不应大于 0.5m；进户线对地距离不应小于 2.7m。

户内低压线路与工业管道和工艺设备之间的最小距离如表 7-12 所示。表中无括号的数字为电缆管线在管道上方的数据，有括号的数字为电缆管线在管道下方的数据。电缆管线应尽可能敷设在热力管道的下方。当现场的实际情况无法满足表 7-12 所规定距离时，应采取包隔热层、对交叉处的裸母线外加保护网或保护罩等措施。

户内低压线路与工业管道和工艺设备之间的最小距离（m）　　　　　表 7-12

布线方式		穿金属管导线	电缆	明设绝缘导线	裸导线	起重机滑触线	配电设备
燃气管	平行	100	500	1000	1000	1500	1500
	交叉	100	300	300	500	500	—
乙炔管	平行	100	1000	1000	2000	3000	3000
	交叉	100	500	500	500	500	—
氧气管	平行	100	500	500	1000	1500	1500
	交叉	100	300	300	500	500	—
蒸汽管	平行	1000 (500)	1000 (500)	1000 (300)	1000	1000	500
	交叉	300	300	300	500	500	—
供暖热水管	平行	300 (200)	500	300 (200)	1000	1000	100
	交叉	100	100	100	500	500	—
通风管	平行	—	200	200	1000	1000	100
	交叉	—	100	100	500	500	—
上下水管	平行	—	200	200	1000	1000	100
	交叉	—	100	100	500	500	—
压缩空气管	平行	—	200	200	1000	1000	100
	交叉	—	100	100	500	500	—
工艺设备管	平行	—	—	—	1500	1500	100
	交叉	—	—	—	1500	1500	—

直埋电缆埋设深度不应小于 0.7m，并应位于冻土层之下。直埋电缆与工艺设备的最小距离如表 7-13 所示。当电缆与热力管道接近时，电缆周围土壤温升不应超过 10℃，超过时，须进行隔热处理。表 7-13 中的最小距离在采用穿管保护时，应从保护管的外壁算起。

直埋电缆与工艺设备的最小距离（m）　　　　　　表 7-13

敷 设 条 件	平行敷设	交叉敷设
与电杆或建筑物地下基础之间，控制电缆与控制电缆之间	0.6	—
10kV 以下的电力电缆之间或控制电缆之间	1.0	0.5
10～35kV 的电力电缆之间或其他电缆之间	0.25	0.5
不同部门的电缆（包括通信电缆）之间	0.5	0.5
与热力管道之间	2.0	0.5
与可燃气体、可燃液体管道之间	1.0	0.5
与水管、压缩空气管道之间	0.5	0.5
与道路之间	1.5	1.0
与普通铁路路轨之间	3.0	1.0
与直流电气化铁路路轨之间	10.0	—

(二) 用电设备间距

明装的车间低压配电箱底口的高度可取 1.2m，暗装的可取 1.4m。明装电能表板底距地面的高度可取 1.8m。

常用开关电气的安装高度为 1.3～1.5m，开关手柄与建筑物之间保留 150mm 的距离，以便于操作。墙用平开关，离地面高度可取 1.4m。明装插座离地面高度可取 1.3～1.8m，暗装的可取 0.2～0.3m。

户内灯具高度应大于 2.5m，受实际条件约束达不到时，可减为 2.2m，低于 2.2m 时，应采取适当的安全措施。当灯具位于桌面上方等人碰不到的地方时，高度可减为 1.5m。户外灯具高度应大于 3m；安装在墙上时减为 2.5m。

起重机具至线路导线间的最小距离，1kV 及 1kV 以下者不应小于 1.5m；10kV 者不应小于 2m。

(三) 检修间距

为了防止在检修工作中人体及其所携带的工具触及或接近带电体，必须保证足够的检修间距。

低压操作时，人体及其所携带工具与带电体之间的距离不得小于 0.1m。

高压作业时，各种作业类别所要求的最小距离如表 7-14 所示。

高压作业的最小距离（m）　　　　　　表 7-14

类　　别	电压等级	
	10kV	35kV
无遮拦作业，人体及其所携带工具与带电体之间[①]	0.7	1.0
无遮拦作业，人体及其所携带工具与带电体之间，用绝缘杆操作	0.4	0.6
线路作业，人体及其所携带工具与带电体之间[②]	1.0	2.5
带电水冲洗，小型喷嘴与带电体之间	0.4	0.6
喷灯或气焊火焰与带电体之间[③]	1.5	3.0

① 距离不足时，应装设临时遮拦。

② 距离不足时，邻近线路应当停电。

③ 火焰不应喷向带电体。

第四节 低压电气安全

低压电气设备主要包括低压保护电气、开关电气和电动机等。

一、低压保护电气

低压保护电气主要包括各种熔断器、磁力起动器的热断电器、电磁式过电流继电器、低压断路器的热脱扣器、电磁式过电流脱扣器和失压（欠压）脱扣器等。继电器和脱扣器的区别在于：前者带有触头，通过触头进行控制；后者没有触头，直接由机械运动进行控制。

（一）低压保护电气保护类型

保护电气分别起短路保护、过载保护和失压（欠压）保护的作用。

短路保护是指线路或设备发生短路时，迅速切断电源。熔断器、电磁式过电流继电器和脱扣器都是常用的短路保护装置。应当注意，在中性点直接接地的三相四线制系统中，当设备发生碰壳事故时，短路保护装置应该迅速切断电源，以防触电。在这种情况下，短路保护装置直接承担人身安全和设备安全两方面的任务。

过载保护是当线路或设备的载荷超过允许范围时，能延时切断电源的一种保护。热继电器的热脱扣器是常用的过载保护装置；熔断器可用作照明线路或其他没有冲击载荷的线路或设备的过载保护装置。由于设备损坏往往造成人身事故，过载保护对人身安全也有很大意义。

失压（欠压）保护是当电源电压消失或低于某一限度时，能自动断开线路的一种保护。其作用是当电压恢复时，设备不致突然起动，造成事故。同时，能避免设备在过低的电压下勉强运行而损坏。

（二）熔断器

选用熔断器时，应注意其防护形式应满足生产环境的要求；其额定电压应符合线路电压；其额定电流应满足安全条件和工作条件的要求；其极限分断电流应大于线路上可能出现的最大故障电流；其保护特性应与保护对象的过载特性相适应。在多级保护的场合，为了满足选择性的要求，上一级熔断器的熔断时间一般应大于下一级的3倍。为保护硅整流装置，应采用有限流作用的快速熔断器。

同一熔断器可以配用几种不同规格的熔体，但熔体的额定电流不得超过熔断器的额定电流。熔断器的熔体与触刀、触刀与刀座应保持接触良好，触头钳口应有足够的压力。在有爆炸危险的环境，不得装设电弧可能与周围介质接触的熔断器；一般环境也必须考虑防止电弧飞出的措施。应当在停电以后更换熔体；不能轻易改变熔体的规格；不得使用不明规格的熔体，更不准随意使用铜丝或铁丝代替熔丝。

（三）热继电器

热继电器和热脱扣器是利用电流的热效应做成的。同一热继电器或同一热脱扣器可以根据需要配用几种规格的热元件，每种额定电流的热元件，动作电流均可在小范围内调整。为适应电动机过载特性的需要，热元件通过额定电流时，继电器或脱扣器不动作；通过 1.2 倍额定电流时，动作时间将近 20min；通过 1.5 倍额定电流时，动作时间将近 2min；为适应电动机启动要求，热元件通过 6 倍额定电流时，动作时间应超过 5s，可见其热容量较大，动作不可能太快，只宜作过载保护，而不宜作短路保护。继电器或脱扣器的动作电流整定为长期允许负荷电流的大小即可。

（四）电磁式继电器

不带延时的电磁式过电流继电器（或脱扣器）的动作时间不超过 0.1s，短延时的仅为 0.1～0.4s。这两种都适用于短路保护。从人身安全的角度看，采用这种过电流保护电器有很大的优越性，因为它能大大缩短碰壳故障持续的时间，迅速消除触电的危险。长延时的电磁式过电流继电器（或脱扣器）的动作时间都在 1s 以上，而且具有反时限特性，适用于过载保护。

二、开关电气

（一）刀开关

刀开关是手动开关，包括胶盖刀开关、石板刀开关、铁壳开关、转扳开关、组合开关等。手动减压启动器属于带有专用机构的刀开关。用刀开关操作异步电动机时，开关额定电流应大于或等于电动机额定电流的 3 倍。

（二）低压断路器

选用低压断路器时，应当注意低压断路器的额定电压及其欠电压脱扣器的额定电压不得低于线路额定电压；断路器的额定电流及其过电流脱扣器的额定电流不应小于线路计算负荷电流；断路器的极限通断能力不应小于线路最大短路电流；低压断路器瞬时（或短延时）过电流脱扣器的整定电流应小于线路末端单相短路电流的 2/3。

低压断路器的瞬时动作过电流脱扣器的整定电流应大于线路上可能出现的峰值电流。低压断路器的瞬时动作过电流脱扣器动作电流的调整范围多为其额定电流的 4～10 倍。长延时动作过电流脱扣器应按照线路计算负荷电流或电动机额定电流整定，具有反时限特性，以实现过载保护。短延时动作过电流脱扣器一般都是定时限的，延时为 0.1～0.4s。该脱扣器亦按线路峰值电流整定，但其值应大于或等于下级低压断路器短延时或瞬时动作过电流脱扣器整定值的 1.2 倍。一台低压断路器可能装有以上三种过电流脱扣器，也可能只装其中的两种或一种。上级断路器保护特性应高于下级的保护特性，二者不能交叉。

（三）交流接触器

各等级接触器的磁系统是通用的，电磁铁工作可靠、损耗小、噪声小，具有很高的机械强度，线圈的接线端装有电压规格的标志牌，标志牌按电压等级着有特定的颜色，清晰醒目，接线方便，可避免因接错电压规格而导致线圈烧毁。

交流接触器常见故障及处理方法如下：

（1）铁芯吸不上或吸力不足：电流电压过低，线圈技术参数不符合使用要求，线圈烧毁或断线、卡住、生锈、弹力过大。

（2）铁芯不放开或释放过慢：触头熔焊或压力过小、卡住、生锈，磁面有油污或尘埃，剩磁过大（铁芯材料或加工问题）。

（3）线圈过热或烧损：铁芯不能完全吸合，使用条件不符，操作频率过高（交流），空气潮湿或含有腐蚀性气体。

（4）电磁铁噪声过大：电压过低，压力过大，磁面不平、有油污或尘埃，短路环断裂。

（5）触头熔焊：操作频率过高或过负荷，触头表面有金属颗粒突起或异物，有卡住现象。

复 习 思 考 题

1. 根据评级标准，电气设备有哪几类定级？

2. 按保护功能区分的绝缘形式有哪几种？适用于哪种电击事故的防护？

3. 绝缘安全工具有哪些？使用过程中要注意什么？

4. 屏护装置的安全条件是什么？

5. 低压保护电气有哪些？其作用是什么？

第八章 触电防护技术

触电事故是电气安全最主要的事故类型。在电气事故中，触电事故导致的死亡率比其他类别的事故要高得多，了解触电原理，采取有效的防触电措施，采用正确的方法对触电者进行救治，是电气安全技术重要内容之一。

第一节 触电事故种类

按照人体触及带电体的方式和电流通过人体的途径，触电可以分为以下几种情况。

一、电击

电流通过人体，刺激机体组织，使肌肉非自主地发生痉挛性收缩而造成的伤害，严重时会破坏人的心脏、肺部、神经系统的正常工作，形成危及生命的伤害。电击对人体的效应是由通过的电流决定的，而电流对人体的伤害程度与通过人体电流的强度、种类、持续时间、通过途径及人体状况等多种因素有关。按照人体触及带电体的方式，电击可分为以下几种情况。

（一）单相触电

指人体接触到地面或其他接地导体的同时，人体另一部位触及某一相带电体所引起的电击。发生电击时，所触及的带电体为正常运行的带电体，称为直接接触电击。而当电气设备发生事故（例如绝缘损坏，造成设备外壳意外带电），人体触及意外带电体所发生的电击称为间接接触电击。根据国内外的统计资料，单相触电事故占全部触电事故的70%以上。因此，防止触电事故的技术措施应将单相触电作为重点。图8-1和图8-2给出了中性点直接接地单相触电和中性点不接地单相触电的示意图。

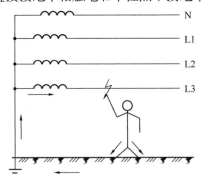

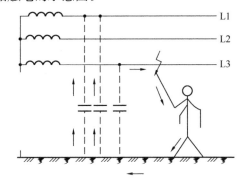

图 8-1　中性点直接接地单相触电　　　图 8-2　中性点不接地单相触电

（二）两相触电

指人体的两个部位同时触及两相带电体所引起的电击。在此情况下，人体所承受的电压为三相系统中的线电压，因电压相对较大，其危险性也较大，如图 8-3 所示。

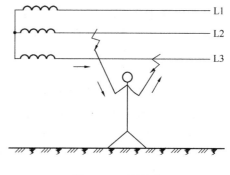

（三）跨步电压触电

指站立或行走的人体，受到出现于人体两脚之间的电压，即跨步电压作用所引起的电击。跨步电压是当带电体接地，电流自接地的带电体流入地下时，在接地点周围的土壤中产生电压降形成的。

图 8-3　两相触电

实际上跨步电压触电也属于间接触电形式。当接地短路电流通过接地装置时，大地表面形成分布电位，在地面上距设备水平距离为 0.8m 处与沿设备外壳或构架距地面垂直距离为 1.8m 处两点之间的电位差，称为接触电势。当两脚跨在为接地电流所确定的各种电位的地面上，两脚间的电位差，称为跨步电压，由跨步电压造成的触电称为跨步电压触电。在地面上距离接地点越远，电位越低，在接地点附近，电位曲线很陡，距接地点 1m 约下降 68%，距离接地点 20m 约为 0V。

如图 8-4 所示，跨步电压为：

$$U_s = \varphi_1 - \varphi_2 \tag{8-1}$$

式中　U_s——跨步电压；

φ_1——人左脚所站处的电位；

φ_2——人右脚所站处的电位。

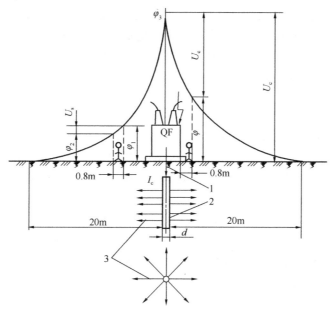

图 8-4　接地电流由单根接地体向四周流散的情况

1—接地导线；2—接地体；3—流散电流；U_c—对地电压；I_c—接地电流；QF—油断路器

接触电压则是指在接地电流回路上，一人同时触及的两点之间的电位差。接触电压通常按水平方向为 0.8m，垂直方向 1.8m 计算。图 8-4 中的 U_c 表示人接触到油断路器 QF 时的接触电压，等于油断路器 QF 的电位 φ_3 和脚所站地方的电位 φ 之差，即

$$U_c = \varphi_3 - \varphi \tag{8-2}$$

接地电流是指由于绝缘损坏而发生的经故障点流入地中的电流，亦称故障接地电流。在图 8-4 中，接地电流经油断路器 QF 的外壳、接地导线、钢管接地体而散流入地中。下列情况和部位可能发生跨步电压触电：

（1）带电导体特别是高压导体故障接地或接地装置流过故障电流时，流散电流在附近地面各点产生的电位差，可造成跨步电压触电。

（2）正常时有较大工作电流流过的接地装置附近，流散电流在地面各点产的电位差，可造成跨步电压触电。

（3）防雷装置遭受雷击，或高大设施、高大树木遭受雷击时，极大的流散电流在其接地装置或接地点附近地面产生的电位差，可造成跨步电压触电。跨步电压的大小受接地电流大小、人体所穿的鞋和地面特征、两脚之间的跨距、两脚的方位以及离接地点的远近等因素的影响。人的跨距一般按 0.8m 考虑。由于跨步电压受很多因素的影响，以及由于地面电位分布的复杂性，几个人在同一地带（如在同一棵大树下，或在同一故障接地点附近）遇到跨步电压触电时，可能出现截然不同的后果。人体遇到跨步电压触电时，电流沿着人的下身，从脚到脚与大地形成回路，使双脚发麻或抽筋，并很快倒地。跌倒后由于头脚之间的距离大，使作用于人身体上的电压增高，电流相应增大，并有可能使电流通过人体内部重要器官而出现致命的危险。

（四）剩余电荷触电

电气设备的相间绝缘和对地绝缘都存在电容效应。由于电容器具有储存电荷的性能，因此在刚断开电源的停电设备上，都会保留一定量的电荷，称为剩余电荷。如此时有人触及停电设备，就可能遭受剩余电荷电击。另外，如大容量电力设备和电力电缆、并联电容器等在摇测绝缘电阻后或耐压试验后都会有剩余电荷的存在。设备容量越大、电缆线路越长，这种剩余电荷的积累电压越高。因此，在摇测绝缘电阻或耐压试验工作结束后，必须注意充分放电，以防剩余电荷电击。

（五）感应电压触电

由于带电设备的电磁感应和静电感应作用，能使附近的停电设备上感应出一定的电位，其数值的大小取决于带电设备电压的高低、停电设备与带电设备两者的平行距离、几何形状等因素。感应电压往往是在电气工作者缺乏思想准备的情况下出现的，因此，具有相当的危险性。在电力系统中，感应电压触电事故屡有发生，甚至造成伤亡事故。

（六）静电触电

静电电位可高达数万伏至数十万伏，可能发生放电，产生静电火花，引起爆炸、火灾，也能造成对人体的电击伤害。由于静电电击不是电流持续通过人体的电击，而是由于静电放电造成的瞬间冲击性电击，能量较小，通常不会造成人体心室颤动而死亡。但是其往往造成二次伤害，如高处坠落或其他机械性伤害，因此同样具有相当的危险性。

二、电伤

电伤是电流的热效应、化学效应、机械效应等对人体所造成的伤害。此伤害多见于人体的

外部，往往在人体表面留下伤痕。电伤属于局部伤害，其危险程度取决于受伤面积、受伤深度、受伤部位等。电伤包括电烧伤、电烙印、皮肤金属化、机械损伤、电光眼等多种伤害。

（一）电烧伤

电烧伤是最为常见的电伤害，大部分触电事故都含有电烧伤成分。电烧伤可分为电流灼伤和电弧烧伤。

电流灼伤是人体同带电体接触，电流通过人体时，因电能转换成的热能引起的伤害。由于人体与带电体的接触面积一般都不大，且皮肤电阻又比较高，因而产生在皮肤与带电体接触部位的热量较多，使皮肤受到比体内严重得多的灼伤。电流越大、通电时间越长、电流途径上的电阻越大，则电流灼伤越严重。由于接近高压带电体时会发生击穿放电，因此，电流灼伤一般发生在低压电气设备上。因电压较低，形成电流灼伤的电流不太大。但数百毫安的电流即可造成灼伤，数安培的电流则会形成严重的灼伤。在高频电流下，因皮肤电容的旁路作用，有可能发生皮肤仅有轻度灼伤而内部组织却被严重灼伤的情况。

电弧烧伤是由弧光放电造成的烧伤。电弧发生在带电体与人体之间，有电流通过人体的烧伤称为直接电弧烧伤；电弧发生在人体附近，对人体形成的烧伤以及被熔化金属溅落的烫伤称为间接电弧烧伤。弧光放电时电流很大，能量也很大，电弧温度高达数千摄氏度，会造成大面积的深度烧伤，严重时能将机体组织烘干、烧焦。电弧烧伤既可以发生在高压系统，也可以发生在低压系统。在低压系统中，带负荷（尤其是感性负荷）拉开裸露的闸刀开关时，产生的电弧会烧伤操作者的手部和面部；当线路发生短路，开启式熔断器熔断时，炽热的金属微粒飞溅出来会造成灼伤；因误操作引起的短路也会导致电弧烧伤等。在高压系统中，误操作会产生强烈的电弧，造成严重的烧伤；人体过分接近带电体，其间距小于放电距离时，直接产生强烈的电弧，造成电弧烧伤，严重时会因电弧烧伤而死亡。

（二）电烙印

电烙印是电流通过人体后，在皮肤表面接触部位留下与接触带电体形状相似的斑痕，如同烙印。斑痕处皮肤呈现硬变，表层坏死，失去知觉。

（三）皮肤金属化

皮肤金属化是由高温电弧使周围金属熔化、蒸发并飞溅渗透到皮肤表层、内部所造成的。

（四）机械损伤

机械损伤多数是由于电流作用于人体，使肌肉产生非自主的剧烈收缩所造成的，其损伤包括肌腱、皮肤、血管、神经组织断裂以及关节脱位乃至骨折等。

（五）电光眼

电光眼表现为角膜和结膜发炎。弧光放电时辐射的红外线、可见光、紫外线都会损伤眼睛。在短暂照射的情况下，引起电光眼的主要原因是紫外线。

第二节　人体通过电流的效应

一、电流对人体的作用

电流对人体的作用指的是电流通过人体内部对于人体的有害作用，如电流通过人体时会引起针刺感、压迫感、打击感、痉挛、疼痛乃至血压升高、昏迷、心律不齐、心室颤动等症状。电流通过人体内部对人体伤害的严重程度，与通过人体电流的大小、持续时间、途径、种类及人体的状况等多种因素有关，特别是和电流大小与通电时间有着十分密切的关系。

人体工频电流试验的典型资料见表 8-1 和表 8-2。

左手-右手电流途径的实验资料（mA） 表 8-1

感 觉 情 况	初试者百分数		
	5%	50%	95%
手表面有感觉	0.7	1.2	1.7
手表面有麻痹似的连续针刺感	1.0	2.0	3.0
手关节有连续针刺感	1.5	2.5	3.5
手有轻微颤动，关节有受压迫感	2.0	3.2	4.4
上肢有强力压迫的轻度痉挛	2.5	4.0	5.5
上肢有轻度在痉挛	3.2	5.2	7.2
手硬直、有痉挛，但能伸开，已感到有轻度疼痛	4.2	6.2	8.2
上肢有剧烈痉挛，失去知觉，手的前表面有连续针刺感	4.3	6.6	8.9
手的肌肉直到肩部全面痉挛，还可以摆脱带电体	7.0	11.0	15.0

单手-双脚电流途径的实验资料（mA） 表 8-2

感 觉 情 况	初试者百分数		
	5%	50%	95%
手表面有感觉	0.9	2.2	3.5
手表面有麻痹似的针刺感	1.8	3.4	5.0
手关节有轻度压迫感，有强烈的连续针刺感	2.9	4.8	6.7
前肢有压迫感	4.0	6.0	8.0
前肢有压迫感，足掌开始有连续针刺感	5.3	7.6	10.0
手关节有轻度痉挛，手动作困难	5.5	8.5	11.5
上肢有连续针刺感，腕部，特别是手关节有强烈痉挛	6.5	9.5	12.5
肩部以下有强烈连续针刺感，肘部以下僵直，还可以摆脱带电体	7.5	11.0	14.5
手指关节、踝骨、足眼有压迫感，手的大拇指（全部）痉挛	8.8	12.3	15.8
只有尽最大努力才可能摆脱带电体	10.0	14	18.0

二、电击伤害程度与电流的关系

电流对人体伤害的程度与通过人体电流的大小、电流通过人体的持续时间、电流通过人体的途径、电流的种类等多种因素有关。而且，上述各个影响因素相互之间，尤其是电流大小与通电时间之间也有着密切的联系。

通过人体的电流越大，人体的生理反应越明显，伤害越严重。对于工频交流电，按照通过人体的电流强度的不同以及人体呈现的反应不同，将作用于人体的电流划分为三级。

(一) 感知电流和感知阈值

感知电流是指电流流过人体时可引起感觉的最小电流。感知电流的最小值称为感知阈值。感知电流及感知阈值随着个体的差异是不同的。成年男性平均感知电流约为 1.1mA（有效值，下同），成年女性约为 0.7mA。对于正常人体，感知阈值平均为 0.5mA。感知电流与感知阈值和电流持续时间长短无关，但与其频率有关，频率越高，感知电流值越大，即人体对低频电流更为敏感。

(二) 摆脱电流和摆脱阈值

摆脱电流是指人在触电后能够自行摆脱带电体的最大电流。摆脱电流的最小值称为摆脱阈值。随着通过人体的电流值增大，人对自身肌肉的自主控制能力越来越弱，当电流达到某一值时，人就不能自主地摆脱带电体，所以，当通过人体的电流大于摆脱阈值时，受电击者自救的可能性便不复存在。摆脱电流和摆脱阈值也随着个体差异而存在着不同，成年男性平均摆脱电流约为 16mA；成年女性平均摆脱电流约为 10.5mA；成年男性最小摆脱电流约为 9mA；成年女性最小摆脱电流约为 6mA；儿童的摆脱电流较成人要小。对于正常人体，摆脱阈值平均为 10mA，与电流持续时间无关，且在 2～150Hz 范围内基本上与频率无关。

(三) 室颤电流和室颤阈值

室颤电流是指引起心室颤动的最小电流，其最小电流即室颤阈值。从医学角度讲，心室颤动导致死亡的概率很大，因此，室颤电流可以认为致命电流。室颤电流不仅与电流大小有关，还与电流持续时间关系密切，另外，还与受电击对象的体重有关。图 8-5 所示为室颤电流—时间曲线。由图可知，室颤电流—时间曲线与心脏搏动周期密切相关，当电流持续时间小于一个心脏搏动周期时，电流超过 500mA 才能够引发室颤；当电流持续时间大于一个心脏搏动周期时，很小的电流，如 50mA 就很可能引发室颤。

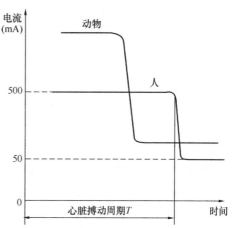

图 8-5　室颤电流—时间曲线

目前，室颤电流界限用于防电击漏电保护动作电流值的确定。发生室颤的危险性与能量的积累有关，下式给出了划分室颤电流界限的依据：

$$I^2 t = K_D \tag{8-3}$$

式 (8-3) 在电流持续时间为 0.01～5s 时有效，系统 K_D 按 0.5% 最大不引发室颤电流曲线得出为 116mA² · s，也就是说，如果电击发生时 $I^2 t < 116$mA² · s，则发生室颤的可能性在 0.5% 以下。

通过人体电流的持续时间越长，越容易引起心室颤动、危险性就越大。

电流通过心脏会引起心室颤动，电流较大时会使心脏停止跳动，从而导致血液循环中断而死亡。电流通过中枢神经或有关部位，会引起中枢神经严重失调而导致死亡。电流通过头部会使人昏迷，或对脑组织产生严重损坏而导致死亡。电流通过脊髓，会使人瘫痪等。上述伤害中，以心脏伤害的危险性为最大。因此，流经心脏的电流多、电流路线短的途径是危险性最大的途径。

室颤电流若从左手到双脚的电流通路流通，是最容易引发室颤、最不利的一种情况，若电流从别的通路流通，则室颤电流值应有所不同，这种差别由心脏电流因数表征。利用心脏电流因数可以粗略估计不同电流途径下心室颤动的危险性。心脏电流因数是某一路径的心脏内电场强度与从左手到双脚流过相同大小电流时的心脏内电场强度的比值：

$$F = \frac{\sigma_{ref}}{\sigma_h} \tag{8-4}$$

式中　　σ_{ref}——电流通过某一通路在心脏所产生的电流密度；

σ_h——同一电流从左手到双脚时在心脏内产生的电流密度。

表 8-3 给出了各种电流途径的心脏电流因数。

各种电流途径的心脏电流因数　　　　　　　　表 8-3

电流途径	心脏电流因数
左手—左脚、右脚或双脚	1.0
双手—双脚	1.0
左手—右手	0.4
右手—左脚、右脚或双脚	0.8
右手—背	0.3
左手—背	0.7
胸—右手	1.3
胸—左手	1.5
臀部—左手、右手或双手	0.7

利用心脏电流因数可以计算出某一通路的室颤电流 I_h，这个电流与从左手到双脚通路的电流 I_{ref} 有相同的室颤危险概率。

$$I_h = \frac{I_{ref}}{F} \tag{8-5}$$

式中　　I_{ref}——从左手到双脚的室颤电流；

I_h——某一通路的室颤电流；

F——某一通路相应的心脏电流因数。

例如，从左手到右手流过 150mA 的电流，由表 8-3 可知，左手到右手的心脏电流因数为 0.4，因此，150mA 电流引起心室颤动的危险性与左手到双脚电流途径下 60mA 电流的危险性大致相同。电流对人体作用的影响见表 8-4 和表 8-5。

电流对人体作用的影响因素　　　　　　　　表 8-4

	工频电流（mA）		直流电流（mA）	
	男性	女性	男性	女性
感知电流	1.1	0.7	5.2	3.5
摆脱电流	16	10.5	76	51
致命电流	50		500（3s），1300（0.03s）	

电流对人体作用的影响因素　　　　　　　　　　　　　　　　　　　表 8-5

电流范围	电流（mA）	电流持续时间	生理效应
1	0～0.5	连续通电	没有感觉
A_1	0.5～5	连续通电	开始有感觉，手指手腕等处有麻感，没有痉挛，可以摆脱带电体
A_2	5～30	数分钟以内	痉挛，不能摆脱带电体，呼吸困难，血压升高，是可以忍受的极限
A_3	30～50	数秒至数分钟	心脏跳动不规则，昏迷，血压升高，强烈痉挛，时间过长即引起心室颤动
B_1	50～数百	低于脉搏周期	受强烈刺激，但未发生心室颤动
		超过脉搏周期	昏迷，心室颤动，接触部位留有电流通过的痕迹
B_2	超过数百	低于脉搏周期	在心脏搏动周期特定相位电击时，发生心室颤动，昏迷，接触部位留有电流通过的痕迹
		超过脉搏周期	心脏停止跳动，昏迷，可能有致命的电灼伤

三、人体阻抗

由以上讨论可知，通过人体的电流大小不同，引起的人体生理反应也不同，而通过人体电流的大小，主要由接触电压和电流流过通路的阻抗决定。大多数情况下反映电击危险的电气参量是接触电压，因此，只有知道了人体阻抗，才能计算出流经人体的电流大小，从而能够正确地评估电击危险性。人体阻抗是定量分析人体电流的重要参数之一，也是处理许多电气安全问题所必须考虑的基本因素。人体皮肤、血液、肌肉、细胞组织及其结合部位等构成了含有电阻和电容的阻抗。其中，皮肤电阻在人体阻抗中占有很大的比例。人体阻抗包括皮肤阻抗和体内阻抗，总阻抗呈阻容性，其等效电路如图 8-6 所示。

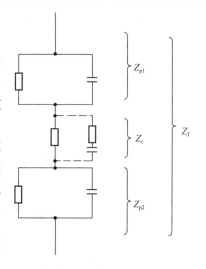

图 8-6　人体阻抗的等效电路

图中，Z_i 为人体内阻抗；Z_{p1} 和 Z_{p2} 为人体皮肤阻抗；Z_T 为总阻抗。

（一）皮肤阻抗 Z_p

皮肤由外层的表皮和表皮下面的真皮组成。表皮最外层的角质层，其电阻很大，在干燥和清洁的状态下，其电阻率可达 $1 \times 10^5 \sim 1 \times 10^6 \ \Omega \cdot m$。皮肤阻抗是指表皮阻抗，即皮肤上电极与真皮之间的电阻抗，以皮肤电阻和皮肤电容并联来表示。皮肤电容是指皮肤上电极与真皮之间的电容。电流增加时，皮肤阻抗会降低，另外，皮肤阻抗也会随着电流频率的增加而下降。皮肤阻抗值与接触电压、电流幅值和持续时间、频率、皮肤潮湿程度、接触面积和施加压力等因素有关。

（二）体内阻抗 Z_i

体内阻抗是除去表皮之后的人体阻抗，虽存在少量电容，但可以忽略不计，因此，体内阻抗基本上可以视为纯电阻。体内阻抗主要由电流通路决定，接触面积所占成分较小，但当接触面积小至几平方毫米时，人体内阻抗会增加。

（三）人体总阻抗 Z_T

人体总阻抗是包括皮肤阻抗及体内阻抗的全部阻抗，由电流通路、接触电压、通电时间、电流频率、皮肤潮湿程度、接触面积、施加压力以及温度等因素共同决定。当接触电压在 50V 以下时，由于皮肤阻抗的变化，人体总阻抗也在很大的范围内变化；当接触电压逐渐升高时，人体总阻抗与皮肤阻抗关系越来越微弱；当皮肤被击穿破损后，人体总阻抗近似等于体内阻抗。另外，由于存在皮肤电容，人体的直流电阻高于交流阻抗。人体总阻抗值与频率呈负相关性，这是因为皮肤容抗随频率的增加而下降，从而导致总阻抗降低。在正常环境下，人体皮肤干燥时，人体工频总阻抗典型值为 1000～3000Ω。在人体接触电压出现的瞬间，由于电容尚未充电（相当于短路），皮肤阻抗可以忽略不计，这时的人体总阻抗称为初始电阻 R_i，R_i 约等于人体阻抗 Z_i，典型值为 500Ω。人体阻抗如表 8-6 所示。

人 体 阻 抗（单位：Ω）　　　　　　　　　　　　　表 8-6

接触电压（V）	人体阻抗（Ω）			
	皮肤干燥	皮肤润滑	皮肤潮湿	皮肤浸入水中
10	7000	3500	1200	600
25	5000	2500	1000	500
50	4000	2000	875	440
100	3000	1500	770	375
250	1500	1000	650	325

第三节　触电事故预防技术

一、直接接触触电电击预防技术

（一）绝缘

绝缘是用绝缘物把带电体封存起来。电气设备的绝缘应符合其相应的电压等级、环境条件和使用条件。电气设备的绝缘良好，不得受潮，表面不得有粉尘、纤维或其他污物，不得有裂痕或放电痕迹，表面光泽不得减退，不得有脆裂、破损，弹性不得消失，运行使用不得有异味。

绝缘的电气指标主要是绝缘电阻。绝缘电阻用兆欧表测量。任何情况下绝缘电阻应符合专业标准的规定。

（二）屏护

屏护是采用遮拦、护罩、护盖、箱匣等将带电体同外界隔绝开来。屏护装置应有足够的尺寸。应与带电体保证足够的安全距离：遮拦与低压裸导体的距离不应小于 0.8m；网眼遮拦与裸导体之间的距离，低压设备不宜小于 0.15m，10kV 设备不宜小于 0.35m。屏护装置应安装牢固。金属材料制成的屏护装置应可靠接地（或接零）。遮拦、栅栏应根据需要挂标示牌。遮拦出入口的门上应根据需要安装信号装置和连锁装置。

（三）间距

间距是将可能触及的带电体置于可能触及的范围之外。其安全作用与屏护的安全作用基本相同。带电体与地面之间、带电体与其他设施和设备之间、带电体与带电体之间均需保持一定的安全距离。安全距离的大小决定电压高低、设备类型、环境条件和安装方式等因素。架空线路的间距须考虑气温、风力、覆冰和环境条件的影响。

二、间接接触触电电击预防技术

当电气设备漏电时，其外壳、支架以及与之相连的其他金属部分都会呈现电压。当有人触及这些意外的带电部分时，就可能发生触电事故，即间接接触电击。为了保护人的生命安全和电力系统的可靠运行，需要对电气设备采取接地或接零的措施。所谓保护接地，就是把在故障情况下可能呈现危险的对地电压的金属部分与大地紧密地连接起来。保护接零就是把电气设备在正常情况下不带电的金属部分与电网的保护零线紧密地连接起来。

《系统接地的型式及安全技术要求》GB 14050—2008 中对系统接地形式以拉丁字母做代号的意义进行了规定。

第一个字母表示电源端与地的关系如下；

T——电源端有一点直接接地；

I——电源端多有带电部分不接地或有一点通过阻抗接地。

第二个字母表示电气装置的外露可导电部分与地的关系如下。

T——电气装置的外露可导电部分直接接地，此接地点在电气上独立于电源端的接地点；

N——电气装置的外露可导电部分与电源端接地点有直接电气连接。

短横线（-）后的字母用来表示中性导体与保护导体的组合情况如下。

S——中性导体和保护导体是分开的。

C——中性导体和保护导体是合一的。

下面介绍常见的三种系统接地型式，即 IT，TT 和 TN 系统，其中 TN 系统又分为TN-C、TN-S、TN-C-S方式。

（一）IT 系统

1. 接地的基本概念

接地，一般是指电气装置为达到安全和功能的目的而采用接地系统与大地做电气连接的方式，主要有如下几种类型：

（1）工作接地

在正常或事故情况下，为了保证电气设备可靠运行，必须在电力系统中某点（例如变压器的中性点）与地进行金属性连接，这种接地称为工作接地，例如电力系统正常运行需要的接地（如电源中性点接地）。它可以在工作或事故情况下，保证电气设备可靠地运行，降低人体的接触电压，迅速切断故障设备，降低了电气设备和配电线路对绝缘的要求。

（2）保护接地

为了保证电网故障时人身和设备的安全而进行的接地。电气设备外露导电部分和设备外导电部分在故障情况下可能带电压，为了降低此电压，减少对人身的危害，应将其接地。例如电气装置的金属外壳的接地、母线的金属支架的接地等。

保护接地通常有两种形式：一种是将设备的外壳通过公共的 PE 线或 PEN 线接地；另一种将设备的外壳通过各自的接地体与大地紧密相接，即保护接零（TN 系统）与保护接地（IT 系统和 TT 系统）。

（3）防雷接地

为了防止雷电过电压对电气设备和人身安全的危害而进行的接地。例如避雷针、避雷器等的接地。

（4）防静电接地

为了消除静电对电气设备和人身安全的危害而进行的接地。例如输送某些液体或气体的金属管道的接地。

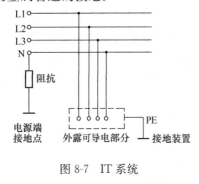

图 8-7　IT 系统

2.IT 系统的保护原理

所谓保护接地，就是将正常情况下不带电，而在绝缘材料损坏后或其他情况下可能带电的电气金属部分（即与带电部分相绝缘的金属结构部分），用导线与接地体可靠连接起来的一种保护接线方式。接地保护一般用于配电变压器中性点不直接接地（三相三线制）的供电系统，即 IT 系统，用以保证当电气设备因绝缘损坏而漏电时产生的对地电压不超过安全范围。

《系统接地的型式及安全技术要求》GB 14050—2008 中对 IT 系统的定义为：电源端的带电部分不接地或有一点用过阻抗接地，电气装置的外露可导电部分直接接地，如图 8-7 所示。

在不接地的低压系统中，当设备或线路其中一相对地漏电碰壳时，接地电流将通过人体和电网对地绝缘阻抗形成回路，如图 8-8 所示。

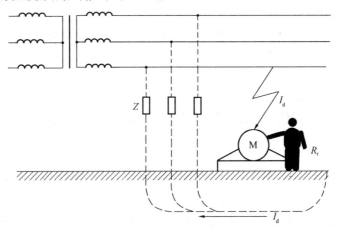

图 8-8　不接地危险性原理图

一般情况下，电网的绝缘电阻大于分布电容的容抗，当电网对地绝缘正常时，漏电设

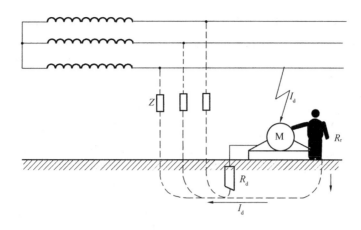

图 8-9　保护接地原理图

备对地电压很低。但当电网绝缘性能显著下降式电网的分布电容很大时，对地电压可能上升到危险的程度。通过采用保护接地的方式来限制可能出现的较高的对地电压，如图 8-9 所示，设备外壳接地，通过合理控制对地电阻的大小可以将漏电设备的对地电压限制在安全范围内，达到保护的目的。

在不接地电网中，一般情况下，线路对地分布电容决定的电抗都比较大，而且绝缘电阻值还要大很多，因此，单相接地电流一般都很小，这就有可能采用保护接地把漏电设备的对地电压限制在安全电压以下。由此可以看出，保护接地是保障人身安全的一个重要安全技术措施。

3. 对 IT 系统的安全技术要求

IT 系统是电源中性点不接地系统，其特点是当某一相发生接地故障时，三相设备可继续正常运行，完好相相对于地的电压将升至线电压。完好相在发生接地故障时，会造成两相接地短路，此时对人身和设备的危险是不言而喻的。因此，为了确保安全必须在系统内装设绝缘监察装置，当发生单相接地故障时，及时发出信号，提醒工作人员迅速消除故障。

对低压电网的绝缘监测是用三只规格相同的电压表来实现的，如图 8-10 所示。配电网对地绝缘正常时，三相平衡，三只电压表读数均为相电压；当发生单相接地时，接地相电压表的读数急剧降低，另两相的则显著升高。即使系统没有接地，而是一相或两相的对

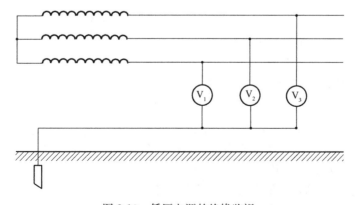

图 8-10　低压电源的绝缘监视

地绝缘显著恶化时，三只电压表也会给出不同的读数，便可引起电气值班人员或工作人员的注意。为了不影响系统中保护接地的可靠性，应当采用高内阻的电压表。

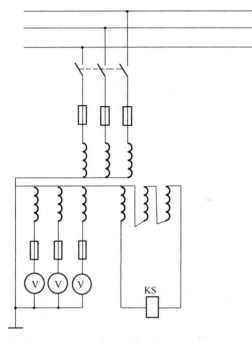

图 8-11　高压电网的绝缘监视

对高压电网也可用类似的办法进行绝缘监测，但由于高压不能直接计量，因此供监测用的仪表通过电压互感器与高压连接。电压互感器有两组低压线圈，其中一组接成星形，供绝缘监测的电压表用；另一组接成开口三角形，开口处接信号继电器，如图 8-11 所示。正常时，三相电压平衡，三只电压表读数相同且三角形开口处电压为零，信号继电器不动作。当其中一相接地，或者是一相、两相对地绝缘显著恶化时，三只电压表会出现不同的读数，同时三角形开口处出现电压，信号继电器动作，发出信号。

上述绝缘监视装置，对于单相接地故障很敏感。但它对三相绝缘都发生恶化即三相绝缘同时降低的故障却无能为力。另外，当三相绝缘虽都在安全范围内但相互差别较大时，或者线路三相对地的电容电流出现不平衡情况时，也都会发出信号或指示。但以上这些情况实际上很少发生，故实践中这种高压电网的绝缘监视方法还是适用的。

（二）TT 系统

《系统接地的型式及安全技术要求》GB 14050—2008 中对 TT 系统的定义为：电源端有一点直接接地，电气装置的外露可导电部分直接接地，此接地点在电气上独立于电源端的接地点，如图 8-12 所示。

TT 系统的电源中性点直接接地并引出中性线（N 线），而电气设备的外露可导电部分经各自的 PE 线接至电气上与电源接地点无关的接地极上，因此 TT 系统属于三相四线制系统。

1. 保护原理

若电气设备没有采用接地保护措施，一旦电气设备发生绝缘损坏或击穿（俗称"碰壳"即单相接地故障），由于没有回路，其剩余电流不足以使保护装置动作，设备外壳将存在危险的相电压，如图 8-13 所示。此时若人体触及设备外壳，就会有电流 I_r 流过人体。如果考虑人体电阻 R_r 的下限值为 1700Ω，中性点接地电阻 R_0 的阻值为 4Ω，则 220V 相电压作用下流过人体的电流为 129mA，该值大大超过了我国安全电流规定的 30mA 的工频电流值，因此是十分危险的。

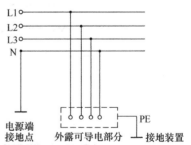

图 8-12　TT 系统

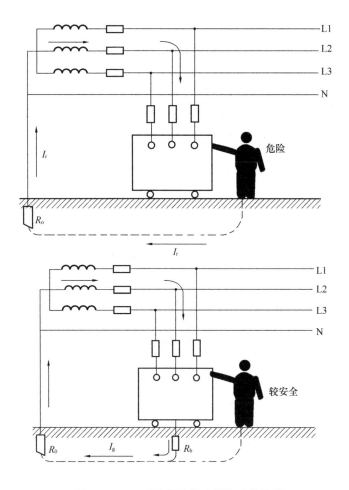

图 8-13 TT 系统接地故障保护功能说明

在 TT 系统中，电气设备采用接地保护措施后，当电气设备发生"碰壳"，由于外壳接地，故障电流 I_g 通过保护接地电阻 R_b 及电源构成回路，表达如下式：

$$I_g = \frac{U}{R_0 + R_b} \tag{8-6}$$

与人体电阻相比，保护接地电阻 R_b 的值要小很多。当采用 TT 系统时，如果中性点接地电阻 R_0 和保护接地电阻 R_b 的阻值均取 4Ω，保护接地电阻与人体电阻并联，接地短路电流能将熔断电流在 27.5A 整定电流的自动开关动作，从而切断电源，断开故障。110V 对地电压虽然不是安全电压，但比 220V 电压要安全得多。经过人体的电流 64.7mA 对人体仍有危险，仍存在触电的危险性，为了安全可靠起见，保护接地的电阻要越小越好，如多点接地，网状接地等。

2. 对 TT 系统的安全技术要求

尽管 TT 系统能够将故障电流限制在安全电流值以下，但这一电流通常不能使故障设备电路中的过电流保护装置动作，设备外壳对地将带有电压，虽然这一电压值与无接地保护措施时相比要小得多，但设备外壳将长时间带电，这对人体仍然是危险的。

为了保证其保护的有效性，对 TT 系统接地故障保护的要求如下。

（1）TT 系统接地故障保护的动作特性应满足式（8-7）：

$$I_{OP(E)}R_A \leqslant 50V \qquad (8-7)$$

式中　$I_{OP(E)}$——接地故障保护的动作电流，A；

　　　R_A——电气设备外漏可导电部分的接地电阻和 PE 线电阻，Ω。

（2）采用限时特性过流保护时，式（8-7）中 $I_{OP(E)}$ 应保证在 5s 内切除接地故障回路。当采用瞬时动作特性过电流保护时，$I_{OP(E)}$ 应保证瞬时切除接地故障回路。而 TT 系统单相接地故障采用过电流保护很难达到要求，因此，在国外 TT 系统要装设灵敏度高的单相接地保护装置，而我国采用增加剩余电流保护装置以达到安全的目的。

（3）TT 系统一般宜采用剩余电流动作保护装置作电击保护，只有在式（8-7）中的 R_A 的值非常低的条件下，才有可能以过电流保护电气兼作电击保护。装设剩余电流动作保护装置后，被保护设备的外露可导电部分必须与接地系统相连接。

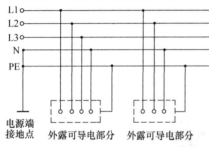

图 8-14　TN-S 系统

（三）TN 系统

《系统接地的型式及安全技术要求》GB 14050—2008 中对 TN 系统的定义为：电源端有一点直接接地，电气装置的外露可导电部分通过保护中性导体或保护导体连接到此接地点。

根据中性导体和保护导体的组合情况，TN 系统的形式有以下三种。

TN-S 系统：整个系统的中性导体和保护导体是分开的，如图 8-14 所示。

TN-C 系统：整个系统的中性导体和保护导体是合一的，如图 8-15 所示。

TN-C-S 系统：系统中一部分线路的中性导体和保护导体是合一的，如图 8-16 所示。

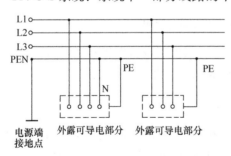

图 8-15　TN-C 系统

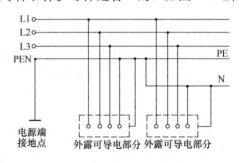

图 8-16　TN-C-S 系统

TN 系统中的字母 N 表示电气设备在正常情况下不带电的金属部分与配电网中性点之间金属性的连接，亦即与配电网保护零线（保护导体）的紧密连接。这种做法就是保护接零，或者说 TN 系统就是配电网低压中性点直接接地。

（1）保护原理。通过保护接地措施能够将故障电压和电流限制在较低限值，但在低压系统中，中性点接地的系统内，采用保护接地，对设备容量较大的系统来说，其接地电流不会使继电保护装置动作。设备的故障电流长期存在，致使故障设备的对地电压对人身有危险，不能起到应有的保护作用。在 1kV 以下中性点直接接地的电力系统中，一旦发生单相短路故障，要能迅速自动切断故障设备的电源，这是保证安全的基本条件。

在采用保护接零的电力系统中，所有用电设备的金属外壳均与零线有良好的连接。当电气设备绝缘损坏，发生碰壳短路时，形成了如图 8-17 所示的单相短路。由于短路回路不包括接地装置的接地电阻，所以能够有足够的短路电流使熔断器迅速熔断或继电保护装置动作。此外，即使在熔断器熔断前的时间内，人体如果接触到带电的外壳，也很安全，这是由于线路的电阻远小于人体的电阻，大量的电流将沿线路流通，而通过人体的电流极其微小。

（2）TN 系统主要由过电流保护电气提供电击防护。如果使用过电流保护电气不能满足相关要求，则应采用总等电位联结或辅助等电位联结措施，也可增设剩余电流动作保护装置，或结合采用等电位联结措施和增设剩余电流工作保护装置等间接接触防护措施来满足要求。

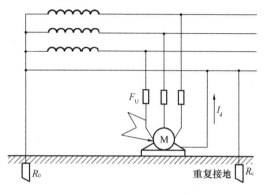

图 8-17　保护接零原理图

TN-C 系统中不能装设剩余电流动作保护装置，若必须装设时，应将系统接地的形式由 TN-C 改装成 TN-C-S 或形成局部 TT 系统。

（3）TN-C 及 TN-C-S 系统中的 PEN 导体应满足以下要求：

1）必须按可能遭受的最高电压设置绝缘。

2）电气装置外的可导电部分，不得用来替代 PEN 导体。

3）TN-C-S 系统中的 PEN 导体从某点起分为中性导体和保护导体后，就不允许再合并或相互接触。在分开点，保护导体和中性导体必须各自设有端子或母线，PEN 导体必须接在保护导体用的端子或母线上。

4）系统中的 PEN 导体（或保护导体）应在建筑物的入口处作重复接地，若遇有不方便接地之处，亦应尽可能与地连接。

三、保护导体

保护导体是为了防止电击，用来与外露可导电部分、外部可导电部分、主接地端子、地极、电源接地点或人工接地点任一部分作电气连接的导体。保护导体包括接零线、接地线、接地体等，其中 PE 线是专用的保护导体、PEN 是与工作零线共用的保护导体。保护导体必须连接牢固、接触良好，其上不得装设单极开关或熔断器。保护导体的最小截面应满足导电能力、热稳定和机械强度的要求。保护导体断开或有缺陷可能导致触电事故，还可能导致电气火灾和设备损坏。因此，必须保证保护导体的可靠性。

（一）保护导体的组成

保护导体包括保护接地线、保护接零线和等电位联结线。保护导体分为人工保护导体和自然保护导体。

1. 人工保护导体

（1）多芯电缆的芯线。

（2）与相线同一护套内的绝缘线。

（3）单独敷设的绝缘线或裸导体等。

2. 自然保护导体

（1）电线电缆的金属覆层，如护套、屏蔽层、铠装层。

（2）导线的金属导管或其他金属外护物。

（3）某些允许使用的金属结构部件或外部可导电部分，如建筑物的金属结（梁、柱）等以及设计规定的混凝土结构内部的钢筋等。

交流电气设备在满足热稳定的前提下，应优先考虑利用自然导体作保护导体。但是，利用自来水管作保护导体必须得到供水部门的同意，而且水表及其他可能断开处应予跨接。煤气管等输送可燃气体或液体的管道原则上不得用作保护导体。不允许使用蛇皮管、保温管的金属网、薄壁钢管或外皮作保护导体。

（二）保护导体的截面积

保护导体截面积越小，则保护导体阻抗越大，一旦接零设备漏电，漏电设备将带有较高的对地电压。如果保护导体截面积太小，在通过短路电流时可能遭到破坏，所以保护导体必须具有足够的导电能力，并且还要满足热稳定性、机械稳定性、耐化学腐蚀的要求，因此保护导体必须有足够的截面积。中性线和保护导体截面的选择应满足如下规定：

（1）具有下列情况时，中性线导体应和相线导体具有相同的截面：

1）不论截面多大的单相两线制电路。

2）三相和单相三线电路中，相线导线截面不大于 $16mm^2$（铜）或 $25mm^2$（铝）。

（2）三相四线制电路中，相导体截面大于 $16mm^2$（铜）或 $25mm^2$（铝），且满足以下全部条件，中性线导线截面可以小于相线导体截面：

1）在正常工作时，中性线导体预期最大电流（如有谐波电流应包括在内）不大于减少了的中性线导体截面的允许载流量。

2）对 TT 或 TN 系统，在中性线的截面小于相线的地方，中性线上需装设相应于该导线截面的过电流检测，该检测应使相线断电但不必断开中性线。当同时满足下列两个条件时，则中性线上不需要装设过电流检测：回路相线的保护装置已能保护中性线短路；在正常工作时可能通过中性线的最大电流明显地小于该导线的载流量。

3）中性线导体截面不小于 $16mm^2$（铜）或 $25mm^2$（铝）。

保护导体的截面必须不小于表 8-7 中的相应值。

保护导体的最小截面（mm^2） 表 8-7

电气装置中相导体的截面 S	相应保护导体的最小截面 S
$S \leqslant 16$	S
$16 < S \leqslant 35$	16
$S > 35$	$S/2$

不论采用上述哪种方法，所确定的单根保护导体的截面均不得小于：有机械保护时，$2.5mm^2$；无机械保护时，$4mm^2$。

（三）保护导体的安装

人工保护导体应尽量靠近相线敷设。变压器中性点引出的保护导体应直接接向保护干线。用自然导体作保护零线时，自然导体与相线之间的距离也不得太大。不能仅用电缆的金属包皮作为保护线，而应再敷设一条 $20mm \times 4mm$ 的扁钢。为了保持保护导体导电的连续性，所有保护导体包括有保护作用的 PE 线和 PEN 线上均不得装设开关或熔断器，一般也不得接入电器的动作线圈。各设备的保护线不得经设备本身串联，而应单独接向保护干线。保护线的接头必须便于检查和测试（封装的除外）。可拆开接头必须用工具才能拆开。

保护线应有防机械损伤和化学腐蚀的措施。保护干线（保护导体干线）必须与电源中性点和接地体（工作接地、重复接地）相连。保护支线（保护导体支线）应与保护干线相连。为提高可靠性，保护干线应经两条连接线与接地体连接。

利用母线的外护物作保护导体时，外护物各部分电气连接必须良好，并不会受到机械破坏或化学腐蚀，其导电能力必须符合要求，而且每个预定的分接点应能与其他保护导体连接。利用电缆的外护物或导线的穿管作保护零线时，亦应保证连接良好和有足够的导电能力。利用设备以外的导体作保护零线时，除保证连接可靠、导电能力足够外，还应有防止变形和移动的措施。

四、等电位联结

GB 50343—2004 将等电位联结定义为"设备和外漏可导电部分的电位基本相等的电气连接"。等电位联结对用电安全、防雷以及电子信息设备的正常工作和安全使用都是十分必要的。根据理论分析，等电位联结作用范围越小，电气上越安全。

等电位联结是将建筑物中各电气装置和其他装置外露的金属及可导电部分与人工或自然接地体同导体连接起来以达到减少电位差。等电位联结有总等电位联结、局部等电位联结和辅助等电位联结。

（一）总等电位联结（MEB）

总等电位联结作用于全部建筑物，它在一定程度上可降低建筑物内间接接触电击的接触电压和不同金属部件间的电位差，并消除自建筑物外经电气线路和各种金属管道引入的危险故障电压的危害。它应通过进线配电箱近旁的接地母排（总等电位联结端子板）将下列可导电部分互相连通：

进线配电箱的 PE（PEN）母排；

公用设施的金属管道，如上水、下水、热力、燃气等管道；

建筑物金属结构；

如果设置有人工接地，也包括其接地极引线。

总等电位联结电路如图 8-18 所示。

（二）局部等电位联结（LEB）

在一局部场所范围内将各可导电部分连通，称作局部等电位联结。它可通过局部等电位联结端子板将下列部分互相连通：

PE 母线或 PE 干线；

公用设施的金属管道；

建筑物金属结构。

（三）辅助等电位联结（SEB）

在导电部分间，用导线直接连通，使其电位相等或相近，称作辅助等电位联结。

（1）在一个装置或部分装置内，如果作用于自动切断供电的间接接触保护不能满足相

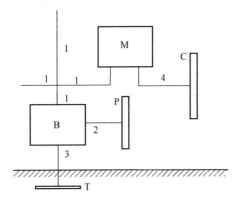

图 8-18 总等电位联结
1—保护导体；2—总等电位连接导体；
3—接地导体；4—辅助等电位联结导体；
B—总接地端子；M—外露可导电部分；
C—装置外导电部分；P—金属水管干管；
T—接地极

关规定的条件时，需要设置辅助等电位联结。

（2）辅助等电位联结必须包括固定式设备的所有能同时触及的外露可导电部分和装置外可导电部分。等电位系统必须与所有设备的保护线（包括插座的保护线）连接。

（四）等电位联结的导线选择

通过等电位联结可以实现等电位环境。等电位环境内可能的接触电压和跨步电压应限制在安全范围内。采用等电位环境时应采取防止环境边缘危险跨步电压的措施，并应考虑防止环境内高电位引出和环境外低电位引入的危险。

总等电位联结主母线的截面积规定不应小于装置中最大 PE 线截面积的一半，但不小于 $6mm^2$。等电位联结如果是采用铜导线，其截面可不超过 $25mm^2$；如为其他金属时，其截面应能承载与 $25mm^2$ 铜线相当的载流量。

连接两个外露可导电部分的辅助等电位线，其截面积不应小于接至该两个外露可导电部分的较小 PE 线的截面积。

连接装置外露可导电部分与装置外可导电部分的辅助等电位连接线，其截面积不应小于相应 PE 线截面积的一半。

五、其他电击预防技术

（一）双重绝缘和加强绝缘

双重绝缘指工作绝缘（基本绝缘）和保护绝缘（附加绝缘）。前者是带电体与不可触及的导体之间的绝缘，是保证设备正常工作和防止电击的基本绝缘；后者是不可触及的导体与可触及的导体之间的绝缘，是当工作绝缘损坏后用于防止电击的绝缘。加强绝缘是具有与上述双重绝缘相同水平的单一绝缘。

（二）安全电压

安全电压值是低压电气安全方面的一个基准值，很多低压电气设备（如Ⅲ类电动工具、安全行灯、电压型漏电保护装置等）需要根据这个基准来进行设计和制造，很多低压电气方面的规范、规程也需要依据它来制定有关的条款。

安全电压是为防止触电事故而采用的由特定电源供电的电压系列。这个电压系列的上限值：在任何情况下，两导体间或任一导体与地之间均不得超过交流（50～500Hz）有效值 50V。

除采用独立电源外，安全电压供电电源的输入电路与输出电路必须实行电路上的隔离；工作在安全电压下的电路，必须与其他电气系统和任何无关的可导电部分实行电气上的隔离。通常采用安全隔离变压器作为安全电压的电源。安全隔离变压器的一次与二次之间有良好的绝缘；其间还可用接地的屏蔽进行隔离。安全电压边应与一次边保持双重绝缘的水平。

安全电压回路的带电部分必须与较高电压的回路保持电气隔离，并不得与大地、保护接零（地）线或其他电气回路连接。安全电压的插销座不得与其他电压的插销座有插错的可能。安全隔离变压器的一次边和二次边均应装设短路保护元件。

安全特低电压限值是指在任何运行条件下，任意两导体之间或任一导体与地之间可能出现的最大电压值，这里的"任何条件"包括正常运行、故障和空载等任何情况。我国国家标准规定：工频电压有效值的限值为50V，直流（无波纹）电压的限值为120V。另外，由于电击危险性不仅与接触电压有关，还与环境状况、接触面积、压力、接触时间等有关，因此，国家标准又规定：当接触面积大于$1cm^2$、接触时间超过1s时，干燥环境中工频电压有效值的限值为33V，直流电压为70V；潮湿环境中工频电压有效值为16V，直流电压有限值为35V。

为了防止因触电而造成的人体直接伤害，国家标准制订了一个安全电压系列值，称为安全电压，人体安全电压是指人体不戴任何防护设备，也没有任何防护措施，直接接触带电体而对人体没有任何伤害的电压。

如果工频时有生命危险的电流按0.01A为安全上限，潮湿时的安全电压为12V。我国安全电压规定为五个等级，即42V，36V，24V，12V及6V；我国建筑业安全电压规定为三个等级，即36V，24V及12V。

安全电压因人而异，而且还和环境有关，如表8-8所示。

安全电流及安全电压   表8-8

	人体电阻（Ω）	安全电流（mA）	安全电压（V）
环境条件良好	1700	30	50
有危险处，出汗	1200		36
潮湿场所	1200		24
特潮湿，狭窄，金属内	1200		12
在水中，空中	500	5	2.5

（三）安全特低电压

1. 特低电压类别

按照IEC标准，将小于规定限值的电压统称为特低电压，而基于特低电压的电击防护类型分为特低电压（ELV）和功能特低电压（FELV），其中，特低电压又可分为安全特低电压（SELV）和保护特低电压（PELV）。我国国家标准的安全电压，实际上相当于SELV。

特低电压保护类型的用途有以下几种：

（1）SELV，只作为不接地系统的安全特低电压用的防护。

（2）PELV，只作为保护接地系统的安全特低电压用的防护。

（3）FELV，由于应用功能（而非电击防护）的原因采用了特低电压，但不能或不必满足SELV或PELV的所有条件，在此基础上补充一些直接电击和间接电击防护措施，来实施电击防护。

2. 安全特低电压（SELV）的安全条件

SELV只作为不接地系统的安全特低电压使用，使得SELV成立的安全条件大致可分为三大类，即电压值的规定、电源的规定和关于回路的规定。

（1）电压值的确定

在正常环境中作间接电击防护时，应采用 50V 及以下的安全电压；当采用安全电压作为直接电击防护时，应采用 24V 及以下的安全电压，当采用 24V 以上的安全电压时，应另外采取防直接电击的措施。

另外，对于特殊场所的 SELV 电压值的确定，我国尚无专门标准，一般可参考以下数值：在特别危险环境中使用的手持电动工具应采用 42V 安全电压；有电击危险环境中的手持照明灯具和局部照明灯具应采用 36V 或 24V 安全电压；医用电气设备应采用 24V 及以下安全电压，但插入人体的医用电气设备应更低；浴室、游泳池的电气设备应采用 12V 安全电压；金属容器内、特别潮湿的场所中使用的手持照明灯具应采用 12V 安全电压。

（2）电源的规定

SELV 必须由安全电源供电。安全电源不仅在正常工作时电压在安全特低电压范围内，而且发生各种可能的故障时不会引入更高电压。常用安全电源主要有以下几种：

1）安全隔离变压器或与其等效的具有多个隔离绕组的电动—发电机组。

2）电化学电源（如蓄电池）或与电压较高回路无关的其他独立电源（如柴油发电机组）。

3）在发生故障时仍能保证输出端子电压不超过 SELV 限值的电子装置电源（如 UPS）。

（3）回路配置

SELV 回路的带电部分之间、SELV 回路与其他回路之间应实行电气隔离。其隔离水平不应低于安全隔离变压器一、二次绕组之间的隔离水平。SELV 回路的导线应与其他回路导线分开敷设，即保持适当的物理隔离。当无法满足此要求时，应采用以下措施。

1）除了采用基本绝缘的 SELV 回路导线外，附加一个封闭的非金属护套。

2）在回路电压不同的导线外部附加金属屏蔽层并接地，或将电缆的金属外护套接地，以便于 SELV 回路导线隔离，采用这种回路配置方式的导线，其基本绝缘只需要满足各自回路的电压要求。

3）回路电压不同的导线可以包含在同一根多芯电缆内，也可以用单芯电缆组合在一起敷设，但是，其中 SELV 回路的导线必须单独或集中地按照所有回路的最高电压要求进行绝缘。

SELV 回路的带电部分严禁与大地或其他回路的带电部分或保护导体相连接。

SELV 回路设备的外露可导电部分不能故意与大地连接，但可以放置于地上，不能与其他回路的保护导体和外露导电部分连接，也不能与装置外可导电部分连接。

若标称电压超过 25V 交流有效值或 60V 无纹波直流值，则应装设必要的遮拦式外护物，或通过提高绝缘等级来防止直接电击。若标称电压不超过上述值，除某些特殊应用环境外，一般不需要直接电击防护。

3. 保护特低电压（PELV）的安全条件

PELV 用于接地系统的特低电压保护，其大部分安全条件与 SELV 相同，不同的地方有以下几个方面：

（1）PELV 回路中允许带电部件和机壳与保护线或大地连接。

（2）插头与插座允许有保护接触。

（3）在交流 6V 有效值和直流 15V 及以下电压的情况下，允许无直接电击防护。

4. 功能特低电压（FELV）的安全条件

FELV 是因为功能上的原因而非电击防护目的而采用的特低电压，所以并不一定满足 SELV 或 PELV 的全部条件，因此，要想利用 FELV 来进行电击防护，必须在功能特低电压的基础上补充一些条件，才能使 FELV 成为具有规定要求的电击防护措施，这些补充措施主要有下面几类：

（1）直接电击防护，装设必要的遮拦式外护物，或者提高绝缘等级。

（2）间接电击防护，FELV 的间接电击防护是在一次侧实现的，即 FELV 回路设备的外露可导电部分与一次侧的保护导体电气连通，一旦发生二次碰壳故障，应由一次侧保护电气设备切断电源。

（3）每个 FELV 回路都必须通过电隔离与更高电压的回路隔离开来。

（四）电气隔离

电气隔离指工作回路与其他回路实现电气上的隔离。电气隔离是通过采用 1：1，即一次边、二次边电压相等的隔离变压器来实现的。电气隔离的安全实质是阻断二次边工作的人员单相触电时电流的通路。

电气隔离的电源变压器必须是隔离变压器，二次边必须保持独立，应保证电源电压 u $\leqslant$500V、线路长度 $L \leqslant$200m。

（五）漏电保护（剩余电流保护）

漏电保护装置主要用于防止间接接触电击和直接接触电击。漏电保护装置也用于防止漏电火灾和监测一相接地故障。电流型漏电保护装置以漏电电流或触电电流为动作信号。动作信号经处理后带动执行元件动作，促使线路迅速分断。电磁式电流型漏电保护断路器的原理如图 8-19 所示。

电流型漏电保护装置的动作电流分为 0.006A、0.01A、0.015A、0.03A、0.05A、0.075A、0.1A、0.2A、0.3A、0.5A、1A、3A、5A、10A、20A 等 15 个等级，其中，30mA 及 30mA 以下的属高灵敏度，主要用于防止触电事故，30mA 以上、1000mA 及 1000mA 以下的属中灵敏度，用于防止触电事故和漏电火灾；1000mA 以上的属低灵敏度，用于防止漏电火灾和监视一相接地故障。为了避免误动作保护装置的额定不动作电流不得低于额定动作电流的 1/2。

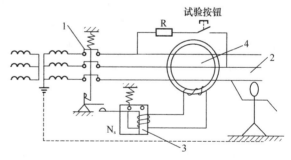

图 8-19 电磁式电流型漏电保护断路器工作原理
1—开关装置；2—试验回路；
3—电磁式漏电脱扣器；4—零序电流互感器

有金属外壳的 I 类移动式电气设备和手持式电动工具、安装在潮湿或强腐蚀等恶劣场所的电气设备、建筑施工工地的施工电气设备、临时性电气设备、宾馆类的客房内的插座、触电危险性较大的民用建筑物内的插座、游泳池或浴池类墙所的水中照明设备、安装在水中的供电线路和电气设备以及医院中直接接触人体的医用电气设备（胸腔手术室的除外）等均应安装漏电保护装置。

漏电保护装置的选用应当考虑多方面的因素。在浴室、游泳池、隧道等电击危险性很大的场合，应选用高灵敏度的漏电保护装置。如果在作业场所遭受电击后，有其他人帮助即使脱离电源，则漏电保护装置的动作电流可以大于摆脱电流；如是快速型保护装置，动作电流可按心室颤动电流选取；如果是前级保护，即分保护前面的总保护，动作电流可超过心室颤动电流。如果作业场所无他人配合工作，动作电流不应超过摆脱电流。在触电后可能导致严重二次事故的场合，应选用6mA动作电流。为了保护儿童或病人，应采用10mA以下的动作电流。单相线路选用二级保护器，仅带三相负载的三相线路可选用三级保护器，动力与照明合用的三相四线线路和三相照明线路必须选用四级保护器。

运行中的漏电保护装置应当定期检查和试验。保护器外壳各部件、连接端子应保持清洁，完好无损；胶木外壳不应变形、变色，不应有裂纹和烧伤痕迹；制造厂名称（或商标）、型号、额定电压、额定电流、额定动作电流等应标志清楚，并应与运行线路的条件和要求相符合。保护器外壳防护等级应与使用场所的环境条件相适应。接线端子不应松动，连接部位不得变色，接线端子不应有明显腐蚀。保护器工作时不应有杂音。漏电保护开关的操作手柄应灵活、可靠，使用过程中也应定期用试验按钮试验其可靠性。

第四节　触电急救措施

一、触电症状

人体触电后，往往会出现神经麻痹、呼吸中断、心脏停止跳动等症状，呈现昏迷不醒的状态，但实际上，这时人往往处于假死的状态，触电死亡一般有以下特征：心跳、呼吸停止；瞳孔放大；心管硬化；身上出现尸斑；尸僵。如果上述特征有一个尚未出现，都认为是"假死"，必须迅速进行救护。只要救护及时、方法得当、坚持不懈，往往会令触电者"起死回生"。

触电的主要症状有以下几种：

（一）轻型

一般轻型触电者，由于精神紧张，会在一瞬间出现脸色苍白、表情呆滞、呼吸心跳好像突然停止、对周围失去反应等症状，特别是一些敏感的人会发生休克晕倒，这些实际上都是被电击产生的恐慌所致，故大多数都很快能恢复，无特殊不适。

（二）中型

中型触电者呼吸、心跳受到一定影响，呼吸变得急促、变浅、心跳加速，有时出现间歇性收缩，短时间处于昏迷，瞳孔不散大、对光的反应存在、血压无明显变化。

（三）重型

重型触电者呼吸中枢受到抑制乃至麻痹，迅速出现呼吸加速且不规则，出现呼吸时慢时快、间隙长短不一等症状时，常常在数分钟内死亡。重型触电者心脏受影响，表现为心跳不规则，严重时可致心室纤维性颤动，只需几分钟，心脏便完全停止跳动。

二、触电急救措施

人在触电后可能由于失去知觉或触电电流超过人的摆脱电流而不能自己脱离电源，此时抢救人员不要惊慌，要在保护自己不触电的情况下使触电者脱离电源。

(一) 摆脱电源

1. 摆脱低压电源

如果触电者触及低压带电设备，则救护人员应迅速设法切断电源，如拉开电源开关或刀闸开关、拔除电源插头等；如果碰到破损的电线而触电，附近又找不到开关，可用干燥的木棒、竹竿、手杖等绝缘工具把电线挑开，挑开的电线要放置好，不要使人再触到；可抓住触电者干燥而不贴身的衣服，将触电者脱开电源（切忌不要碰到金属物体和触电者的裸露身体）；可戴上绝缘手套或将手用干燥衣物等进行绝缘后解脱触电者；救护人员可以站在绝缘垫或干木板上，绝缘自己然后进行救护。如果电流通过触电者身体接入大地，且触电者的手紧握电线，救护人员可设法用干木板塞到触电者身体下，使其与大地绝缘后，再采取其他办法切断电源，如用干木把的斧子或有绝缘柄的钳子将电源线剪断。剪断电线时，要分相，一根一根分开距离剪断，并尽可能站在绝缘体或干木板上剪断。

2. 摆脱高压电源

如果触电者触及高压电源，一般绝缘物对救护人不能保证安全，而且电源开关距离远，不易切断电源，这时立即通知有关部门停电；戴上绝缘手套，穿上绝缘靴，拉开高压断路器或用相应电压等级的绝缘工具拉开跌落式熔断器，切断电源。救护人员在抢救过程中应注意自身与周围带电部分应保持足够的安全距离，如表 8-9 所示。

工作人员正常活动范围与带电设备的安全距离　　　　　　　　　表 8-9

电压等级（kV）		≤10	20～35	44	60～110
安全距离（m）	无遮拦	0.70	1.00	1.20	1.50
	有遮拦	0.35	0.60	0.90	1.50

3. 注意事项

救护人员不得采用金属和其他潮湿的物体作为救护工具；未采取任何绝缘措施，救护人员不得直接接触触电者的皮肤和潮湿的衣物；在使触电者脱离电源的过程中，救护人员最好用一只手操作，以防自身触电；当触电者站立或位于高位时，应采取措施防止脱离电源后触电者跌摔而造成的二次受伤；夜晚发生触电事故时，应考虑切断电源后的临时照明，以利救护。

(二) 触电者脱离电源后的处理

触电者脱离电源后，应迅速判断其症状，根据其受电流伤害的不同程度，采取不同的急救方法。

摆脱电源后，如果触电者神志清醒，伤害并不严重，只是出现心慌、四肢发软、全身乏力等症状，应使触电者就地平躺，安静休息，并做严密观察，暂时不要站立或走动；如果触电者神志不清醒，应使其仰面平躺，且确保气道通畅，并每间隔 5s 时间呼叫伤者或轻拍其肩部，以判定是否丧失意志，切忌摇动伤员的头部呼叫。

如果触电者丧失意志，则应在 10s 内，判定伤者呼吸心跳情况。

（1）看伤者的胸部、腹部有无起伏动作。

（2）用耳贴近伤者的口鼻处，听是否有呼吸声音。

（3）测试口鼻有无呼吸气流，再用两手指轻试颈动脉有无搏动。

若看、听、试结果，既无呼吸也无颈动脉搏动，可判定该伤者呼吸停止。

（三）心肺复苏方法

触电伤者呼吸停止时，应立即按心肺复苏方法支持生命的三项基本措施，正确地进行就地抢救，即通畅气道、口对口（或口对鼻）人工呼吸以及胸外按压（人工循环）。

1. 通畅气道

触电伤者呼吸停止，重要的是始终确保其气道通畅。如发现伤者口内有异物，可将其身体及头部同时侧翻，迅速用一根手指或两根手指交叉从口角处插入，取出异物，操作中要注意防止将异物推向咽喉更深部。

通畅气道可采用仰头抬颌法。用一只手放在触电伤者前额，另一只手的手指将其下颌向上抬起，两手协同将头部推向后仰，舌根随之抬起，气道即可通畅。注意，严禁用枕头或其他物品垫在伤者头下，头部抬高前倾，会加重气道阻塞，且会使胸外挤压时流向脑部的血流减少，甚至消失。

2. 口对口人工呼吸

人的生命的维持，主要靠心脏跳动产生血液循环，通过呼吸形成氧气与废气的交换。如果触电伤者伤害较严重，失去知觉，停止呼吸，但心脏微有跳动，就应采用口对口的人工呼吸法。在保持伤者气道通畅条件下，救护人员用放在伤者额头上的手指捏住伤者鼻翼，救护人员深呼吸，与伤者口对口紧合，在不漏气的情况下，先连续大口吹气两次，每次时间 1～1.5s。如两次吹气后测试颈动脉仍无搏动，可判断心跳已经停止，要立即进行胸外挤压。除开始时大口吹气两次外，正常口对口人工呼吸的吹气量不需要过大，以免引起胃膨胀。吹气和放松时要注意观察触电伤者胸部是否有起伏的呼吸动作，具体做法如下：

（1）迅速解开触电伤者的衣服、裤带，松开上身的衣服、护胸罩和围巾等，使其胸部能自由扩张，不妨碍呼吸；使触电伤者仰卧，不垫枕头，头先侧向一边清除其口腔内的血块、假牙及其他异物等。

（2）救护人员位于触电伤者头部的左边或右边，用一只手捏紧其鼻孔，不使漏气，另一只手将其下巴拉向前下方，使其嘴巴张开，嘴上可盖上一层纱布，准备接受吹气。

（3）救护人员做深呼吸后，紧贴触电伤者的嘴巴，向他大口吹气。同时观察触电伤者胸部起伏的程度，一般应以胸部略有起伏为宜。救护人员吹气至需换气时，应立即离开触电伤者的嘴巴，并放松触电伤者的鼻子，让其自由排气。这时应注意观察触电伤者胸部的复原情况，倾听口鼻处有无呼吸声，从而检查呼吸是否阻塞，如图 8-20 所示。

口对口人工呼吸口诀：张口捏鼻手抬颌，深吸缓吹口对紧；张口困难吹鼻孔，5 秒一次坚持吹。

3. 胸外按压

若触电伤者伤害得相当严重，心脏和呼吸都已停止，人完全失去知觉，则需同时采用口对口人工呼吸和人工胸外按压两种方法。如果现场仅有一个人抢救，可交替使用这两种方法，先胸外按压心脏 4～6 次，然后口对口呼吸 2～3 次，再按压心脏，反复循环进行操

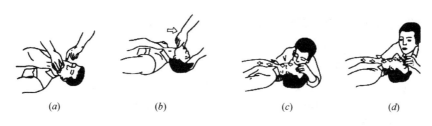

(a)　　　　(b)　　　　(c)　　　　(d)

图 8-20　口对口（鼻）人工呼吸法

作。人工胸外按压心脏的具体操作步骤如下：

（1）解开触电伤者的衣裤，清除口腔内异物，使其胸部能自由扩张。

（2）使触电伤者仰卧，姿势与口对口吹气法相同，但背部着地处的地面必须牢固。

（3）救护人员位于触电伤者一边，最好是跨跪在触电伤者的腰部，将一只手的掌根放在心窝稍高一点的地方（掌根放在胸骨的下 1/3 部位），中指指尖对准锁骨间凹陷处边缘，如图 8-21（a）、（b）所示，另一只手压在那只手上，呈两手交叠状（对儿童可用一只手）。

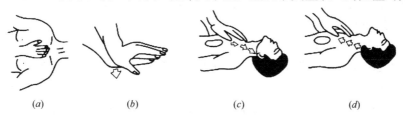

(a)　　　　(b)　　　　(c)　　　　(d)

图 8-21　心脏按压法

（4）救护人员找到触电伤者的正确压点，自上而下，垂直均衡地用力按压，如图 8-20（c）、（d）所示，压出心脏里面的血液，注意用力适当。

（5）按压后，掌根迅速放松（但手掌不要离开胸部），使触电伤者胸部自动复原，心脏扩张，血液又回到心脏。

胸外按压法口诀：掌根下压不冲击，突然放松手不离；手腕略弯压一寸，一秒一次较适宜。

4. 抢救过程中的再判定

（1）胸外按压和口对口人工呼吸 1min 后，应再用看、听、试方法在 5～7s 时间内完成对触电伤者呼吸及心跳是否恢复的判定。

（2）若判定颈动脉已有搏动但尚无呼吸，则暂停胸外挤压，再进行 2 次口对口人工呼吸，接着每隔 5s 吹气一次；如果脉搏和呼吸均未恢复，则继续坚持心肺复苏法抢救。

（3）在抢救过程中，要每隔数分钟再判定一次，每次判定时间均不得超过 5～7s。在医务人员未接替抢救前，现场救护人员不得放弃现场抢救。

5. 触电伤者的转移

（1）心肺复苏应在现场就地坚持进行，不要为了方便而随意移动伤员，如果确实需要移动，抢救中断时间不应超过 30s。

（2）移动伤者或将伤者送医院时，应使伤者平躺在担架上，并在其背部垫以平硬阔木板。在移动或送医院过程中，不应中断抢救；心跳、呼吸停止要继续用心肺复苏法抢救，在医务人员未接替救治前不能中断。

（3）应创造条件，用塑料袋装入碎冰屑做成帽状包绕在伤员头部，露出眼睛，使胸部温度降低，争取心、肺、脑完全复苏。

（四）触电伤者好转后的处理

如果触电伤者的心跳和呼吸经抢救后均已恢复，则可暂停心肺复苏法操作，但心跳、呼吸恢复的早期有可能再次骤停，应严密监护，不能麻痹，要随时准备再次抢救。初期恢复后，甚至不清醒或精神恍惚、躁动，应设法确保伤者安静。

（五）杆上或高处触电急救

（1）发现杆上或高处有人触电，应争取时间及早在杆上或高处开始抢救。救护人员登高时，应随身携带必要的工具和绝缘工具及牢固的绳索，并紧急呼救。

（2）救护人员应在确认触电伤者已与电源隔离，且救护人员本身所涉及的环境安全距离内无危险电源时，方可接触触电伤者进行抢救，并应注意防止发生高空坠落。

（3）在高处发生触电，为了抢救更加有效，应及早设法将伤者送至地面。

（4）触电伤者送至地面后，应立即按心肺复苏法坚持抢救。

（六）触电外伤的处理

对于电伤和摔跌造成的人体局部外伤，在现场救护中也不能忽视，必须做适当处理，防止细菌侵入感染，防止摔跌骨折刺破皮肤及周围组织、刺破神经和血管，避免引起损伤扩大。然后迅速送医院治疗。

一般性的外伤表面，可用无菌盐水或清洁的温开水冲洗，之后用消毒纱布、防腐绷带或干净的布片包扎。伤口出血严重时应采用压迫止血法止血，然后迅速送医院治疗。如果伤口出血不严重，可用消毒纱布叠起多层盖住伤口，压紧止血。

高压触电时，可能会造成大面积严重的电弧灼伤，往往深入骨骼，处理很复杂，现场可用无菌生理盐水或清洁的温开水冲洗，再用酒精全面消毒，然后用消毒被单或干净的布片包裹送医院治疗。

对于因触电摔跌四肢骨折的触电伤者，应首先止血、包扎，然后用木板、竹竿等物品临时将骨折四肢固定，然后立即送医院治疗。

复 习 思 考 题

1. 防止电击事故的通用技术措施有哪些？
2. 请写出供电系统接地形式的字母含义。
3. 请画出 IT，TT 以及 TN 系统的接线示意图。
4. 请用图示说明 TN-C，TN-C-S 和 TN-S 的区别。
5. 写出保护导体的组成以及保护导体与相线截面积之间的关系。
6. 什么是等电位联结？怎样判断局部等电位和总等电位联结的情况？
7. 简述触电急救措施有哪些？

第九章　电气环境安全技术

第一节　电气火灾的预防

随着现代科学技术的发展，人们的物质生活水平发生了巨大变化，电能相应地得到了广泛的开发与利用。电能的应用既造福了人类社会，同时也给人类带来了电击和电气火灾事故的危险。在 20 世纪 80 年代，我国电气火灾约占火灾总数的 15%，在全世界占第 3 位。近几年随着电能被广泛的开发与利用，不论是在乡村还是在城镇，电气火灾都在猛增，占火灾总数的 20% 以上，已上升为世界第一位。在电气火灾中，电气线路火灾约占 60%，而低压电气线路火灾又占电气线路火灾的 90% 以上。这些频频发生的电气火灾造成大量人身伤亡，经济财产损失不计其数。由此可见，电气火灾已成为一种灾难性危害。

一、电气火灾的起因

所谓的电气火灾，是指电能通过电气设备及线路转化成热能，并成为火源，所引发的火灾。一场火灾得以发生，火源、可燃物、助燃剂（氧化剂）是必不可少的条件，其中火源是最根本的条件。电气火灾的火源主要有两种形式：一种是电火花与电弧，另一种是电气设备或线路上产生的危险高温。

引发电气火灾的直接原因是多种多样的，如短路、过载、接触不良、电弧火花、漏电、雷击或静电等都能引起火灾，从电气防火角度看，电气火灾大都是因电气工程、电气产品的质量以及管理不善等问题造成的。电气设备质量不高，安装使用不当，保养不良、雷击和静电是造成电气火灾的几个重要原因。

（一）短路、电弧和火花

短路是电气设备最严重的一种故障状态，主要原因是载流部分绝缘破坏。主要表现是裸导线或绝缘导线的绝缘破损后，相线之间、相线与中性线或保护线（PE）之间电阻很小的情况下相碰，在短路点或导线连接松动的接头处电流突然增大，同时产生电弧或火花。电弧温度可达 6000℃以上，在极短时间内发出的热量，不但可使金属熔化，引燃本身的绝缘材料，还可将其附近的可燃材料、蒸气和粉尘引燃，造成火灾。

（二）过载

过载是指电气设备或导线的功率或电流超过其额定值。电气设备或导线的绝缘材料大都是可燃有机绝缘材料，只有少数属无机材料，过载使导体中的电能转变成热能，当导体和绝缘物局部过热，达到一定温度时，就会引起火灾。另外，过载导体发热量的增加所引起的温度升高，将使导线的绝缘层加速老化，绝缘程度降低，在发生过电压时，绝缘层被击穿，引起短路，导致火灾。

（三）接触不良

接触不良即接触电阻过大，会形成局部过热，当温度达到一定程度时引发火灾，也会出现电弧、电火花，造成潜在的点火源。它主要发生在导线与导线或导线与电气设备连接处。

（四）电气设备选择不当或使用伪劣产品

电气设备选择不当或使用伪劣产品，保护电气将起不到保护作用，控制电气不能有效控制，需加防护措施的场所未加防护，因此，当自动开关、接触器、闸门开关、电焊机等使用时，产生的电火花或电弧引发周围可燃物质燃烧。

（五）摩擦

发电机和电动机等设备，定子与转子相碰撞，或轴承出现润滑不良、干燥，产生干磨，或虽润滑正常，但出现高速旋转时，都会引起火灾。

（六）雷电

雷电产生的放电电压可达数百万伏至数千万伏，放电电流达几十万安培。雷电危害是在放电时伴随产生的机械力、高温和强烈电弧、电火花，使建筑物破坏、输电线路或电气设备损坏，油罐爆炸、森林着火，导致火灾和爆炸事故。

（七）静电

静电火灾和爆炸事故的发生是由于不同物体相互摩擦、接触、分离、喷溅、静电感应、人体带电等原因逐渐累积静电荷形成高电位，在一定条件下，将周围空气介质击穿，对金属放电并产生足够能量的火花放电，火花放电过程主要是将电能转变成热能，用火花热能引燃或引爆可燃物或爆炸性混合物。

二、电气火灾的特点及危害

电气系统分布广泛、长期持续运行，电气线路通常敷设在隐蔽处（如吊顶、电缆沟内），火灾初期时不易被发现，也不易被肉眼所观察到，因此，电气火灾有如下特点：

（一）隐蔽性强

由于漏电与短路等电气故障多发生在电气设备内部或电线的交叉部位，电气起火的最初部位不容易被觉察，隐蔽性强，通常火灾已经形成并发展成明火后才被发现，但此时已形成火灾，只能采取扑救等工作。

（二）随机性大

我国地广人多，居民、企业等用电范围广，低压供、配电网络错综复杂，电气设备布置分散、覆盖面广，因此电气火灾隐患位置很难预测，并且起火的时间和概率都很难定量化。正是这种突发性和意外性给城市电气火灾的管理和预防都带来很大难度，并且事故一旦发生容易酿成恶性事故。

（三）燃烧速度快

电缆着火时，由于短路或过流时的电线温度特别高，导致火焰沿着电线燃烧的速度加快，另外再借助可能存在的风流或其他助燃物质，使燃烧速度也大大加快。

（四）扑救困难

电线或电气设备着火时一般是在其内部，看不到起火点，且不能用水来扑救，所以带电的电线着火时不易扑救。此外，配电线路复杂，造成火灾线路扩展，给及时扑救火灾带来难度。

(五) 危害性大

电气火灾的发生，通常不仅会单纯导致电气设备的损坏，而且还将殃及沿着电力设备分布路径的周边设施，对周边设施造成危害，使火灾范围加大，尤其威胁人身安全。

另外，电气火灾也会引发其他重要用电设备的断电（电梯、应急消防灯等），带来许多不可预计的损失。

三、电气火灾的预防措施

杜绝电气火灾，应做好预防措施。电气火灾应从电气线路、用电设备及防雷等各方面做好预防措施。

(一) 电气线路的防火措施

电气线路在选择及敷设时应做到以下几点：

（1）根据环境特点，正确选用导线，考虑防潮湿、防热、耐腐蚀等因素。

（2）布线应规范，导线穿墙处应穿套管保护，以防导线绝缘层破损。

（3）导线连接要牢固，防止接头发生氧化。

（4）加强对临时用电线路的防火，严禁私拉乱接。

（5）做好低压配电线路的安全保护。

（6）常用的保护电器，如自动开关和熔断器，对过负荷和短路都有一定保护功能，要根据负荷大小，正确选择脱扣器动作值和熔体规格，且应与线缆截面相匹配。

(二) 用电设备的防火措施

1. 电动机的防火措施

正确选择电机型号规格，一般电动机容量要大于所带机械的功率 10％ 左右。电机距可燃物应保持 1m 以上的距离，且不得安装在燃烧体上。电动机及其电源设备外壳应做好接地。

2. 照明灯具的防火措施

根据灯具的使用场所、环境的火灾危险性，选择不同的灯具，如室外选择防水型，有爆炸危险场所选择防爆灯。白炽灯、高压汞灯、卤钨灯与可燃物之间的距离不应小于 0.5m，卤钨灯管所用导线应采用以玻璃丝、石棉、瓷管等绝缘的耐热线。严禁用纸、布或其他可燃物遮挡灯具，灯泡正下方不准堆放可燃物品，仓库内的灯泡应安装在走道上方，可燃物品库内一般宜采用自然采光。镇流器安装时应注意通风散热，不准将镇流器直接固定在可燃物品上或顶棚、柜台、展览橱窗内，镇流器与灯具必须配套。

3. 电热设备的防火措施

电热设备最好使用单独的供电线路，应采用耐火绝热的绝缘材料配线，并设熔断器等保护设备。在电热设备使用场所，应配置必要的灭火器材，以便在火灾初期扑灭火灾。

4. 电焊设备的防火措施

电焊机和电源线的绝缘要可靠，焊接导线应使用紫铜导线，并应有足够的截面，保证在使用过程中不因过载而损坏绝缘，导线有破损时，应及时更换。电焊机与电焊导线、焊钳连接应用螺栓螺母拧紧，焊接时应避开可燃和易燃易爆物。焊接应采用专用地线，严禁利用建筑物内的金属构件管道、轨道或其他金属物作导线使用。

5. 电气开关防火措施

常见的低压开关设备有自动开关、闸刀开关、接触器、控制继电器等。

自动开关应安装在干燥明亮、便于维修及保证施工安全、操作方便的地方，不应安装在易燃易爆、受震、潮湿、高温或多尘的场所。其操作机构、脱扣器的电流整定值和延时时限应定期检查、定期清除灰尘以及灭弧室内壁及栅片上的金属颗粒和积炭，使之保持良好的工作状态。

闸刀开关应根据实际使用情况合理选用，一般其触头额定电流为线路计算电流的 2.5 倍以上，闸刀开关应安装于无化学腐蚀、灰尘、潮湿场所的室外或专用配电室内的开关箱内，且按规定正确安装，合理使用。当发现触头松动、氧化严重、接触面积过小、熔体熔断等情况，应及时修理和更换。

接触器是常见的控制用电气设备，接触器触头弹簧压力不能过小，触头接触要良好，防止接触电阻过大，防止线圈过热或烧毁，还要保证灭弧装置完好无损。

（三）防雷及防静电措施

防雷的一般原则是根据当地的雷电活动规律以及被保护物的特点和防雷分类等，确定是否需要设置防雷装置、防雷装置的形式及其布置，因地制宜地采取相应的防雷措施，做到安全可靠、技术先进、经济合理，设计符合国家现行有关标准和规范的规定。

防雷装置要经常检查，每年雨季前进行一次检查，如发现防雷装置有熔化或断损情况，以及腐蚀和锈蚀超过 30%，应及时维修或更换，以防遭受雷击。

根据形成静电危害的基本条件，控制和排除放电场所的可燃物质，控制和减少静电荷的产生，消除点火源；减少静电荷的积累；防止人体带电；抑制静电放电和控制放电能量，有效地避免产生静电事故。

四、电气火灾的扑救

电气火灾发生时，应根据不同的起火情况采取不同的扑救措施。

（1）当电力线路、电气设备发生火灾，引着附近的可燃物时，一般都应采取断电灭火的方法，即根据火场不同情况，及时切断电源，然后进行扑救。要注意千万不能先用水救火，因为电气一般来说都是带电的，而泼上去的水是能导电的，用水救火可能会使人触电，而且还达不到救火的目的，损失会更加惨重。发生电气火灾，只有确定电源已经被切断的情况下，才可以用水来灭火。在不能确定电源是否被切断的情况下，可用干粉、二氧化碳、四氯化碳等灭火剂扑救。遭遇意外停电时一定要注意关闭电源开关。

（2）电气着火时，比较危险的是电视机和计算机着火。如果电视机和计算机着火，即使关掉电源，拔下插头，它们的荧光屏和显像管也有可能爆炸。为了有效地防止爆炸，应该按照下列方法去做：电视机或计算机发生冒烟起火时，应该马上拔掉总电源插头，然后用湿地毯或湿棉被等盖住它们，这样既能有效阻止烟火蔓延，一旦爆炸，也能挡住荧光屏的玻璃碎片。注意切勿向电视机和计算机泼水或使用任何灭火器，因为温度的突然降低，会使炽热的显像管立即发生爆炸。此外，电视机和计算机内仍带有剩余电流，泼水可能引起触电。灭火时，不能正面接近它们，为了防止显像管爆炸伤人，只能从侧面或后面接近电视机或计算机。

（3）电热效应的防护：

1）灼伤保护：一是将伸臂范围以内的电气设备可接近部分的温度设计在不可能造成灼伤人员的程度；二是当伸臂范围以内的电气设备的可接近部分，其表面温度哪怕有短时间超过规定的限值，也必须采取防止意外接触这些部分的措施，如设置围护或警戒。

2）过热保护：避免高温损害，从结构设计和安装方面保证电气设备及其组成部分所产生的热或热辐射，不致达到或超过致使设备损坏或功能下降的程度。

3）采取散热措施，如在变压器或静止变流器中采用散热片、强迫风冷却、循环水冷却等措施。在采用强迫冷却时，应采取措施，监测其冷却效果。

4）对于热水或蒸汽发生设备，应考虑过热安全释放。

第二节 静 电 防 护

在公元前六世纪，人类就发现琥珀摩擦后能够吸引轻小物体的"静电现象"。这是自由电荷在物体之间转移后所呈现的电性。此外，丝绸或毛料摩擦时产生的小火花，是电荷中和的效果。"雷电"则是大自然中因为云层累积的正负电荷剧烈中和，所产生的电光、雷声、热量。大自然中有许多静电现象，如塑胶袋与手之间的吸引、似乎是自发性的谷仓爆炸、在制造过程中电子元件的损毁、影印机的运作原理等。

所谓静电防护（Electrostatic Protection）是指为防止静电积累所引起的人身电击、火灾和爆炸、电子器件失效和损坏以及对生产的不良影响而采取的防范措施。其防范原则主要是抑制静电的产生、加速静电的泄漏、进行静电中和等。

一、静电的产生及危害

(一) 静电的产生

物质产生静电，与物质本身的特性有关。物体所带的静电能否积聚，关键在于物质的电阻率。研究固体带静电的情况用表面电阻率，研究液体带静电的情况则要用体积电阻率。电阻率高的物质导电性差，其多电子的区域难以流失电子，同时本身也难以获得电子。电阻率低的物质导电性较强，其多电子的区域较易流失电子，本身也较易获得电子。

物质带静电能力同时和它的介电常数（也称电容率）有关，它同电阻率一起决定着静电产生的结果和状态。尤其是液体，介电常数大的物质，其电阻率均低。如果液体的相对介电常数超过 20，并有连续相存在，且有接地装置，不论是储运还是管道输送，一般都不会产生静电。

物质产生静电除与上述物质本身特性有关外，还需要一定的外界条件。不同物质间紧密接触、带电体对物质附着或感应以及物质在电场中被极化，均能产生静电。下面列出几种常见带静电情况：

（1）接触起电。两种不同物质的表面紧密接触，其间距小于 25×10^{-8} cm 时，就会产生电子转移，形成双电层。如果两个接触表面分离得十分迅速，即使是导体也会带电。摩擦能够增加物质的接触机会和分离速度，促进静电的产生。如物质的撕裂、剥离、拉伸、压碾、撞击，以及生产过程中物料的粉碎、筛分、滚压、搅拌、喷涂、过滤等操作，均存在摩擦的因素。对于上述过程，应特别注意静电的产生与消除。

（2）附着起电。极性离子或自由电子附着到对地绝缘的物质上，也能使该物质带电或改变其带电状况。

（3）感应起电。置入电场中的导体在电场作用下，会出现正、负电荷在其表面不同部位分布的现象，称为感应起电。如果该导体与周围绝缘，则将产生电位。由于导体带有电位，并有分离开来的电荷，因此，该导体有可能发生静电放电。

（4）极化起电。静电非导体置入电场中，其内部或外表不同部位会出现正、负相反的两种电荷，称为极化作用。工业生产中，由于极化作用而使物体产生静电的情况很多，如带电胶片吸附灰尘，带静电粉料粘附在料斗或管道中不易脱落以及带静电的印刷纸张排不整齐等。

（二）静电放电的形式

积聚在液体或固体上的电荷，对其他物质或接地导体放电时可能引起灾害。常见的静电放电形式有火花放电、电晕放电、刷形放电及雷形放电等。

1. 火花放电

火花放电是发生在液态或固态导体之间的放电，其特征是有明亮的放电通道，通道内有密度很高的电流，使其中的气体完全电离；放电很快且有很响的爆裂声。两导体之间的电场强度超过击穿强度时，就会发生火花放电。因为发生放电的是导体，所有电荷几乎全部转化为火花，即火花几乎消耗掉所有的静电能量。

2. 电晕放电

当导体上有曲率半径很小的尖端时，即发生电晕放电。电晕放电不一定指向某一特定方向。电晕放电时，尖端附近的场强很强，尖端附近气体发生电离，电荷可离开导体；而远离尖端处场强急剧减弱，电离不完全，只能形成微小电流。电晕放电的特征是伴有嘶嘶的响声，有时有微弱的辉光。

3. 刷形放电

刷形放电发生在非导体和导体之间，是自非导体上的许多点发出短小火花的放电。火花是由非导体表面能够流入其中的电荷引起的，其放电总体经常有刷子似的形状。刷形放电的局部能量可能具有引燃能力。场致发射放电是从物体表面发射出电子的放电，其放电能量很小，因此，只有涉及敏感度很高的易爆物品时，才具有危险。

4. 雷形放电

当悬浮在空气中的带电粒子形成大范围、高电荷密度的电荷云时，会发生闪雷状的所谓雷形放电。受压液体、液化气高速喷出时，可能发生雷形放电。雷形放电能量很大，引燃危险也很大。

（三）静电的危害

静电引燃一般分为导体放电引燃、非导体放电引燃、空间电荷放电引燃三种类型。导体放电通常是火花放电。火花能量与导体积蓄的静电能量基本相等，即发生火花放电时，静电能量全部用于引燃，可以用混合物的最小引燃能量作为引燃界限。非导体放电一般是电晕放电和刷形放电，一次放电只能释放带电体积蓄的部分能量，因此，很难确定准确的引燃界限。

下面为几种常见物质的带电过程及危害：

1. 人体静电的产生及危害

人体的体积电阻率很低，可视为导体。当人体穿着绝缘鞋或站在绝缘地板上时，人体能够通过接触起电而带电。人体也能通过感应而带电，还能与其他带电体接触而被传导带电。常见的人体带电有人体在高电阻率的地毯等绝缘地板上走动，最初的电荷分离发生在鞋和地板之间，而后，对于导电鞋，人体由电荷传导而带电；对于绝缘鞋，人体则由感应而带电。脱下外衣时的人体带电，是发生在外层衣物和内层衣物之间的接触起电，人体则通过传导或感应而带电。另外还有与带电材料接触时的接触带电等。

人体带静电会引发一些事故及危害。在现代工业中，在一些喷漆加工车间，不乏人体静电引发燃烧爆炸的事故案例。对一些电子产品生产工厂，可能由于人体静电导致整个电子设备或系统工作失误、失灵，也可能使敏感电子元器件发生静电击穿，包括硬击穿（造成突然永久性失效）和软击穿（一般表现为暂时失效），暂时失效不但会造成设备工作误码、差错，更严重的危害在于它可造成毫无规律可循的潜在性失效，使电子产品工作的可靠性下降。

同样，静电放电也会给人员带来痛苦的感觉。表 9-1 给出了电容为 470pF 的带静电体发生人体电击时人体的生理效应。

人体带电和电击感应程度的关系表 表 9-1

人体带电电位（kV）	电击感应强度
1.0	无任何感觉
2.0	手指外侧有感觉，但不痛
2.5	放电部分有针刺感，有微颤抖感，但不痛
3.0	有像针刺样痛感
4.0	手指有微痛感，好像用针轻轻地刺以下
5.0	手掌至前腕有电击的痛感
6.0	感到手指强烈疼痛，电击后手腕有沉重感
7.0	手指手掌感到强烈疼痛，有麻木感
8.0	手掌至前腕有麻木感
9.0	手腕感到强烈疼痛，手麻木而沉重
10.0	全手感到疼痛和电流流过感
11.0	手指感到剧烈麻木，全手有强烈触电感
12.0	在较强的触电下，全手有被狠打的感觉

2. 液体静电的产生及危害

液体的带电可以用双电层起电的概念解释。液态物料刚进入管道，处于静止状态，液体与管道之间，按其固有性质在接触界面上形成双电层，此时液体的电子转移到管道内壁。液体流动时，在湍动冲击和热运动作用下，部分带电荷的液体分子进入到液体内部。当这些带电液体分子离去时，管道内壁被双电层束缚的电子将成为自由状态。由于同性相斥，这些电子聚集到管道外侧，内壁留出中性位置，可让后来补充的中性液体建立新的双电层。

如果管道是导体且接地，则管道外壁多余电子将导入大地。在液体输送过程中，上述情况不断发生，在管道出口流出带电液体的同时，在接地线上亦流出同量的电子。随液体

163

流动的电荷称为冲流电流，其大小与液体介质和管道的固有性质有关。液体的流速和管道直径是影响冲流电流的最重要的因素，杂质也有一定的影响，而温度和湿度的影响不大。当管道为非导体材料时，液体流入管内，同样能建立双电层。但因湍动冲击留在管内壁上的电荷，不像导体材料管道那样，可以很快聚集到管外壁并导走。这样就限制了新双电层的建立，以至限制液体静电的产生量。管内壁建立了一层带电层后，在强电场的作用下，由于极化作用，管外壁也会呈现电性，其电性强弱与液体流速有关。绝缘管道外壁的极化束缚电荷本身，虽然对外放电危险不大，但能使附近导体产生感应静电，也应加以注意。

液体除了管道流动带电外，还有沉降起电、溅泼起电、喷射起电等带电形式。两种不互溶的液体置于一起，由于密度不同，将发生沉降式相对运动。不同分子间的接触和分离，会使其带有不同极性的电荷。固、气相杂质在液体中沉降、搅动同样会产生静电。

液体在溅泼时会形成部分雾滴，当其与空气中灰尘接触分离时，会使雾滴带上静电。当雾滴碰到物体时，借助滚动的惯性，将与和物体接触建立的双电层分离，带走电荷而使液滴带上静电。

当液体由喷嘴高速喷出时，液体与喷嘴紧密接触后迅速分离，接触界面会形成双电层，分离时液滴将电荷带走，引起喷射起电。如二氧化碳灭火器在喷射时，固体二氧化碳和小水滴会带上电荷。

液体带电的危害主要表现在：当液体带电时，其内部和周围空间会有电场存在。当场强足够大时，就会发生放电。在一般情况下，液体内部的放电没有引燃的危险，但可以引起化学变化。这些变化能改变液体的性能或引起有关设备的腐蚀。液体在空气中的放电则有引燃的危险。油罐内液面与接地罐壁或其他金属构件之间的场强超过击穿强度时，即发生放电。放电能量的大小及引燃的可能性很难估计。

对地电阻在 $10^6\Omega$ 以上的导体或非导体，在带电液体作用下可以带电。一旦发生放电，危险性极大。例如，电阻率较大的液体流经绝缘导体时，绝缘导体会由于与液体摩擦，或由于带电液体电荷的传递等而产生电荷。带电液体倒入不接地的金属罐时，由于感应或电荷的转移而使绝缘的金属罐带电。浸在带电液体中的金属构件，其电位与其所处位置的液体电位相等。带电云雾向物体上的喷射，如气漏旁边的不接地物体，会使物体带电。由上述可见，放置在带电液体周围的孤立物体可以带电，而且十分危险。

3. 粉体静电的产生及危害

粉体大量产生接触静电。只要粉体与不同的表面接触，例如在搅拌、研磨、筛分、倒入过程中，以及在气流输送过程中，都可能起电。悬浮在空气中的粉体所携带电量不会超过某一限值，因为在此限值以上，颗粒表面的电场强度足以使周围空气电离，从而将电荷泄漏掉。对于完全分散的粉粒，其能保持的最大表面电荷密度为 $10\mu C/m^2$（微库/平方米）。

单位质量粉体携带的电荷称为荷质比。荷质比是描述粉体静电现象的重要参数之一。对于球形粉粒，荷质比由下式给出：

$$q = \frac{3\sigma}{\rho r} \tag{9-1}$$

式中　q——荷质比，$\mu C/kg$；

　　　σ——表面电荷密度，$\mu c/m^2$；

ρ——粉粒密度，kg/m^3；

r——粉粒半径，m。

对于悬浮在空气中完全分散的粉体，当 σ 接近 $10\mu C/m^2$ 时，即达到最大荷质比。所以粒度较小的粉体能携带较大的电荷量。根据粉体电阻率，粉体可以分为以下三种类型：

（1）低电阻率粉体，体积电阻率在约 $10^8\Omega \cdot m$ 以下的粉体，例如金属粉末。

（2）中电阻率粉体，体积电阻率大致在 $10^6 \sim 10^{12}\Omega \cdot m$ 的粉体，例如许多有机粉体。

（3）高电阻率粉体，体积电阻率在约 $10^{12}\Omega \cdot m$ 以上的粉体。

实际上，低电阻率粉体很少存在，即使金属粉体，其氧化膜也能使其体电阻率增大到可按中电阻率考虑。高电阻率粉体所产生的电荷量与其迁移状态有很大关系。迁移状态是指粉体处于悬浮状态还是半结块状态。当粉体成块状时，即使与接地金属接触，也能将其电荷保持数小时甚至数天。

当粉尘云中带电粒子产生的场强足够高时，就会发生粉尘云内部放电或粉尘云对大地的放电。粉尘云放电引燃危险较小。粉尘云放电可引燃非常敏感的混合物，如悬浮的微细粉尘或可燃混合气体。随着粉体结块的形成，电荷密度和场强增大，发生静电放电的几率增加。对于中电阻率的粉体，只要粉体处于接地金属容器内，绝大多数静电会被泄漏掉。在这种情况下，粉体表面放电引燃的危险性较小。但在非导体容器内，电荷泄漏缓慢得多，对大地放电引燃的危险性较大。

无论容器是否导电，高电阻率粉体的电荷都不会通过容器传导泄漏掉。在粉粒和容器壁之间，常发生低能空气放电。在大容器中，可能出现长距离放电，有较大的引燃能力。

粉体处理系统中的绝缘导体很容易通过接触而起电。如输送粉体流的绝缘金属管道，可以达到很高的电位，能够对地产生大能量的火花放电。将粉体倒入一个没有接地的容器，可导致容器的火花放电，放出的电量与容器内积累的电荷总量相当。

在有些粉体操作中，如取样等，人体与粉体需紧密接触。如果操作人员处于非接地状态，由于感应或电荷传递，人体能带上数量可观的电荷。

4. 气体静电的产生及危害

纯净气体或气体混合物的运动产生的静电量是很小的。但是悬浮在气体中的液滴或固体颗粒能够产生和携带较多的静电电荷。这些粒子可能是外部物质，也可能是气体本身的凝聚物。因此，在压缩、排放、喷射气体时，在阀门、喷嘴、放空管或缝隙，易产生静电。

不论是大型工业吸尘器管嘴的带电，还是细小物品气动输运系统中的管道带电，除非设备由金属制成并保持接地，否则都可能会导致可燃气的引燃和人体的强电击。粉体的气动输送作为气体携带电荷的特例，还具有前述粉体静电的特点。

任何含有颗粒物质的压缩气体的逸出和排放都具有潜在危险。例如，从进出气口、阀门或法兰漏缝处喷出带有水珠或锈末的压缩气体时，均可产生危险的静电。所以，装放最小引燃能量很低的气体如氢或乙炔与空气的混合气体时，只要这些气体含有颗粒物杂质，装放时就应格外谨慎。

液化二氧化碳的释放，会产生气体和二氧化碳干冰的混合物。这种混合物高度带电，在喷嘴上及气体撞击的绝缘金属导体上，曾测得高达几千伏的静电电压。因此，当把二氧化碳用作惰性气体时，如果不采取适当的防范措施，就可能产生灾害。

5. 固体静电的产生及危害

在设备、机械、管道和构件等的生产和加工作业中，越来越多地使用绝缘材料。这些绝缘材料的体积电阻率或表面电阻率一般都超过 $10^{12}\Omega \cdot m$ 或 $10^{12}\Omega$，电荷在其上能保持相当长的时间。这些绝缘材料很容易通过接触起电而带电。例如，流经塑料管道的粉体流或液体流，以及薄膜材料在金属滚筒上的传送等，接触表面由于摩擦而产生大量电荷。此外，当带电的粉体或液体流入绝缘容器时，使容器也带上静电。绝缘体电阻率很高，以至其能保持的最大电荷量不是由传导性决定，而是由带电表面附近大气的击穿强度决定。不接地的金属导体和不接地的人体靠近带电绝缘材料时，都能被感应而带电。

固体静电对工业生产带来很多危害。绝缘材料在进行加工和各种生产时极易带电，如薄膜往卷轴上卷绕时，绝缘材料管道内输送粉体、液体物料时，都会使绝缘材料带电。绝缘材料的带电使生产不能顺利进行，它可使印刷业的纸张相吸、纺织业纺丝的不整齐等。更为严重的是，在有可燃气体的场合，静电放电可成为引燃或引爆的点火源。

二、静电安全界限

静电产生的火灾和爆炸的安全界限是用静电放电能量来表示的，其放电能量必须比可燃性物质的最小点燃能量大。由于放电能量不易求得，所以由静电引起的爆炸和火灾的安全界限用等于最小点燃能量的放电能量来决定，或用等于最小点燃能量的带电状态（带电电位和带电能量等）表示。其次安全界限只有一个大致标准，因为它还受带电空间的特性和接地体的形状等其他因素影响。

(一) 导体的灾害界限

带电体是导体时，如果发生放电，在一般情况下，是将所储存的静电能量几乎全部变成放电能量而放出。因而在导体上所储存的静电能量等于最小点燃能量时，则可认为是有产生爆炸和火灾的危险的，所以产生爆炸和火灾的界限可以考虑为相当于储存最小点燃能量的带电电位和带电量。

(二) 绝缘体的灾害界限

带电体的电导率在 $10^{-8}S/m$ 以下或表面电阻在 $10^{9}\Omega$ 以上的绝缘体产生放电时，由于其电荷不能一次性放完，其静电场所储存的能量也不能一次集中释放，因此绝缘体的放电产生的爆炸和火灾的界限，不能用带电导体的计算公式求得。要准确确定绝缘体的危险电位是很困难的，不过可以确定，静电电位 30kV 的绝缘体在空气中放电时，放电能量可达数百微焦耳，足以引起某些爆炸性混合物发生爆炸。应当强调指出，由于绝缘体的静电及其放电情况比较复杂，为了鉴别绝缘体静电的危险性，必须重视现场运行经验。并特别注意下列情况；带电状态很不均匀的场合；带电量和极性容易发生变化的场合；在绝缘体中有局部的电导率高的部位，并且这种绝缘体是带电的；在带电的绝缘体里面或附近有接地的导体。

三、静电危害的防护

对于静电危害的防护，首先要切断静电引发火灾或爆炸形成的条件。通常静电引发火灾或爆炸的条件包括：有产生静电荷的条件；具备产生火花放电的电压；有能引起火花放电的合适间隙；电火花要有足够的能量；在放电间隙及周围环境中有易燃易爆混合物等。

对静电危害的防护，只要消除上述几个条件中的一个，就可达到防止静电引发燃烧或爆炸危害的目的。可以采取措施从工艺改进着手尽量少产生静电、利用泄漏导走的方法迅速排除静电或利用中和电荷的方法减少静电积累、改变生产环境以减少易燃易爆物的泄放等，消除静电危害。

(一) 改进工艺控制静电产生

改进工艺是指从工艺过程、材料选择、设备结构、操作管理等诸方面采取措施，控制静电的产生，使其不致达到危险程度。在原料配方和结构材质方面应该进行优选，尽量选取不易摩擦或接触起电的物质，减少静电的产生。在有爆炸、火灾危险的场所，传动部分为金属材料时，尽量不采用皮带传动；设备、管道应光滑平整、无棱角，管径不宜有突变部分；物料输送时，应放缓速度，并且应控制物料中杂质、水分的含量，以免静电的产生。

对于输送固体物料所用的皮带、托辊、料斗、倒运车辆和容器等，都应采用导电材料制造并接地。使用中要保持清洁，但不得用刷子清扫。输送中要平稳，速度应适中，不能使物料滑动或振动。输送液体物料，主要是通过控制流速限制静电的产生。当输液管线很长不适于限制流速时，可在液体进入贮罐前经过一段管径较大的缓冲区，以消除液体中的静电。输送气体物料，应先通过干燥器和过滤器把其中的水雾、尘粒除去。在液体喷出过程中，喷出量要小、压力要低，管路应经常清扫。

液体装罐前，应清除罐中积水和不接地的金属浮体。装液时，不应混入空气、水分和各种杂物。直接从上方倾入液体时，应沿器壁缓慢倾入。液体流经过滤器，其静电量会增加 $10 \sim 100$ 倍，因此应尽量少用过滤器。对于输送氢、乙炔、丙烷、城市煤气和氯等气体物料，不宜使用胶皮管，应采用接地金属管。

(二) 静电的泄放消散

静电的泄放消散是在生产过程中，采用空气增湿、加抗静电添加剂、静电接地和保证静止时间的方法，将带电体上的电荷向大地泄放消散，以期达到静电安全的目的。一般认为，带电体任何一处对地电阻小于 $10^6 \Omega$ 时，则该带电体的静电接地是良好的。所以，降低带电体对地电阻是排除静电的重要方法。

空气增湿可以降低静电非导体的绝缘性，湿空气可在物体表面覆盖一层导电的液膜，提高静电荷经物体表面泄放的能力，即降低物体的泄漏电阻，把所产生的静电导入大地。增湿的具体方法可采用通风调湿、地面洒水、喷放水蒸气等。空气增湿不仅有利于静电的导出，还能提高爆炸性混合物的最小引燃能量，有利于防爆。

在工艺条件允许的情况下，空气增湿取相对湿度为 70% 为宜。增湿以表面可被水润湿的材料效果为好，如醋酸纤维素、硝酸纤维素、纸张和橡胶等。对于表面很难被水润湿的材料，如纯涤纶、聚四氟乙烯、聚氯乙烯等效果较差。

抗静电添加剂可使非导体材料增加吸湿性或离子性，使其电阻率降低至 $10^4 \sim 10^6 \Omega \cdot$ m 以下。有些添加剂本身就具有良好的导电性，能将非导体上的静电荷导出。抗静电添加剂种类繁多，如无机盐表面活性剂、无机半导体、有机半导体、高聚物、电解质高分子成膜物等。抗静电添加剂应根据使用对象、目的、物料工艺状况以及成本、毒性、腐蚀性和使用场合等具体情况进行选择。

（三）静电接地连接

静电接地连接是为静电荷提供一条导入大地的通路。接地只能消除带电导体表面的自由电荷，对于非导体静电荷的消除是无效的。凡加工、储存、运输能产生静电物料的金属设备和管道，如各种贮罐、反应器、混合器、物料输送设备、过滤器、吸附器、粉碎机械等金属体，应连成一个连续的导电整体并加以接地。不允许设备内部有与地绝缘的金属体。

输送能产生静电物料的绝缘管道，其金属屏蔽层应该接地。各种静电消除器的接地端、高绝缘物料的注料口、加油站台、油品车辆、浮动罐体等应连成导电通路并接地。在有火灾、爆炸危险的场所，以及静电对产品质量、人身安全有影响的地方，所使用的金属用具、门窗把手和插销、移动式金属车辆、金属梯子、家具、有金属丝的地毯等，都应该接地。

管道系统的末端、分叉、变径、主控阀门、过滤器，以及直线管道每隔 200～300m 处，均应设接地点。车间内管道系统的接地点应不少于两个，接地点、跨接点的具体位置可与管道固定托架位置一致。

罐车、油槽汽车、油船、手推车以及移动式容器的停留、停泊处，要在安全场所装设专用接地接头，以便移动设备接地用。当罐车、油槽汽车到位后，在关闭电路、打开罐盖之前，要进行接地。注液完毕，拆掉软管，经一定时间静止后，再将接地线拆除。

（四）静电的中和与屏蔽

静电的中和是用极性相反的离子或电荷中和危险的静电，从而减少带电体上的静电量。静电屏蔽是把静电对外的影响局限在屏蔽层内，从而消除静电对外的危害。属于静电中和法的有静电消除器消电、物质匹配消电等几种类型。

静电消除器有自感应式、外接电源式、放射线式和离子流式四种。自感应式静电消除器是用一根或多根接地金属针作为离子极，将针尖对准带电体并距其表面 1～2cm。由于带电体的静电感应，针尖会出现相反电荷，在附近形成强电场，并将气体电离。所产生的正、负离子在电场作用下，分别向带电体和针尖移动。与带电体电性相反的离子抵达带电体表面时，即与静电中和；而移到针尖的离子通过接地线把电荷导入大地。

外接电源式静电消除器是利用外接电源的高电压，在消除器针尖与接地极之间形成强电场，使空气电离。外接电源是直流的消除器，将产生与带电体电性相反的离子，直接中和带电体的静电。如果外接电源是交流装置，则在带电体周围由等量的正、负离子形成导电层，使带电体表面电荷传导出去。

放射线静电消除器是利用放射性同位素使空气电离，从而中和带电体上的静电。离子流式静电消除器从工作原理上来讲属于外接电源式静电消除器。所不同的是利用干净的压缩空气通过离子极喷向带电体，把离子极产生的离子不断带到带电体表面，达到消除静电的效果。从适用性出发，自感应式、放射线式静电消除器原则上适于任何级别的场合。但放射线式静电消除器，只有在有良好的放射性防护时方能使用。

利用摩擦起电的带电规律，把相应的物质匹配，使生产过程中产生极性相反的电荷，并互相中和，这就是所谓物质匹配消电的方法。如在橡胶制品生产中，辊轴用塑料、钢铁两种不同的材料制成，交叉安装，胶片先与钢辊接触分离得负电，然后胶片又与塑料辊摩擦带正电，正、负电互相抵消，保证了安全。

把带电体用接地的金属板、网包围或用接地导线匝缠绕，将电荷对外的影响局限于屏蔽层内，同时屏蔽层内的物质也不会受到外电场的影响。这种静电封闭方法可保证系统静电的安全。

（五）人体静电的消除

可以通过接地、穿防静电鞋、穿防静电工作服等具体措施，减少静电在人体上的积累。在静电产生严重的场所，不得穿化纤工作服，穿着以棉织品为宜。在人体必须接地的场所，应设金属接地棒，赤手接触即可导出人体静电。

产生静电的工作地面应是导电性的，其泄漏电阻既要小到防止人体静电积累，又要防止人体误触静电而导致人体伤害。此外，用洒水的方法使混凝土地面、嵌木胶合板湿润，使橡皮、树脂、石板的粘合面或涂刷地面能够形成水膜，增加其导电性。

在工作中，尽量不做与人体带电有关的事情，如在工作场所不要穿、脱工作服。在有静电危险场所操作、检查、巡视，不得携带与工作无关的金属物品，如钥匙、硬币、手表、戒指等。

（六）加强静电安全管理

静电安全管理包括制定静电安全操作规程、制定静电安全指标、静电安全教育、静电检测管理等。

第三节　电磁辐射防护

一、电磁污染与电磁辐射

任何带电体周围都存在着电场，周期变化的电场就会产生周期变化的磁场，电场和磁场的交互变化产生了电磁波。电磁波是能量的一种存在形式，一百多年前，麦克斯韦用理论形式证明电磁波的存在，人们对其的认识和应用也在不断发展。

（一）电磁污染

电磁波向空中发射或泄漏的现象就叫作电磁辐射。电磁辐射无处不在、无时不在，手机、电话机、计算机、输配电线的周围都存在这样的辐射。随着科学技术的发展，各种电子生活用品如空调、计算机、电视、冰箱、微波炉、电热毯、移动电话等也越来越多，也在产生各种不同波长和频率的电磁波，由此而产生的电磁波污染也越趋于严重。

美国国会技术评价局在 1989 年年度报告的附录中列出了系列家电的电磁波辐射数据：洗衣机 1～20 毫高斯（50cm），电视机 20～40 毫高斯（1m），电热毯 20～100 毫高斯（10cm），电吹风 100～1000 毫高斯（10cm），微波炉（背面）2000 毫高斯（10cm），电动剃须刀 200～1000 毫高斯（10cm）。

电磁辐射超过一定强度（即安全卫生标准限制）后，就会对人体产生负面效应，此时就成为电磁污染。虽然有时候辐射的强度极微，但长时间接触可能对人体健康，特别是对胎儿造成一定影响。它无色、无味、无形、无踪、无任何感觉又无处不在，给人类带来的危害却不可小视。

(二) 电磁污染的分类

影响人类生活环境的电磁污染可分天然电磁污染和人为电磁污染两大类。

1. 天然电磁污染

天然电磁污染是某些自然现象引起的。最常见的是雷电，雷电除了可能对电气设备、飞机、建筑物等直接造成危害外，还会在广泛的区域产生从几千赫兹到几百兆赫兹的极宽频率范围内的严重电磁干扰。火山喷发、地震和太阳黑子活动引起的磁爆等都会产生电磁干扰。天然的电磁污染对短波通信的干扰极为严重，主要的天然电磁污染源如表 9-2 所示。

天然电磁污染源 表 9-2

分类	来源
大气与空间污染源	自然界的火花放电、雷电、台风、高寒地区飘雪、火山喷烟等
太阳电磁场源	太阳的黑子活动与黑体放射等
宇宙电磁场源	银河系统恒星的爆发、宇宙间电子移动等

2. 人为电磁污染

人为电磁污染按频率的不同分为工频场源与射频场源。工频场源以大功频输电线路产生的电磁污染为主，也包括若干种放射型场源。射频场源主要由无线电或射频设备工作过程产生的电磁辐射所引起。目前人为电磁污染源已成为环境污染的主要来源。表 9-3 所示为常见的人为电磁污染源。

人为电磁污染源 表 9-3

分类		设备名称	污染来源与部件
放电所致污染源	电晕放电	电力线（送配电线）	高电压、大电流而引起的静电感应、电磁感应、大地泄漏电流
	光辉放电	放电管	白光灯、高压水银灯及其他放电管
	弧光放电	开关、电气铁道、放电管	点火系统、发电机、整流装置等
	火花放电	电气设备、发动机、冷藏车、汽车等	整流器、发电机放电管、点火系统等
工频辐射场源		大功率输电线、电气设备、电气铁道	高电压、大电流的电力线场电气设备
射频辐射场源		无线电发射机、雷达等	广播、电视与通风设备的振荡与发射系统
		调频加热设备、热合机、微小干燥机	工业用射频利用设备的工作电路与振荡系统等
		理疗机、治疗机	医学用射频利用设备的工作电路与振荡系统等
建筑物反射		高层楼群以及大的金属	墙壁、钢筋、塔吊等

(三) 电磁污染的传播途径

电磁污染通常通过以下途径传播：

1. 空间辐射

电子设备与电气工作过程本身相当于一个多向发射天线，不断地向空间辐射电磁能。辐射方式有两种：一种是以场源为核心，在半径为一个波长范围内，电磁能向周围传播，以电磁感应方式为主，将能量施加于附近的仪器以及人体；另一种是在半径为一个波长范围之外，电磁能进行传播，以空间放射方式将能量施加于敏感元件。在远区场中，输电线路、控制线等具有天线效应，接收空间电磁辐射能进行再传播而构成危害。

2. 导线传播

当射频设备与其他设备共用同一电源，或两者间有电气联结关系时，电磁能可通过导线进行传播。此外，信号输出电路、输入电路、控制电路等，也能在该磁场中拾取信号进行传播。

3. 复合传播污染

同时存在空间传播与导线传播所造成的电磁辐射污染，称为复合传播污染。

二、电磁辐射的危害

电磁污染已被公认为是排在大气污染、水质污染、噪声污染之后的第四大污染公害。联合国人类环境大会将电磁辐射列入必须控制的主要污染物之一。这些电磁辐射充斥空间，无色无味无形，可以穿透包括人体在内的多种物质。人体如果长期暴露在超过安全的辐射剂量下，细胞就会被大面积杀伤或杀死。据国外资料显示，电磁辐射已成为当今危害人类健康的致病源之一。

(一) 电磁波对人体机理的危害

电磁污染危害人体的机理主要是热效应、非热效应和累积效应等。

（1）热效应。人体 70% 以上是水，水分子受到电磁波辐射后相互摩擦，导致体温升高，从而影响到体内器官的正常工作。

（2）非热效应。人体的器官和组织都存在微弱的电磁场，一旦受到外界电磁场的干扰，处于平衡状态的微弱电磁场将遭到破坏，人体也会遭受损伤。

（3）累积效应。热效应和非热效应对人体的伤害具有累积效应，其伤害程度会随时间和影响程度发生累积，久而久之会成为永久性病态。对于长期接触电磁波辐射的群体，即使电磁波功率很小、频率很低，也可能被诱发意想不到的病变。

(二) 电磁波的危害

1998 年世界卫生组织调查显示，电磁辐射对人体有五大影响：

（1）电磁辐射是心血管疾病、糖尿病、癌突变的主要诱因之一。

（2）电磁辐射会对人体生殖系统、神经系统和免疫系统造成直接伤害。

（3）电磁辐射是造成孕妇流产、不育、畸胎等病变的诱发因素之一。

（4）过量的电磁辐射直接影响儿童身体组织、骨骼发育，导致视力、肝脏造血功能下降，严重者可导致视网膜脱落。

（5）电磁辐射可使男性性功能下降、女性内分泌紊乱。

三、电磁辐射的抑制与防护

(一) 电磁辐射的防护限值

为防止电磁辐射污染、保护环境和保障公众健康，促进我国现代化建设的发展，近年来，国家先后制定了一些相应的标准。最常用的电磁方面的标准是《电磁环境控制限值》GB 8702—2014。

为控制电场、磁场、电磁场所致公众暴露环境中电场、磁场、电磁场场量参数的方均根值应满足表 9-4 的要求。

公众暴露控制限值 表 9-4

频率范围	电场强度 E (V/m)	磁场强度 H (A/m)	磁感应强度 B (μT)	等效平面波功率密度 S_{eq} (W/m²)
1～8Hz	8000	$32000/f^2$	$40000/f^2$	—
8～25Hz	8000	$4000/f$	$5000/f$	—
25～1200Hz	$200/f$	$4/f$	$5/f$	—
1.2～2.9kHz	$200/f$	3.3	4.1	—
2.9～57kHz	70	$10/f$	$12/f$	—
57～100kHz	$4000/f$	$10/f$	$12/f$	—
0.1～3MHz	40	0.1	0.12	4
3～30MHz	$67/f^{1/2}$	$0.17/f^{1/2}$	$0.21/f^{1/2}$	$12/f$
30～3000MHz	12	0.032	0.04	0.4
3000～15000MHz	$0.22f^{1/2}$	$0.00059f^{1/2}$	$0.00074f^{1/2}$	$f/7500$
15～300GHz	27	0.073	0.092	2

注：1. 频率 f 的单位为所在行中第一栏的单位。

2. 0.1～300GHz 频率，场量参数是任意连续 6min 内的方均根值。

3. 100kHz 以下频率，需同时限制电场强度和磁感应强度；100kHz 以上频率，在远场区，可以只限制电场强度或磁场强度，或等效平面波功率密度，在近场区，需同时限值电场强度和磁场强度。

4. 架空输电线路线下的耕地、园地、牧草地、畜禽饲养地、养殖水面、道路等场所，其频率 50Hz 的电场强度控制限值为 10kV/m，且应给出警示和防护指示标志。

对于脉冲电磁波，除满足上述要求外，其功率密度的瞬时峰值不得超过表 9-4 中所列限值的 1000 倍，或场强的瞬时峰值不得超过表 9-4 中所列限值的 32 倍。

(二) 电磁辐射源的管理

《电磁环境控制限值》GB 8702—2014 中对电磁辐射源的管理做了如下规定：

从电磁环境保护管理角度，下列产生电场、磁场、电磁场的设施（设备）可免于管理：

(1) 100kV 以下电压等级的交流输变电设施。

(2) 向没有屏蔽空间发射 0.1MHz～300GHz 电磁场的，其等效辐射功率小于表 9-5 所列数值的设施（设备）。

可豁免设施（设备）的等效辐射功率 表 9-5

频率范围（MHz）	等效辐射功率（W）
0.1～3	300
>3～300000	100

第四节 雷 电 防 护

雷击事故是由自然界中正、负电荷形式的能量造成的事故。雷电是因强对流气候而形成的雷雨云层间和雷雨层与大地间强烈瞬间放电的现象。当雷击发生时，产生强大的雷击电流、炽热的高温、猛烈的冲击波、瞬间的电磁场和强烈的电磁辐射等综合物理效应，是一种严重的气象自然灾害。

一、雷电的形成

雷电一般产生于对流发展旺盛的积雨云中，因此常伴有强烈的阵风和暴雨，有时还伴有冰雹和龙卷风。积雨云顶部一般较高，可达 20km，云的上部常有冰晶。冰晶的凝附、水滴的破碎以及空气对流等过程，使云中产生电荷。云中电荷的分布较复杂，但总体而言，上部以正电荷为主，下部以负电荷为主。因此，云的上、下部之间形成一个电位差。当电位差达到一定程度后，就会产生放电，这就是常见的闪电现象。闪电的平均电流是 3×10^4A，最大电流可达 3×10^5A。闪电的电压很高，约为 $(1 \sim 10) \times 10^9$V。一个中等强度雷暴的功率可达 10^7W，相当于一座小型核电站的输出功率。放电过程中，由于闪电中温度骤增，使空气体积急剧膨胀，从而产生冲击波，导致强烈的雷鸣。带有电荷的雷云与地面的突起物接近时，它们之间就发生激烈的放电。在雷电放电地点会出现强烈的闪光和爆炸的轰鸣声。

二、雷电的种类及危害

(一) 雷电的种类

1. 直击雷

直击雷是带电积云接近地面至一定程度时，与地面目标之间的强烈放电。直击雷的每次放电含有先导放电、主放电、余光 3 个阶段。大约 50％的直击雷有重复放电特征。每次雷击有 3、4 个冲击甚至数十个冲击。直击雷的电压峰值通常可达几万伏甚至几百万伏，电流峰值可达几十千安乃至几百千安，其之所以破坏性很强，主要原因是雷云所蕴藏的能量在极短的时间（其持续时间通常只有几微秒到几百微秒，一般不超过 500ms）就释放出来，从瞬间功率来讲是巨大的。

2. 感应雷

感应雷也称作雷电感应，分为静电感应雷和电磁感应雷。静电感应雷是由于带电积云在架空线路导线或其他导电凸出物顶部感应出大量电荷，在带电积云与其他客体放电后，感应电荷失去束缚，以大电流、高电压冲击波的形式，沿线路导线或导电凸出物传播。电磁感应雷是由于雷电放电时，巨大的冲击雷电流在周围空间产生迅速变化的强磁场在邻近的导体上产生的很高的感应电动势。

3. 球雷

在雷电频繁的雷雨季节，偶然会发现殷红色、灰红色、紫色、蓝色的"火球"，直径一般十到几十厘米，甚至超过 1m。有时从天而降，然后又在空中或沿地面水平移动，有时平移有时滚动，通过烟囱、开着的门窗和其他缝隙进入室内，或无声地消失，或发出丝丝的声音，或发生剧烈的爆炸，因而人们习惯称之为"球形雷"。从电学角度考虑，球雷应当是一团处在特殊状态下的带电气体。

此外，直击雷和感应雷都能在架空线路或在空中金属管道上产生沿线路或管道的两个方向迅速传播的雷电冲击波。

(二) 雷电的危害

雷电具有雷电流幅值大（可达数十千安至数百千安）、冲击性强、冲击电压高的特点。其特点与其破坏性有紧密的关系。雷电有电性质、热性质、机械性质等多方面的破坏作用，均可能带来极为严重的后果。

(1) 火灾和爆炸。直击雷放电的高温电弧、二次放电、巨大的雷电流、球雷侵入可直接引起火灾和爆炸；冲击电压击穿电气设备的绝缘等破坏可间接引起火灾和爆炸。

(2) 触电。积云直接对人体放电、二次放电、球雷打击、雷电流产生的接触电压和跨步电压可直接使人触电；电气设备的绝缘因雷击而损坏也可使人遭到电击。

(3) 设备和设施毁坏。雷击产生的高电压、大电流伴随的汽化力、静电力、电磁力可毁坏重要电气装置和建筑物及其他设施。

(4) 大规模停电。电力设备或电力线路被破坏后即可能导致大规模停电。

三、防雷技术

(一) 防雷建筑物分类

建筑物根据其火灾和爆炸的危险性、人身伤亡的危险性、政治经济价值分为 3 类。不同类别的建筑物有不同的防雷要求。

(1) 第 1 类防雷建筑物：指制造、使用或储存炸药、火药、起爆药、火工品等大量危险物质，遇电火花会引起爆炸，从而造成巨大破坏或人身伤亡的建筑物。

(2) 第 2 类防雷建筑物：指对国家或国民经济有重要意义的建筑物以及制造、使用和储存爆炸危险物质，但电火花不易引起爆炸，或不致造成巨大破坏和人身伤亡的建筑物。

(3) 第 3 类防雷建筑物：指需要防雷的出第 1 类、第 2 类防雷建筑物以外需要防雷的建筑物。

(二) 直击雷防护

第 1 类防雷建筑物、第 2 类防雷建筑物、第 3 类防雷建筑物的易受雷击部位，遭受雷击后果比较严重的设施或堆料，高压架空电力线路、发电厂和变电场站等，应采取防雷击措施。

装置避雷针、避雷线、避雷网、避雷带是直击雷防护的主要措施。避雷针分独立避雷针和附设避雷针。独立避雷针不应设在人经常通行的地方。避雷针的保护范围按滚球法计算。

(三) 二次放电防护

为了防止二次放电，不论是空气中还是地下，都必须保证接闪器、引下线、接地装置与邻近导体之间有足够的安全距离。在任何情况下，第 1 类防雷建筑物防止二次放电的最小距离不得小于 3m，第 2 类防雷建筑物防止二次放电的最小距离不得小于 2m，不能满足间距求时应予跨接。

（四）感应雷防护

有爆炸和火灾危险的建筑物、重要的电力设施应考虑感应雷防护。

为了防止静电感应雷的危险，应将建筑物内不带电的金属装备、金属结构连成整体并予以接地。为了防止电磁感应的危险，应将平行管道、相距不到100m的管道用金属线跨接起来。

（五）雷电冲击波防护

变配电装置、可能有雷电冲击波进入室内的建筑物应考虑雷电冲击波防护。

为了防止雷电冲击波侵入变配电装置，可在线路引入端安装阀型避雷器。阀型避雷器上端安在架空线路上，下端接地。正常时避雷器对地保持绝缘状态；当雷电冲击波到来时，避雷器被击穿，将雷电引入大地；冲击波过去后，避雷器自动恢复绝缘状态。

对于建筑物，可采取以下措施：

（1）全长直接埋地电缆供电，入户处电缆金属外皮接地；

（2）架空线转电缆供电，架空线与电缆连接处装设阀型避雷器，避雷器、电缆金属外皮、绝缘子铁脚、金具等一起接地；

（3）架空线供电，入户处装设阀型避雷器或保护间隙，并与绝缘子铁脚、金具一起接地。

（六）人身防雷

雷暴时，应尽量减少在户外或野外逗留；在户外或野外最好穿塑料等不浸水的雨衣；如有条件，可进入宽大金属结构架或有防雷设施的建筑物、汽车或船只。

雷暴时，应尽量离开小山、小丘、隆起的小道，应尽量离开海滨、湖滨、河边池塘旁；应尽量避开铁丝网、金属晒衣以及旗杆、宝塔、孤独的树木附近，还应尽量离开没有防雷保护的小建筑物或其他措施。

雷暴时，在户内应离开照明、动力线、电话线、广播线、收音机和电视机电源线、收音机和电视天线以及与其相连的各种金属设备。雷雨天气，应注意关闭门窗。

复 习 思 考 题

1. 简述电气火灾的特点。

2. 简述电气线路的电气火灾预防措施。

3. 简述人体静电的消除方法。

4. 简述人为电磁污染的主要来源。

5. 简述电磁辐射的危害。

6. 电磁污染以哪几种途径传播？

7. 简述防雷技术措施。

第十章　施工现场临时用电安全

施工现场临时用电的特点是用电设备移动频繁，电气设备及供电线路工作环境差，负荷变化大。在施工人员的思想上往往有"临时"观点，认为临时用电是临时性的，常常将一些已破旧的导线及陈旧电气设备从一个工地移到另一个工地反复使用。另外，往往存在侥幸心理，明知设备容量不够还继续使用，设备安装不规则，电线电缆乱接乱拉，甚至无证操作，导致施工现场触电和电气火灾等电气事故经常发生，给人们生命和财产带来巨大损失。

因此，施工现场临时用电的安全可靠性是保证高速度、高质量施工的重要条件。为了保障施工现场的用电安全可靠、防止触电和电气火灾发生，必须对施工用电线路和设备加强管理。临时用电安全技术措施包括两个方面的内容：一是安全用电在技术上所采取的措施；二是为了保证安全用电和供电的可靠性，在组织上所采取的各种措施，它包括各种制度的建立、组织管理等一系列内容。

第一节　施工现场用电安全要求

（1）在施工现场作业时应集中精力，坚守工作岗位，严禁酒后作业。在工作中切实做到时时想到安全，处处注意安全，严格按照操作规程进行施工，不准违章作业。

（2）施工现场用火以及进行气焊、使用喷灯等均应有防火防护措施，火焰与带电部分的安全距离：电压在 10kV 及以下者不得小于 1.5m；电压在 10kV 以上者不得小于 3m。不得在带电导线、带电设备、变压器、油开关附近将火炉或喷灯点火。

（3）施工现场临时供电线路的架设和电气设备的安装应符合《施工现场临时用电安全技术规范》要求。

（4）在施工方案中，高空作业必须有详细的安全措施。参加高空作业的人员应进行身体检查，患有精神病、癫痫病、高血压、心脏病、精神不振、酒后以及不宜从事高空作业的人员，不准参加高空作业。高空作业必须使用安全带，进入施工现场必须戴好安全帽，并且在使用前应对安全皮带、安全帽及其他安全用具进行严格质量检查。高空作业时，严禁上下抛掷传递工具和材料。一般在六级以上大风、暴雨、打雷及大雾天气，应停止露天高空作业。

（5）施工使用梯子时，梯子不得缺档，不得垫高使用，梯子横档间距应为 30cm。使用时上端要靠牢，下端应采取防滑措施。单面梯与地面夹角以 60°～70° 为宜，严禁两人及以上人员同时在梯上作业。如梯子需要接长使用时，绑扎应牢固。人字梯底脚要拉牢。

（6）在没有安全防护设施的情况下，禁止在屋架上未固定的构件上行走或作业。

（7）线路上禁止带电作业，不能带负荷通电或断电。

（8）遇到有人触电时应立即切断电源，正确进行抢救。遇到电气着火时应立即切断电源，正确选用灭火器具，正确迅速地灭火。

（9）在建工程不得在高、低压线路下方施工，也不得在其下方搭设作业棚、建造临时或永久的生活设施以及堆放构件、材料等杂物。

（10）移动式的起重设备、建筑脚手架、井字架的外侧边缘与各级电压线路之间的安全距离应符合表 10-1 的规定。

设备、架构与电力线间安全距离　　　　　　　　　　　　　　　　表 10-1

电压等级（kV）	设备、架构与电力线距离（m）
0.4	1
10	1.5
35	3
110	4
220	5

（11）移动式起重机的旋转臂架及本体的任何部分或被吊物边缘与 10kV 以下架空线路边线最小水平距离不得小于 2m。

对达不到上述（10）和（11）条要求的，必须采取防护措施，如增设屏障、遮挡、围栏或保护网等，并悬挂醒目的警告标志牌。

（12）井字架的拉线不得跨越电力线路，在电力线路下面穿越时应保持足够的安全距离，并采取防止拉线上弹的措施。

（13）每个移动电气设备、施工间隔的电缆均应分别装设控制开关，开关应装在醒目和便于操作的地方，开关一经断开就能使设备或施工间隔全部失去电源。

第二节　施工现场临时用电安全

一、施工现场配电变压器选择

（一）施工现场变配电的形式

施工现场临时用电的供电可根据现场位置、周围环境、用电负荷及工程性质综合考虑确定。一般采取如下几种措施：

1. 外线路供电

（1）采用 380V/220V 市电供电，直接将市电引入施工现场的配电室或总配电箱。

（2）采用建筑本身的正式电源变压器供电，即首先建成建筑的正式变配电所，暂时作为建筑施工的临时供电电源。

（3）设置现场专用临时变配电所。

2. 自备电源

当无法利用外电线路电源作为施工的临时供电电源时，或作为外线路停止供电时的备用电源，采取自备电源，即设置发电机组。

(二) 变压器的选择

1. 变压器的台数和形式

变压器的台数和形式选择应遵循以下原则：

(1) 当施工现场符合下述条件之一的，应装设两台及以上变压器：供电现场有高处、坑洞、夜间等危险、重要作业时，即可视为有大量一、二级负荷；大型施工现场，集中负荷较大；昼夜或季节负荷波动较大；供电总负荷超过 1000kV·A。

(2) 防火要求较高的场所，应尽可能选用不燃或难燃的变压器。

(3) 施工现场处于多雷区及土壤电阻率较高的地区时，应选择防雷变压器。

(4) 施工现场具有化学腐蚀性气体、蒸汽或具有导电、可燃粉尘或纤维，会严重影响变压器安全运行，以及多尘、多雪环境时，应选择密闭式变压器。

(5) 应尽量选用低能耗变压器。

2. 变压器的容量

变压器的容量应根据其供电现场的计算负荷选择，原则是变压器容量应大于其供电现场的总视在计算功率。

(1) 装设两台及以上变压器，当其中一台变压器断开时，其余变压器的容量应能保证施工现场一、二级负荷用电及施工现场总计算负荷 60％以上的需要。

(2) 单台变压器的容量以 750kV·A 及以下为宜，不宜大于 1000kV·A，但用电设备容量大、负荷集中且运行合理时除外。

(3) 装设一台变压器的变电所，应至少留有 15％～25％的裕量。

(4) 变压器容量应根据电动机或其他负荷尖峰电流进行校验。

3. 变配电所的布置

施工现场临时供电变配电所的布置应保证变配电所正常、安全运行和便于维护检修，并与施工现场环境相适应。

(1) 变压器的布置。

变压器的布置应符合以下要求：

1) 露天落地安装的变压器应装设固定围栏，围栏高度不应低于 1.7m；变压器外廓与围栏或建筑物外墙的净距不应小于 0.8m；变压器底部距地高度不应小于 0.3m；相邻变压器外廓之间的净距不应小于 1.5m。

2) 露天变电所的变压器外廓净距建筑物外墙在 5m 以内，当变压器油量在 1000kg 以下时，在变压器总高度以上 3m 的水平线以下及外廓两侧各 1.5m 范围内，不应设有门窗和通风孔；当变压器向一级负荷供电或油量为 2500kg 以上时，相邻变压器的防火间距不应小于 10m，否则应设置防火墙。

3) 露天变电所中，油量为 1000kg 及以上的变压器，应设置容量为 100％油量的挡油设施，否则应有能将油排到安全处所的措施，且不应引起环境污染危害。

(2) 高压露天配电装置的布置。

配电装置的各项安全净距不应小于表 10-2 所列数值。

(3) 配电装置的布置尺寸。

电气设备的套管和绝缘子最低绝缘部位距地面小于 2.5m 时，应装设固定围栏。其配电装置的布置尺寸应符合表 10-3 所列最小数值要求。

露天配电装置最小安全净距（mm） 表 10-2

项目	配电装置各项安全净距
	额定电压（3~10kV）
带电部分至接地部分	200
不同相的带电部分之间	200
带电部分至栅栏	950
带电部分至网状遮挡	300
无遮挡裸导体至地面	2700
不同时检修的无遮挡裸导体之间的水平净距	2200

配电装置最小布置尺寸要求（mm） 表 10-3

项目	配电装置各项安全净距
	额定电压（3~10kV）
围栏向上延伸距地面 2.5m 处与围栏上方带电部分	100~125
设备运输时，其外廓至无遮拦导体	950
不同时停电检修的无遮拦裸导体之间的垂直交叉净距	950
带电部分至建筑物和围墙顶部的净距	2200

露天配电装置的绞线，应根据施工现场地域气象条件进行机械计算和校验。

露天配电装置带电部分的上面或下面，不应有照明、通信和信号架空线路跨越或穿过。

（三）自备电源

为了保证施工不因停电而中断，施工现场一般需要设置备用发电配电系统，目前主要采用柴油发电机组作为自备电源。

1. 自备发电机组的选择

自备发电机组的额定电压等级应与外电线路供电时的现场电压等级一致，其容量应满足施工现场临时用电计算负荷；对于单纯由自备发电机组供电的施工现场，其容量应按现场全部设备的负荷计算来确定。

2. 自备发电机室的位置和布置要求

自备发电机组作为一个接续供电装置，其位置选择应与配电室的位置选择遵循的原则基本相同：

（1）应设置在靠近负荷中心的地方，并与变电所、配电室的位置相邻。

（2）安全、合理，便于与已设置的临时用电系统连接。

（3）发电机组一般设置在室内，以免风、沙、雨雪以及阳光对其侵害。

（4）发电机组及其控制、配电、维修室等可以分开设置，也可以合并设置。无论如何设置，都要保证电气安全距离，并满足电气防火要求。特别值得注意的是，发电机组的排烟管道必须伸到室外，并且在其相关的室内或周围地区严禁存放贮油桶等易燃、易爆物品。

3. 自备发配电系统电气民安全

（1）自备发配电系统采用具有专用保护零线的、中性点直接接地的三相四线制系统，与有外电线路供电的配电系统一致。

（2）自备发配电系统运行时，必须与外线路电源部分在电气上完全隔离，以防止自备发电机供配电系统通过外电线路电源变压器低压侧向高压侧反馈送电，造成危险。

(3) 自备发电机电源与外电线路电源在电气上必须相互联锁，严禁并联运行。

二、施工现场临时用电电气保护

(一) 保护接地

保护接地是指将电气设备不带电的金属外壳与接地极之间做可靠的电气连接。它的作用是当电气设备的金属外壳带电时，如果人体触及此外壳，由于人体的电阻远大于接地体电阻，则大部分电流经接地体流入大地，而流经人体的电流很小。这时只要适当控制接地电阻（一般不大于 4Ω），就可减少触电事故发生。但是在 TT 供电系统中，这种保护方式的设备外壳电压对人体来说还是相当危险的。因此，这种保护方式只适用于 TT 供电系统的施工现场，按规定保护接地的电阻不大于 4Ω。

(二) 保护接零

在电源中性点直接接地的低压电力系统中，将用电设备的金属外壳与供电系统中的零线或专用零线直接做电气连接，称为保护接零。它的作用是当电气设备的金属外壳带电时，短路电流经零线而成闭合电路，使其变成单相短路故障，因零线的阻抗很小，所以短路电流很大，一般大于额定电流的几倍甚至几十倍，这样大的单相短路将使保护装置迅速而准确地动作，切断事故电源，保证人身安全。其供电系统为接零保护系统，即 TN 系统。保护零线是否与工作零线分开，可将 TN 供电系统划分为 TN-C，TN-S 和 TN-C-S 三种供电系统。

(1) TN-C 供电系统。它的工作零线兼作接零保护线。这种供电系统就是平常所说的三相四线制。但是如果三相负荷不平衡，零线上有不平衡电流，则保护零线所连接的电气设备金属外壳有一定电位。如果中性线断线，则保护接零的漏电设备外壳带电。因此这种供电系统存在着一定的缺点。

(2) TN-S 供电系统。它是把工作零线 N 和专用保护线 (PE) 在供电电源处严格分开的供电系统，也称三相五线制。它的优点是专用保护线上无电流，此线专门承接故障电流，确保其保护装置动作。应该特别指出，PE 线不许断线，在供电末端应将 PE 线做重复接地。

(3) TN-C-S 供电系统。在建筑施工现场如果与外单位共用一台变压器，或本施工现场变压器中性点没有接出 PE 线，是三相四线制供电，而施工现场必须采用专用保护线PE 时，可在施工现场总箱中零线做重复接地后引出一根专用 PE 线，这种系统就称为TN-C-S 供电系统。施工时应注意：除了总箱处外，其他各处均不得把 N 线和 PE 线连接，PE 线上不许安装开关和熔断器，也不得把大地兼作 PE 线。PE 线也不得进入漏电保护器，因为线路末端的漏电保护器动作，会使前级漏电保护器动作。

不管采用保护接地还是保护接零，必须注意：在同一系统中不允许对一部分设备采取接地，对另一部分采取接零。因为在同一系统中，如果有的设备采取接地，有的设备采取接零，则当采取接地的设备发生碰壳时，零线电位将升高，从而使所有接零的设备外壳都带上危险的电压。

(三) 设置漏电保护器

(1) 施工现场的总配电箱和开关箱应至少设置两级漏电保护器，而且两级漏电保护器的额定漏电动作电流和额定漏电动作时间应作合理配合，使之具有分级保护的功能。

（2）开关箱中必须设置漏电保护器，施工现场所有用电设备，除作保护接零外，必须在设备负荷线的首端处安装漏电保护器。

（3）漏电保护器应装设在配电箱电源隔离开关的负荷侧和开关箱电源隔离开关的负荷侧。

（四）安全电压

安全电压是为防止触电事故而采用的由特定电源供电的电压系列。这个电压系列的上限值，在任何情况下，两导体间或任一导体与地之间均不得超过交流（50～500Hz）有效值50V，直流不超过120V。我国国家标准《特低电压（ELP）限值》GB/T 3805—2008中规定，安全电压值的等级有42V，36V，24V，12V，6V五种。同时还规定，当电气设备采用了超过24V的电压时，必须采取防直接接触带电体的保护措施。

我国一般采用的安全电压为36V和12V。当工作环境潮湿、工作地点狭窄、行动困难以及周围有大面积接地体等（如金属容器内、隧道内、矿井内）时，应采用12V安全电压。

三、施工现场电气设备的设置

（一）电气设备的设置

施工现场的电气设备设置应符合下列要求：

（1）配电系统应设置室内总配电箱和室外分配电箱或设置室外总配电箱和分配电箱，实行分级配电。

（2）动力配电箱与照明配电箱宜分别设置，如合置在同一配电箱内，动力和照明线路应分路设置，照明线路接线应接在动力开关的上侧。

（3）开关箱应由末级分配电箱配电。开关箱内应一机一闸，每台用电设备应有自己的开关箱，严禁用一个开关电器直接控制两台及以上的用电设备。

（4）总配电箱应设在靠近电源的地方，分配电箱应装设在用电设备或负荷相对集中的地区。分配电箱与开关箱的距离不得超过30m，开关箱与其控制的固定式用电设备的水平距离不宜超过3m。

（5）配电箱、开关箱应装设在干燥、通风及常温场所。不得装设在有严重损伤作用的瓦斯、烟气、蒸汽、液体及其他有害介质中。也不得装设在易受外来固体物撞击、强烈振动、液体浸溅及热源烘烤的场所。配电箱、开关箱周围应有足够两人同时工作的空间，其周围不得堆放任何有碍操作、维修的物品。

（6）配电箱、开关箱安装要端正、牢固，移动式的箱体应装设在坚固的支架上。固定式配电箱、开关箱的下皮与地面的垂直距离应大于1.3m且小于1.5m。移动式分配电箱、开关箱的下皮与地面的垂直距离为0.6～1.5m。配电箱、开关箱采用铁板或优质绝缘材料制作，铁板的厚度应大于0.5mm。

（7）配电箱、开关箱中导线的进线口和出线口应设在箱体下底面，严禁设在箱体的上顶面、侧面、后面或箱门处。

（二）电气设备的安装

（1）配电箱内的电器应首先安装在金属或非木质的绝缘电器安装板上，然后整体紧固在配电箱箱体内，金属板与配电箱体应作电气连接。

（2）配电箱、开关箱内的各种电器应按规定的位置紧固在安装板上，不得歪斜和松动。并且电气设备之间、设备与板四周的距离应符合有关工艺标准的要求。

（3）配电箱、开关箱内的工作零线应通过接线端子板连接，并应与保护零线接线端子板分设。

（4）配电箱、开关箱内的连接线应采用绝缘导线，导线的型号及截面应严格执行临时用电图纸的标示截面。各种仪表之间的连接线应使用截面不小于 $2.5mm^2$ 的绝缘铜芯导线，导线接头不得松动，不得有外露带电部分。

（5）各种箱体的金属构架、金属箱体，金属电器安装板以及箱内电器的正常不带电的金属底座、外壳等，必须做保护接零，保护零线应经过接线端子板连接。

（6）配电箱后面的排线需排列整齐，绑扎成束，并用卡钉固定在盘板上，盘后引出及引入的导线应留出适当余度，以便检修。

（7）导线剥削处不应伤线芯过长，导线压头应牢固可靠，多股导线不应盘圈压接，应加装压线端子（有压线孔者除外）。如必须穿孔用顶丝压接时，多股线应刷锡后再压接，不得减少导线股数。

（三）电气设备的防护

（1）在建工程不得在高、低压线路下方施工，高低压线路下方不得搭设作业棚、建造生活设施或堆放构件、架具、材料及其他杂物。

（2）施工时各种架具的外侧边缘与外电架空线路的边线之间必须保持安全操作距离。当外电线路的电压为 1kV 以下时，其最小安全操作距离为 4m；当外电架空线路的电压为 1～10kV 时，其最小安全操作距离为 6m；当外电架空线路的电压为 35～110kV 时，其最小安全操作距离为 8m。上下脚手架的斜道严禁搭设在有外电线路的一侧。旋转臂架式起重机的任何部位或被吊物边缘与 10kV 以下的架空线路边线最小水平距离不得小于 2m。

（3）施工现场的机动车道与外电架空线路交叉时，架空线路的最低点与路面的最小垂直距离应符合以下要求：外电线路电压为 1kV 以下时，最小垂直距离为 6m；外电线路电压为 1～35kV 时，最小垂直距离为 7m。

（4）达不到最小安全距离时，施工现场必须采取保护措施，可以增设屏障、遮栏、围栏或保护网，并要悬挂醒目的警告标志牌。在架设防护设施时应有电气工程技术人员或专职安全人员负责监护。

（5）对于既不能达到最小安全距离，又无法搭设防护措施的施工现场，施工单位必须与有关部门协商，采取停电、迁移外电线或改变工程位置等措施，否则不得施工。

（四）电气设备的操作与维修

施工现场电气设备在使用过程中应注意以下事项：

（1）施工现场的所有配电箱、开关箱应每月进行一次检查和维修。检查、维修人员必须是专业电工。工作时必须穿戴好绝缘用品，必须使用电工绝缘工具。

（2）检查、维修配电箱、开关箱时，必须将其前一级相应的电源开关分闸断电，并悬挂停电标志牌，严禁带电作业。

（3）配电箱内盘面上应标明各回路的名称、用途，同时要作出分路标记。

（4）总、分配电箱门应配锁，配电箱和开关箱应指定专人负责。施工现场停止作业 1h 以上时，应将动力开关箱上锁。

（5）各种电气箱内不允许放置任何杂物，并应保持清洁。箱内不得挂接其他临时用电设备。

（6）熔断器的熔体更换时，严禁用不符合原规格的熔体代替。

施工现场内临时用电的施工和维修必须由经过培训后取得上岗证书的专业电工完成，电工的等级应同工程的难易程度和技术复杂性相适应，初级电工不允许进行中、高级电工的作业。各类用电人员应做到以下几点：掌握安全用电基本知识和所用设备的性能；使用设备前必须按规定配备好和穿戴相应的劳动防护用品，并检查电气装置和保护设施是否完好，严禁设备带"病"运转；停用的设备必须拉闸断电，锁好开关箱；负责保护所用设备的负荷线、保护零线和开关箱。发现问题，及时报告解决；搬迁或移动用电设备，必须经电工切断电源并作妥善处理后进行。

（五）施工现场的配电线路

（1）现场中所有架空线路的导线必须采用绝缘铜线或绝缘铝线，且导线架设在专用电线杆上。

（2）架空线的导线截面最低不得小于下列截面：当架空线用铜芯绝缘线时，其导线截面不小于 $10mm^2$；当用铝芯绝缘线时，其截面不小于 $16mm^2$；跨越铁路、公路、河流、电力线路档距内的架空绝缘铝线，最小截面不小于 $35mm^2$，绝缘铜线截面不小于 $16mm^2$。

（3）架空线路的导线接头：在一个档距内，每一层架空线的接头数不得超过该层导线条数的 50%，且一根导线只允许有一个接头；线路在跨越铁路、公路、河流、电力线路档距内不得有接头。

（4）架空线路相序的排列：

1）TT 系统供电时，其相序排列：面向负荷从左向右为 L1，N，L2，L3。

2）TN-S 系统或 TN-C-S 系统供电时，和保护零线在同一横担架设时的相序排列：面向负荷从左至右为 L1，N，L2，L3，PE。

3）TN-S 系统或 TN-C-S 系统供电时，动力线、照明线同杆架设上、下两层横担，相序排列方法：上层横担，面向负荷从左至右为 L1，L2，L3；下层横担，面向负荷从左至右为 L1，（L2，L3）、N，PE。当照明线在两个横担上架设时，最下层横担面向负荷，最右边的导线为保护零线 PE。

（5）架空线路的档距一般为 30m，最大不得大于 35m；线间距离应大于 0.3m。

（6）施工现场内导线最大弧垂与地面距离不小于 4m，跨越机动车道时为 6m。

（7）架空线路所使用的电杆应为专用混凝土杆或木杆。当使用木杆时，木杆不得腐朽，其梢径应不小于 130mm。

（8）架空线路所使用的横担、角钢及杆上的其他配件，应视导线截面、杆的类型具体选用，杆的埋设、拉线的设置均应符合有关施工规范的规定。

（六）施工现场的电缆线路

（1）电缆线路应采用穿管埋地或沿墙、电杆架空敷设，严禁沿地面明设。

（2）电缆在室外直接埋地敷设的深度应不小于 0.6m，并应在电缆上下各均匀铺设不小于 50mm 厚的细砂，然后覆盖砖等硬质保护层。

（3）橡皮电缆沿墙或电杆敷设时应用绝缘子固定，严禁使用金属裸线作绑扎。固定点间的距离应保证橡皮电缆能承受自身所带的荷重。橡皮电缆的最大弧垂距地不得小于 2.5m。

(4) 电缆的接头应牢固可靠，绝缘包扎后的接头不能降低原来的绝缘强度，并不得承受张力。

(5) 在有高层建筑的施工现场，临时电缆必须采用埋地引入。电缆垂直敷设的位置应充分利用在建工程的竖井、垂直孔洞等，同时应靠近负荷中心，固定点每楼层不得少于一处。电缆水平敷设沿墙固定，最大弧垂距地不得小于 1.8m。

(七) 室内导线的敷设及照明装置

(1) 室内配线必须采用绝缘铜线或绝缘铝线，采用瓷瓶、瓷夹或塑料夹敷设，距地面高度不得小于 2.5m。

(2) 进户线在室外处要用绝缘子固定，进户线过墙应穿套管，距地面应大于 2.5m，室外要做防水弯头。

(3) 室内配线所用导线截面应按图纸要求施工，但铝线截面最小不得小于 2.5mm²，铜线截面不得小于 1.5mm²。

(4) 金属外壳的灯具外壳必须作保护接零，所用配件均应使用镀锌件。

(5) 室外灯具距地面不得小于 3m，室内灯具不得低于 2.4m。插座接线时应符合规范要求。

(6) 螺口灯头及接线应符合下列要求：

1) 相线接在与中心触头相连的一端，零线接在与螺纹口相连的一端；

2) 灯头的绝缘外壳不得有损伤和漏电。

(7) 各种用电设备、灯具的相线必须经开关控制，不得将相线直接引入灯具。

(8) 暂设室内的照明灯具应优先选用拉线开关，拉线开关距地面高度为 2~3m，与门口的水平距离为 0.1~0.2m，拉线出口应向下。

(9) 严禁将插座与搬把开关靠近装设；严禁在床上设开关。

四、施工现场临时用电的防雷

(一) 防雷装置的设置

施工现场防雷装置的设置应满足以下规定：

(1) 施工现场内的起重机、井字架及龙门架等高大建筑机械设备，若在相邻建筑物、构筑物的防雷装置的防护范围以外，应按照表 10-4 的规定装设避雷针，用作防直击雷。避雷针（接闪器）可采用直径 φ20 及以上的钢筋，其长度为 1~2m。避雷针应装设于设备的最顶端。

施工现场机械设备安装避雷针的规定　　　　　　　　表 10-4

地区年平均雷暴日（d）	机械设备高度（m）
≤15	≥50
>15，<40	≥32
≥40，<90	≥20
≥90 及雷电特别严重地区	≥12

若最高机械设备上的避雷针，其保护范围（保护角）按 60°计算能保护其他设备，且

最后退出现场，则其他设备可不设防雷装置。

（2）施工现场专用变电所应对直击雷和雷电波入侵进行保护。

1）对直击雷的保护一般采用避雷针或避雷线。

2）对架空进线的保护采用阀式避雷器、避雷线和管式避雷器。

3）变电所防雷接地线应与工作接地线相连接。

（3）施工现场的低压配电室的进线和出线应将架空线绝缘子铁脚与配电室的接地装置相连接，作为防雷接地，以防止雷电波入侵。

（4）施工现场的配电线路，如全场采用埋地电缆敷设，由于电缆线路一般不会遭到直击雷，雷电过电压只能从与其相连的架空线入侵，故只需考虑对雷电波入侵的保护问题。

1）对于短电缆，由于电缆的波纹阻抗约为架空线波纹阻抗的 1/10，故当入侵的雷电过电压在电缆两端来回反射时，有可能叠加至很高的电压，当无其他相应防雷电波入侵措施时，应在电缆一端或两端装设阀式避雷器。

2）施工现场的配电线路，如果全场采用架空线路，为防止雷电波沿低压架空线入侵至户内，一般应在进户处或接户杆上将绝缘子铁脚与电气设备接地装置相连接。

（二）施工现场防雷接地

施工现场内设置的防雷装置和需要作防雷接地的部位，均应经过防雷接地引下线与防雷接地体作电气连接。

（1）防雷接地引下线一般采用圆钢或扁钢，圆钢的直径不得小于 ϕ8mm，扁钢横截面积不得小于 48mm²，且厚度不得小于 4mm。各段之间应可靠焊接或压接，保证电气连接，不得采用铝线作防雷引下线。

（2）安装避雷针的机械设备的防雷接地引下线可以利用该设备的金属结构体，但应保证金属结构体相邻部件之间的电气连接。该设备所用控制、动力、照明、信号及通信线路，应采用钢管敷设，并应将钢管与该设备的金属结构体作电气连接。

（3）变电所、配电室采用阀式避雷器的防雷接地引下线，应与变压器低压侧中性点、正常不带电的金属部件一起接地。

（4）防雷装置可利用自然接地体接地，但应保证电气连接并校验自然接地体的热稳定性。

（5）防雷装置的冲击接地电阻阻值不得大于 30Ω。

（6）作为防雷接地的设备，必须同时做重复接地，同一设备的重复接地与防雷接地可使用同一接地体，其接地电阻阻值应符合重复接地电阻值的要求。

（三）施工现场避雷器的选择与安装

1. 避雷器的选择原则

避雷器的额定电压等级应与线路电压等级相适应；避雷器灭弧电压不得低于安装地点可能出现的最大对地工频电压；避雷器的工频放电电压和冲击放电电压上限值应低于电网相应的绝缘水平。

2. 避雷器的安装

（1）避雷器应垂直安装，顶端引线水平拉力不得超过允许值。

（2）避雷器周围应有足够空间，避免周围物体干扰避雷器点位分布，影响其性能。

（3）对无互换性的多节基本元件组成的避雷器，应严格按照出厂编号顺序叠放，不得混淆和颠倒。

（4）避雷器防雷接地引下线采取"三位一体"的接线方法，即避雷器接地引下线、电力变压器的金属外壳接地引下线和变压器低压侧中性点引下线三者衔接在一起，然后共同与接地装置相衔接。这样，当高压侧落雷使避雷器放电时，变压器绝缘上所蒙受的电压，即为避雷器的残压，将无损于变压器绝缘。

（5）在多雷区，变压器低压出线处应安装一组低压避雷器，以用来防止由于低压侧落雷或由于正、反变换电压波的影响而造成低压侧绝缘击穿事故。低压避雷器可选用 FS 系列低压阀式避雷器或 FYS 型低压金属氧化物避雷器。

注意，避雷器在安装前及在用期的每年 3 月份应做预防性实验，经检验证实处于及格状况方可投入应用。

五、施工现场临时用电安全组织措施

（一）施工现场临时用电组织设计

（1）建立临时用电施工组织设计和安全用电技术措施的编制、审批制度，并建立相应的技术档案。

（2）建立技术交底制度。向专业电工、各类用电人员介绍临时用电施工组织设计和安全用电技术措施的总体意图、技术内容和注意事项，并应在技术交底文字资料上履行交底人和被交底人的签字手续，注明交底日期。

（3）建立安全检测制度。从临时用电工程竣工开始，定期对临时用电工程进行检测，主要内容有：接地电阻值、电气设备绝缘电阻值、漏电保护器动作参数等，以监视临时用电工程是否安全可靠，并做好检测记录。

（4）建立电气维修制度。加强日常和定期维修工作，及时发现和消除隐患，并建立维修工作记录，记载维修时间、地点、设备、内容、技术措施、处理结果、维修人员、验收人员等。

（5）建立工程拆除制度。建筑工程竣工后，临时用电工程的拆除应有统一的组织和指挥，并须规定拆除时间、人员、程序、方法、注意事项和防护措施等。

（6）建立安全检查和评估制度。施工管理部门和企业要按照《建筑施工安全检查标准》JGJ 59—2011 定期对现场用电安全情况进行检查评估。

（7）建立安全用电责任制。对临时用电工程各部位的操作、监护、维修分片、分块、分机落实到人，并辅以必要的奖惩。

（8）建立安全教育和培训制度。定期对专业电工和各类用电人员进行用电安全教育和培训，凡上岗人员必须持有劳动部门核发的上岗证书，严禁无证上岗。

（二）施工现场电气防火措施

（1）施工组织设计时，根据用电设备的用电正确选择导线截面，从理论上杜绝线路过负荷使用，认真选择保护装置，当线路出现长期过负荷时，能在规定时间内动作以保护线路。

（2）导线架空设置时，安全距离必须满足规范要求，当配电线路采用熔断器作短路保护时，熔断体电流一定要小于电缆或穿管绝缘导线允许载流量的 2.5 倍。

（3）电器操作人员认真执行规范，正确连接导线，连接柱要压牢、压实，各种开关接头要压接牢固，铜铝连接时要有过渡端子，多股导线要用端子或刷锡后再与设备安装，以防加大电阻引起火灾。

（4）现场中的电动机严禁超载使用，电动机周围无易燃物，发现问题及时解决，保证设备正常运行。

（5）施工现场内严禁使用碘钨灯，灯与易燃物间距要大于30cm，室内严禁使用功率超过100W的灯泡，严禁使用床头灯。

（6）使用电焊机时要执行用火证制度，并有人监护，施焊周围不能存在易燃物品，并备齐防火设备，电焊机放在通风良好的地方。

（7）施工现场高大设备和有可能产生静电的电气设备要做好防雷接地和防静电接地，以免雷击和静电产生火灾。

（8）易燃物质仓库内的照明装置采用防爆型设备，导线架设、灯具安装、导线与设备的连接均满足有关规范的规定。

（9）配电箱、开关箱内严禁有杂物并派专人定期清扫。

（10）施工现场建立防火检查制度，强化电气防火领导体制，建立电气防火队伍。

复 习 思 考 题

1. 简述施工现场变压器的选择。
2. 试比较保护接零方式。
3. 简述施工现场临时用电配电箱的设置。
4. 简述施工现场临时用电防火措施。
5. 简述施工现场防雷措施。

参 考 文 献

［1］ 贾云生，王首龙，高清常．浅谈机电安全技术的改进［J］.中国高新技术企业，2012(07)

［2］ 陈穗丰．对机电工程施工安全技术探讨［J］.中国新技术新产品，2012(04)

［3］ 郝凌峰，张景林．对机械安全技术现状的分析及发展趋势展望［J］.机械管理开发，2008(01)

［4］ 胡兴志，王纪坤．机电安全技术［M］.北京：煤炭工业出版社，2009.

［5］ 田宏，姜威．机械安全技术［M］.北京：国防工业出版社，2013.

［6］ 徐格宁，袁化临．机械安全工程［M］.北京：中国劳动社会保障出版社，2008.

［7］ 张小青．建筑防雷与接地技术［M］.北京：中国电力出版社，2003.

［8］ 杨岳．电气安全［M］.北京：机械工业出版社，2005.

［9］ 杨有启．电气安全工程学［M］.北京：首都经济贸易大学出版社，2000.

［10］ 刘震，周鑫．建筑电气施工安全手册［M］.北京：中国电力出版社，2010.

［11］ 夏洪永．电气安全技术［M］.北京：化学工业出版社，2008.

［12］ 钮英建．电气安全工程［M］.北京：中国劳动社会保障出版社，2009.

［13］ 李坤宅．施工现场临时用电安全技术规范手册．第2版．北京：中国建筑工业出版社，2007.